Construction
Project General Contracting
Management Practice

建设工程施工总承包管理实务

唐际宇 主编

U0196548

中国建筑工业出版社

图书在版编目（CIP）数据

建设工程施工总承包管理实务／唐际宇主编．—北京：中国建筑工业出版社，2019.11

ISBN 978-7-112-24193-4

Ⅰ.①建… Ⅱ.①唐… Ⅲ.①建筑工程承包方式－项目管理 Ⅳ.①TU723.1

中国版本图书馆CIP数据核字（2019）第202997号

本书以编者自身参与、主持的超高层项目和大型机场航站楼工程为载体，总结了十年的工程总承包管理经验，编纂而成。共包括6篇：第1篇 概论、第2篇 总承包技术管理、第3篇 总承包计划协调管理、第4篇 总承包质量安全管理、第5篇 总承包商务管理、第6篇 总承包综合管理。

本书可为我国建设工程施工总承包管理人员、技术人员、作业人员提供参考和借鉴，也可作为院校师生的参考资料。

责任编辑：司 汉 李 阳
责任校对：赵听雨 张惠雯

建设工程施工总承包管理实务
唐际宇 主编
*
中国建筑工业出版社出版、发行（北京海淀三里河路9号）
各地新华书店、建筑书店经销
北京锋尚制版有限公司制版
北京市密东印刷有限公司印刷
*
开本：787×1092毫米 1/16 印张：16½ 字数：283千字
2019年12月第一版 2019年12月第一次印刷
定价：56.00元
ISBN 978－7－112－24193－4
（34706）

本书编委会

主编：唐际宇

参编人员（按姓氏笔画排序）：

王能锋　王照祥　尹　卫　宁华宏
陆建波　陈柳生　陈勇辉　武　锐
林忠和　罗逸峰　郑　魏　赵贵隆
胡洪彪　徐　勇　唐阁威　黄　琳
黄　燕　曹庆文　梁　芮　梁月利
蒋奇江　蒙红钰　黎祖丰　潘　庆
瞿丽雯

前言

为加强项目总承包管理，适应新的项目管理需要，特别是国家对总承包管理模式的强力推行，EP、DB、EPC、PPP等新的总承包管理模式的大量涌现，对于总承包管理提出了更高的要求。大型工程项目特别是超高层建筑、公建项目作为代表，专业系统多、工期跨度大、指定专业分包多，是典型的施工总承包管理模式，也是目前最为普遍的管理模式。

本书的特点：

1. 来源于工程实践。本书以编者自身参与、主持的超高层项目和大型机场航站楼工程为实践载体，基于十余年实战经验的总结与提炼。

2. 内容全面、翔实。本书以6篇27个章节阐述了概论、总承包技术管理、总承包计划协调管理、总承包质量、安全管理、总承包商务管理及总承包综合管理，涵盖了总承包管理的各个环节和内容。

3. 实操性较强。本书以工程实践为基础，将各项管理内容流程化、管理要求具体化，工程指导性和操作性很强。

4. 注重思想与实操的结合。第1篇重点阐述了作者的总承包管理思想和理念，是后面所有章节的高度概括。而其他章节又是第1篇的具体体现，对工程项目管理者有较强的实际指导性。两者结合相得益彰，不可偏废。

5. 语言尽量做到简练、简洁。本书不做过多的理论性解释和阐述，以平实的工程语言力图将总承包管理讲清楚、说明白，简单易行。

本书共分为6篇二十七章，涵盖项目管理的全部内容。第1篇为概论，包括第一章绪论、第二章总承包管理体系及第三章总承包对项目各方提供的配合与服务，由唐际宇负责编写。第2篇为总承包技术管理，包括第四章施工技术管理、第五章深化设计管理、第六章样品、首件样板管理、第七章BIM应用管理、第八章工程试验、检验管理及第九章文档资料管理，由林忠和、黎祖丰、唐阁威负责编写。第3篇为总承包计划协调管理，包括第十章计划管理、第十一章公共资源管理、第十二章总平面及工作面管理、第十三章绿色施工及绿色认证管理、第十四章劳务管理及第十五章调试及试运行管理，由曹庆文、黄琳、王照祥负责编写。第4篇为总承包质量安全管理，包括第十六章验收管理、第十七章创优管理、第十八章成品保护管理、第十九章安全管理及第二十章环境保护及文明施工管理，由黎祖丰和潘庆负责编写。第5篇为总承包商务管理，包括第二十一章材料及设备管理、第二十二章合同管理及第二十三章商务及资金管理，由徐勇负责编写。第6篇为总承包综合管理，包括第二十四章会议管理、第二十五章信息化管理、第二十六章工程来访及观摩管理及第二十七章公共关系协调，由林忠和、黎祖丰负责编写。全文统稿及修改完善由唐际宇负责。

除第一章至第三章外，每一章节的内容均按照管理内容、管理流程和管理要求三个方面的内容进行编写，且尽量采用了图表化的形式，并附有相关管理用表和参考管理制度。

由于编者水平有限，很多管理尚在探索实践当中，还有很多需要不断完善的地方。请读者多提宝贵意见，利于进一步对本书进行修改。

目录

第1篇 概论

第一章 绪论

第二章 总承包管理体系

第三章 总承包对项目各方提供的配合与服务

第2篇

总承包技术管理

第四章　施工技术管理

第五章　深化设计管理

第六章　样品、首件样板管理

第七章　BIM应用管理

第八章　工程试验、检验管理

第九章　文档资料管理

第3篇 总承包计划协调管理

第4篇

总承包质量安全管理

第5篇 总承包商务管理

第6篇 总承包综合管理

第 1 篇

概论

第一章　绪论

1.1　总承包管理模式的发展历程

工程总承包作为一种工程建造的发包模式可谓历史悠久，最远可溯及古代的万里长城、金字塔等著名工程,那时已经出现专门的机构对工程进度、质量和造价负总责。随着历史的发展、社会的进步，专业化分工越来越细，业主将设计、施工、监造、咨询等工作分别委托给不同的单位，以达到提高建造速度、降低建造成本、提高综合效益的目的。

随着社会经济高速发展，工程项目的规模愈加扩大，工程越来越复杂，业主的要求也越来越高，传统的模式即各个建造环节相互分割和脱节越来越显示其不足，表现在建设工期长、投资效益差等缺陷，难以满足现代工程管理的需要。

1.1.1　国外总承包管理的发展

20世纪，国际工程中承包方式出现多元化的发展，专业化分工导致设计和施工的专业化，许多工程采用分阶段分专业平行承、发包方式。20世纪80年代初首次在美国出现“设计—采购—施工（EPC）”的总承包模式，主要集中应用于化工、水利、电力行业项目。

1997年在牛津大学举行的建筑业发展论坛上，与会专家认为目前国际建筑业正处在一个急剧发展和变化的时期，国际建筑市场的变革和发展可以概括为以下六个方面。

（1）建筑市场的国际化进程加快。随着全球经济一体化进程的加快，建筑市场的全球化也越来越明显，要求项目的融资、发包采购、建设等环节遵循国际惯例。

（2）大中型项目投资和经营的私有化进程加快。

（3）业主是建筑业发展的引擎。

（4）业主更多地希望设计与施工的紧密结合，希望建筑业提供形成建筑产品的全过程服务，工程项目管理集成化的趋势增强，要求项目前期策划、设计、施工以至物业管理的集成。

（5）建设项目参与各方的分工将被打破，如承包商不仅要求承担施工任务，而且要提供部分设计任务，同时要参加项目的融资。

（6）要求建筑业生产过程借鉴汽车工业、机械制造业，提供全过程服务和模块化生产。建筑业组织的功能变化,业主要求建筑业的组织具有复合功能。

1999年，FIDIC编制了标准的EPC合同条件，进一步促进了EPC方式的推广使用，同时AIA（国际会计师公会）、ICE（英国土木工程师学会）、JCT（JavaScript Template / JavaScript 前台模板）也相继发布目前被广泛使用的合同范本，在国际工程总承包市场建立起了一套成熟的合同体系。

美国的设计建造协会（DBIA）对总承包模式的定义为: 设计—建造（Design-Build，以下简称为DB）模式，也称为设计—施工（Design-Construct）模式或单一责任主体（ Single Responsibility）模式。

在这种模式下，集设计与施工方式于一体，由一个实体按照一份总承包合同承担全部的设计和施工任务。在美国的建筑市场上主要DBB（Design-Bid-Build）、DB和CM（ConstructionManagement）三种建造模式，这里的DB 模式包含EPC 等总承包模式。

进入20 世纪90 年代以后，DB模式开始在美国受到重视，1996 年《联邦采购条例》通过允许公共部门采用两步招标法使用DB模式进行联邦采购的规定，从而在法律上肯定了公共部门的DB采购模式，DB模式逐渐运用到多个领域。1996年超过一半的州采用这种模式，市场份额占到非住宅建筑市场（2860亿美元）的24%（Songer，1996）。

2004年美国16%的建筑企业约40%的合同额来自DB建造模式，5%的建筑企业约80%的合同额来自DB建造模式（ Ford，2005）。DB模式成为发展最快的，并被绝大多数州的公共部门所接受的项目建造模式。

根据2017年度ENR全球最大250家国际承包商榜单分析，美国共有43家企业入围榜单，做为一个整体所获得的国际营业收入达到418.75亿美元，占到所有入围企业国际营收总量的8.9%。

1.1.2 国内总承包管理的发展

我国总承包项目管理的研究和工程实践起步比较晚，1982年，布鲁格水电站采用世行贷款，首次采用先进的国际管理经验才开启了我国施工管理体制改革。1987年，原国家计委等五部委联合发文，要求推广布鲁格经验，实行建筑业企业管理体制的改革。1999年，交通运输部出版了《公路施工项目管理手册》，根据公路施工项目管理需要，全面系统地论述了公路管理全过程中涉及的各方面理论问题，且紧密结合公路施工项目管理实践编排内容。2000年1月开始，我国正式实施《中华人民共和国招标投标法》，为我国项目总承包管理的健康有序发展提供了法律保障。2003年，建设部为了进一步推动工程建设项目组织实施方式的改革，出台了相关文件，要求各地鼓励具有勘察、设计或施工总承包资质的企业通过改革和重组，建立与工程总承包业务相适应的组织机构和项目管理体系，打破行业界限，允许勘察、设计、监理、施工等企业按规定申领取得其他相应资质等九条措施来发展和培养项目总承包管理。

2016 年1月，住房和城乡建设部印发了《关于进一步推进工程总承包发展的若干意见》，要求深化建设项目组织实施方式改革，推广工程总承包制，提升工程建设质量和效益，提高工程总承包的供给能力。2017年2月，国务院办公厅印发《关于促进建筑业持续健康发展的意见》(建市〔2017〕19号)，要求加快推行工程总承包，该文件主要指出我们国家建筑行业发展组织方式落后，提出采用推行工程总承包和培育全过程咨询的方式来解决上述问题。2018年1月1日起，住建部颁布的国家标准《建设项目工程总承包管理规范》GB/T 50358—2017开始实施，这标志着项目工程总承包管理走向规范化和法制化，这将有力促进建设工程勘察、设计、施工等各阶段的深度融合，有效控制项目投资、提高工程建设效率，进一步推进和规范工程总承包的实施和发展。为贯彻落实国务院、住建部一系列文件精神，浙江、上海、福建、广东、广西、湖南、湖北、四川、吉林、陕西等地启动了工程总承包试点，相继发布工程总承包的相关政策，重点在房屋建筑和市政建设领域推行工程总承包模式。

经过30多年的发展、实践证明，我国施工、设计企业开展工程总承包是可行的，中国建筑集团、中国石油工程建设有限公司、中国中材国际工程股份有限公司、中国寰球工程有限公司、中国核电工程有限公司等一大批具有设计、采购、施工一体化的工程总承包企业，通过开展项目总承包，已将单一功能的设计院改造成了以设计为主导，兼有咨询、设计、采购、施工管理、运营管理等多功能的国际型工程公司，中国建筑集团、中国中铁、上海建工集团、北京城建集团等一批施工企业(集团)通过改革和发展，调整结构、完善功能，开展了工程总承包业务，承接了一大批有影响力的工程项目。特别是近年来大量的基础设施项目、市政公用项目及保障房项目采用了PPP模式和EPC模式，取得了良好的效果。

1.1.3 总承包管理模式

我国随着工程建设管理的不断发展，出现了以下主要的总承包管理模式：

1. BOT模式

BOT模式（Build-Operate-Transfer）：即建设—运营—移交。政府授予项目公司建设新项目的特许权时，通常采用这种方式。BOT模式是政府与私人投资者就需要特许的项目采取使用权和所有权相分离的方式，将该项目在专营期内转给私人投资者，专营期届满后再交给既定的管理者的投融资模式。

这种模式适宜在投入使用阶段能获取收益的政府项目，如高速公路等。

2. BT模式

BT模式（Build-Transfer）：即“建设—移交”，是政府利用非政府资金来进行非经营性基础设施建设项目的一种融资模式。BT模式是BOT模式的一种变换形式，指一个项目的运作通过项目公司总承包，融资、建设验收合格后移交给业主，业主向投资方支付项目总投资加上合理回报的过程。

2012年12月24日，国家四部委（财政部、发展与改革委员会、中国人民银行、银监会）联合发文《关于制止地方政府违法违规融资行为的通知》（财预[2012]463号），可称为463号文，在该通知中，几乎全盘否定了BT模式的应用，通知中明确规定：除法律和国务院另有规定外，地方各级政府及所属机关事业单位、社会团体等不得以委托单位建设并承担逐年回购（BT）责任等方式举借政府性债务以及禁止为BT模式担保等内容。

该文的发文时间是2012年年底，在十八大召开之后、各地方政府制定2013年财政预算之前。发文背景是社会各方普遍预期在政府换届、“十二五”规划起草和城镇化建设加快等多重因素影响下，2013年各地方政府将会大规模扩大基础设施建设。在这个时刻发布463号文，其目的是限制和规范地方政府融资行为，防止出现大跃进式地开工建设，为社会资本的投资热情“降降温”。该文件规范的主体是地方政府和融资平台，但是建筑施工行业直接受该文件的影响，尤其是463号文明确限制了BT模式的应用。

由于我国迄今仍未有针对BT模式的法律文件出台，故BT与垫资工程总承包在界限上的模糊，带来了一系列法律适用方面的问题。其中比较突出的是，在一些大型基础设施建设项目中，虽然名义上采取BT模式进行建设，但实际上属于垫资工程总承包。造成这种情况的原因一方面是因为BT模式在国内属于崭新的投融资模式，对其理论研究和应用实践还处在摸索阶段；另一方面，目前我国在BT模式立法方面的空白，也使得人们很难对BT模式的本质属性有准确深入的认识和把握。

3. 交钥匙工程

交钥匙工程（Turnkey Project），是指工程设计、采购、施工工程总承包向两头扩展延伸而形成的业务和责任范围更广的总承包模式，交钥匙工程不仅承包工程项目的建设实施任务，而且提供建设项目前期工作和运营准备工作的综合服务，其范围包括：

（1）项目前期的投资机会研究、项目发展策划、建设方案及可行性研究和经济评价。

（2）项目管理、总体规划方案和工程设计。

（3）工程采购和施工。

（4）项目动用准备和生产运营组织。

（5）项目维护及物业管理的策划与实施等。

这种交钥匙模式主要运用在工业安装领域。

4. EPC模式

EPC（Engineering Procurement Construction），是指工程总承包企业受业主委托，按照合同约定对工程建设项目的设计、采购、施工、试运行等实行全过程或若干阶段的承包。通常总承包单位在总价合同条件下，对其所承包工程的质量、安全、进度和造价进行全面负责。

较传统承包模式而言，EPC总承包模式具有以下三个方面基本优势：

（1）充分发挥设计在整个工程建设过程中的主导作用，有利于工程项目建设整体方案的不断优化。

（2）有效克服设计、采购、施工相互制约和相互脱节的矛盾，有利于设计、采购、施工各阶段工作的合理衔接，有效地实现建设项目的进度、成本和质量控制符合建设工程承包合同约定，确保获得较好的投资效益。

（3）建设工程质量责任主体明确，有利于追究工程质量责任和确定工程质量责任的承担人。

EPC模式是在实践基础上发展起来的一种工程管理模式，在长时间的工程项目运行中证明其有独特的优越性，但存在的问题同样不容忽略。

（1）业主参与力度较低。在EPC模式下，由承包商承担项目的设计和实施的全部职责，业主介入少。虽然业主或业主代表有权利监督承包商的工作，但并不能过分干预承包商的工作。因此，业主对承包后的工程建设控制力实际上是很弱的。

（2）承包商面临着较大的采购风险。与传统模式相比，EPC模式最显著的特点就是承包商负责建设工程中所有材料和设备的采购工作，势必存在更大的采购风险。如供货商供货延误、设备和材料存在缺陷、货物在运输途中发生损坏和缺失等，这些风险都由承包商承担。实际上，合同中设备和材料费用在工程总价款中的比重非常大，所以一旦失误,对承包商而言将会造成重大损失。

（3）承包商的选择较为困难。在EPC模式下，由于项目的承包范围较大，承包商介入项目的时间比较早，工程信息的未知因素也较多，承包商要承担更大的风险。因此，具备相应业绩和经验的承包商相对比较少，选择范围窄且需考虑的因素较多，所以承包商的选择比较困难，无形中加大了业主的成本。由于长期计划经济时代形成的产物，国内设计单位与施工单位分离，造成设计单位不具备总承包施工能力，施工单位设计能力不足，任何一家单独的设计或施工单位都难以胜任EPC的任务。同时，受施工总承包设计、施工分离管理模式的影响，目前大量的EPC项目业主仍然存在指定设计单位，通过招标选定工程总承包单位，因此，造成两家单位成为拉郎配，配合、协同不顺畅，没有达到设计、施工一体化的优势和效果，成为假的EPC项目。

（4）降低了业主对最终设计和细节的控制。EPC模式是在项目没有详细设计的情况下将项目实施的绝大部分控制权交给了承包商，业主失去了对项目实施阶段一些细节的控制权。虽然业主可通过预先设置的设计、采购程序对关键的步骤加以控制，但很多情况下还要依赖承包商的自觉与自律。

（5）造价控制困难。EPC项目作为一种新型的总承包管理模式，不为各承建方所理解和掌握。作为业主方，对于项目的功能要求、建筑要求、装修标准、品牌选择等在招标时很难做到明确、具体，存在很多的不确定，而在实际施工中导致造价攀升。同时，习惯了传统的施工总承包模式的施工企业，施工过程中理所当然地从造价方面做加法。而EPC模式是一种限额设计模式，更多地要求各方严控成本，即做减法。这就要求工程总承包单位自觉地降低成本，否则面临工程总成本超出合同造价，需进行调整概算的艰难过程。

目前，大量的学校、医院、保障性住房及综合管廊等政府公益性项目采用了EPC模式，总体上处于蓬勃发展的阶段，前景可期。

5. PPP模式

PPP（Public-Private-Partnership）模式，是指政府与私人组织之间，为了提供某种公共物品和服务，以特许权协议为基础，彼此之间形成一种伙伴式的合作关系，通过签署合同来明确双方的权利和义务，以确保合作的顺利完成，最终使合作各方达到比预期单独行动更为有利的结果。

公私合营模式（PPP），以其政府参与全过程经营的特点受到国内外广泛关注。PPP模式将部分政府责任以特许经营权方式转移给社会主体（企业），政府与社会主体建立起“利益共享、风险共担、全程合作”的共同体关系，政府的财政负担减轻，社会主体的投资风险减小。

PPP是一种新型的项目融资模式。项目PPP融资是以项目为主体的融资活动，是项目融资的一种实现形式，主要根据项目的预期收益、资产以及政府扶持措施的力度而不是项目投资人或发起人的资信来安排融资。项目经营的直接收益和通过政府扶持所转化的效益是偿还贷款的资金来源，项目公司的资产和政府给予的有限承诺是贷款的安全保障。

PPP模式将市场机制引进了基础设施的投融资。对政府来说，在PPP项目中的投入要小于传统方式的投入，两者之间的差值是政府采用PPP方式的收益。其主要优势在于：

（1）消除费用的超支。公共部门和私人企业在初始阶段，私人企业与政府共同参与项目的识别、可行性研究、设施和融资等项目建设过程，保证了项目在技术和经济上的可行性，缩短前期工作周期，使项目费用降低。PPP模式只有当项目已经完成并得到政府批准使用后，私营部门才能开始获得收益，因此PPP模式有利于提高效率和降低工程造价，能够消除项目完工风险和资金风险。研究表明，与传统的融资模式相比，PPP项目平均为政府部门节约17%的费用，并且建设工期都能按时完成。

（2）有利于转换政府职能，减轻财政负担。政府可以从繁重的事务中脱身出来，从过去的基础设施公共服务的提供者变成一个监管的角色，从而保证质量，也可以在财政预算方面减轻政府压力。

（3）促进了投资主体的多元化。利用私营部门来提供资产和服务能为政府部门提供更多的资金和技能，促进了投融资体制改革。同时，私营部门参与项目还能推动在项目设计、施工、设施管理过程等方面的革新，提高办事效率，传播最佳管理理念和经验。

（4）政府部门和民间部门可以取长补短，发挥政府公共机构和民营机构各自的优势，弥补对方身上的不足。双方可以形成互利的长期目标，可以以最有效的成本为公众提供高质量的服务。

（5）使项目参与各方整合组成战略联盟，对协调各方不同的利益目标起关键作用。

（6）风险分配合理。与BOT等模式不同，PPP在项目初期就可以实现风险分配，同时由于政府分担一部分风险，使风险分配更合理，减少了承建商与投资商风险，从而降低了融资难度，提高了项目融资成功的可能性。政府在分担风险的同时也拥有一定的控制权。

（7）应用范围广泛，该模式突破了引入私人企业参与公共基础设施项目组织机构的多种限制，可适用于城市供热等各类市政公用事业及道路、铁路、机场、医院、学校等。

PPP模式是解决政府资金不足但又要迫切进行基础设施建设困境的有效手段，但不是所有城市基础设施项目都是可以商业化的，应该说大多数基础设施是不能商业化的。政府不能认为，通过市场机制运作基础设施项目等于政府全部退出投资领域。在基础设施市场化过程中，政府将不得不继续向基础设施投入一定的资金。

据财政部公布的最新统计数据显示，截至2018年7月31日，全国PPP（政府和社会资本合作）综合信息平台项目库已累计入库项目为7867个、投资额达到11.8万亿元。已签约落地项目为3812个、投资额为6.1万亿元，已开工项目为1762个、投资额为2.5万亿元。项目主要涵盖能源、交通运输、水利建设、生态建设和环境保护、农业、林业、科技、保障性安居工程、医疗卫生、养老、教育、文化、体育、市政工程、政府基础设施、城镇综合开发、旅游、社会保障等领域。

目前，PPP模式面临着一些问题，主要表现在：

（1）如何明确PPP各有关主管部门管项目、管招标（招商）、管资金、管合同等工作职能，形成互相配合、协调一致的工作合力，是全面开展PPP各项工作的当务之急。一要成立机构，安排专人和专项预算来管；二要根据国务院、发改委和财政部等国家、省有关政策和文件规定，尽快出台市级政府层面的《PPP项目管理办法》，明确项目库建设、项目论证、招投标及财政资本预算等各项工作职能，做到分工明确，各司其职，互相配合，形成合力。

（2）如何确定技术标准是一个较大的难题。项目实施质量的保证，核心是PPP技术标准的确定，PPP模式的项目发布标准化的监管方法以及价格调整方法是PPP模式推广运用的政策重点。因为系统的规则体系才开始建立，根本无法囊括PPP模式运作的方方面面，这也导致在实际操作过程中产生大量的矛盾与困惑。任何PPP项目都会涉及法律法规、国家政策条例、投融资政策、项目管理、工程技术等方面的内容，项目实施中的合同框架的安排、投融资模式的选择、价格和回报机制、风险防范及监管安排等方面都与项目建设条件、工程方案和技术路线、投资比例构成、项目运行方案等相关的工程或技术问题都错综复杂，没有精细化管理和规范的程序，将会遇到很多的问题。显而易见的是，现在已经出台的政策根本无法解决相应的问题。

（3）缺乏PPP专业技术人才。PPP模式的运行实施是一个理论与实践相结合的过程，具体操作复杂，需要懂法律、经济、财务、合同管理、工程建设、城市规划等方方面面的专业技术人员。各地在这方面经验不足，PPP专业人才缺口较大，急需大量复合型的PPP专业技术人才，以确保项目立项、签约、实施能够落地生根，更好更快地完成，为推动经济社会发展服务。

6. 设计+施工总承包（D+B）

设计+施工总承包是指工程总承包企业按照合同约定，承担工程项目设计和施工，并对承包工程的质量、安全、工期、造价全面负责。

这种模式在工业领域采用较多，在民用建筑领域与EPC模式存在较多相似之处。

7. 采购–施工总承包（P–C）

采购–施工总承包（P–C）是指工程总承包企业按照合同约定，承担工程项目的采购和施工，并对承包工程的采购和施工的质量、安全、工期、造价负责。

该模式在近年政府投资项目中采用较多，其优势在于发挥工程总承包企业统一管理、协调的优势，在加快工期、解决交叉施工、推进竣工验收等方面优势明显。

8. 管理总承包

管理总承包是业主雇请的代替业主的一个施工管理的单位，只是实施整个工程的施工管理行为，不具体从事工程施工，也是协调施工单位以及监理单位等其他单位的管理方，是代表业主的一种管理模式。

管理总承包对所承包的建设工程承担施工任务组织的总的责任，它的主要特征如下：

（1）一般情况下，管理总承包不承担施工任务，它主要进行施工的总体管理和协调。如果总承包管理方通过投标（在平等条件下竞标），获得一部分施工任务，则它可参与施工。

（2）一般情况下，管理总承包不与分包方和供货方直接签订施工合同，这些合同都由业主方直接签订。但若管理总承包应业主方的要求，可协助业主参与施工的招标和发包工作。

（3）不论是业主方选定的分包方，或经业主方授权由管理总承包签订合同的施工单位，管理总承包都承担对其的组织和管理责任。

（4）管理总承包和施工总承包承担相同的管理任务和责任，即负责整个工程的施工安全控制、施工总进度控制、施工质量控制和施工的组织管理等。因此，由业主方选定的施工单位经管理总承包的认可，否则管理总承包难以对工程管理负总责。

（5）与业主方、设计方、工程监理方等外部单位进行必要的联系和协调等。

该总承包管理模式适用于特别大型的工程项目，标段划分多、承包单位多、专业分包多，业主的管理力量和力度严重不足，可借助管理总承包的专业管理优势。该模式在昆明长水国际机场航站区工程得到较好的工程实践，该工程划分为三个施工总承包标段，分别有三家施工总承包企业承担施工任务，由其中一家施工总承包单位的上级机构成立管理总承包项目部，进行整个航站区工程的总承包管理。

9. 施工总承包

施工总承包是发包人将全部施工任务发包给具有施工承包资质的建筑企业，由施工总承包企业按照合同的约定向建设单位负责，承包完成施工任务。根据《建筑法》规定：大型建筑工程或者结构复杂的建筑工程，可以由两个以上的承包单位联合共同承包。

在建筑工程中一般来说土建施工单位即是法律意义上的施工总承包单位，土建施工单位负责整个建筑工程的建设与服务，如果存在分包工程时也负责包括：提供水电接口、提供垂直运输、土建收口、外墙脚手架、竣工资料归档、成品保护、平行交叉影响、铁件预埋等总包单位的服务和配合管理责任。

施工总承包模式的工作程序是：先进行建设项目的设计，待施工图设计结束后再进行施工总承包招投标，然后再进行施工。

此承包模式仍然是当期工程项目管理的主要形式，特别是民营投资项目、房地产开发项目基本上采用了此传统的施工总承包模式。因此，研究施工总承包管理模式仍然具有现实意义和工程必要。

各类总承包管理模式的比较见表1-1。

总承包管理模式的比较　　表1-1

序号	总承包模式	可行性研究	项目融资	初步设计	施工图设计	物资设备采购	项目施工	试运营	运营	总包企业参与程度	应用现状及前景
1	BOT模式	●	●	●	●	●	●	●	●	全面参与管理和实施，通过运营获取投资回报	有一定发展前景

续表

序号	总承包模式	可行性研究	项目融资	初步设计	施工图设计	物资设备采购	项目施工	试运营	运营	总包企业参与程度	应用现状及前景
2	PPP模式	●	●	●	●	●	●	●	●	全面参与管理和实施，通过运营获取投资回报	当前重点推行的模式
3	BT模式	●	●	●	●	●	●	●		全面参与管理和实施	限制采用
4	交钥匙工程	●		●	●	●	●	●		全面参与管理和实施	大力推荐
5	EPC模式			●	●	●	●	●		管理和实施	方兴未艾
6	设计施工总承包（D+B）			●	●		●	●		管理和实施	大力推荐
7	施工采购总承包（P-C）					●	●	●		管理和实施	大力推荐
8	施工总承包						●	●		管理和实施	主流模式
9	管理总承包							●		管理	较少使用

1.2 项目施工总承包管理的现状

1.2.1 施工总承包常用的发包模式

施工总承包项目的招标发包模式由业主需求、项目特点、市场环境、专业程度等决定，如业主根据项目开发的工期需要，在主体部分未完成设计的情况下，先行进行基坑支护和土方工程的发包，可以加快工程进度。幕墙、弱电及精装修工程专业性较强，大多数总承包企业无相关的专业施工能力，业主大多采取指定分包的模式。因此，对于此类建筑功能复杂、结构难度大的工程项目，业主大多采取三类发包方式，即总承包自营部分、指定分包或专业分包、独立分包。

（1）总承包自营部分：一般包括基坑支护、土方工程、桩基工程、主体结构工程、钢结构工程、二次结构、粗装修工程、机电预留预埋等。此部分往往施工难度高，工期压力大，价格透明（基本有造价定额、信息价），预期利润少，属于典型的“硬骨头”。总承包企业还要承担整个项目的总承包管理，对项目的工期、质量、安全、文明施工、竣工验收及创优等负总责，可谓责任重大，利润微薄。

（2）指定分包或专业分包：一般包括基坑支护、土方工程、桩基工程、钢结构工程、幕墙工程、金属屋面工程、机电工程、弱电智能工程、精装修工程、电梯安装工程等。此分包专业性较强，很多属于新工艺、新材料，大量材料无信息价，甲乙双方信息不对称，往往有较高的利润。同时，设计院仅有初步设计图纸，需要对专业工程进行深化设计，因此专业分包在深化设计方面存在大量寻求优化设计、变更图纸的空间。

（3）独立分包：一般包括白蚁防治、燃气、供水、变配电、电视、电话及网络工程等，此部分一般为垄断企业掌握，业主议价空间较小，现场配合较差，管理难度较大。

总承包管理的取费问题。对于总承包管理的取费，一直是业主单位和总承包企业、专业分包企业关心的重要问题。业主单位出于本能不愿多出费用，认为总承包企业没有太多付出，不值得给予太多。专业分包单位也更多地希望总包单位不要收取任何费用，但希望能搭更多的便车，总包提供更多的服务和设施。而总包单位希望付出与回报对等，但往往处于不利地位，话语权很低。

对于总承包管理费用，一般采取两种方式。一是按费率收取，即根据专业分包的合同额或结算额收取一定比例的总承包管理服务费；二是总价包干，即在总包发包报价时，总承包管理范围费用一次性包死，后面不做任何调整。第一种方式相对合理，取费一般在0.5%～3%之间；第二种总包往往迫于无奈，总包费用仅具有象征性，换算成比例极低。

1.2.2 施工总承包管理的困境

对于总承包管理，参建各方都有共识，政府主管部门也在大力推动，毫无疑问地认识到总承包管理对于项目管理的重要性，但现实也很残酷，总体而言，当前总承包管理的现状并不理想，效果也并不十分显著。

由于发包模式决定了甲乙双方的地位，总承包企业存在竞争激烈、成本压力、责–权–利不平衡等问题，导致项目总承包管理存在推动困难，总包积极性不高、业主支持力度不足、分包配合不够等问题，致使项目推进不顺畅，工期严重拖后，扯皮推诿严重，安全隐患多，文明施工差，各方满意度不高，对于工程总承包管理模式的推动极为不利。究其原因，主要包括以下因素：

1. 业主方面

（1）对总承包管理认知有误区，很多人对总承包管理的概念模糊不清，误解很多。认为总承包管理就是施工费用再加一笔管理费，是加大了管理费的“扒皮式”承包方式，是“皮包公司”承包方式。未真正理解和贯彻“小业主、大监理、总承包”的理念。

（2）业主对总承包管理的认识与实践存在矛盾，行为不规范。一方面希望总承包单位最大限度地承担总承包管理的责任，在质量、安全、工期等方面负总责，替业主做好“总管家”的角色；另一方面，又不愿放弃选择各专业工程的发包权利，规避相关法规的限制，直接将各专业工程进行肢解发包或指定分包，又要求总包单位与指定分包单位签订施工合同。

（3）业主过多插手专业分包工程的管理，甚至替代总承包单位的管理，导致总承包单位既无管理权限，也无积极性，多一事不如少一事。

（4）业主对总承包单位支持力度不足、授权不足，总承包单位制约手段极为有限，很多项目工程款不经由总承包单位，由业主直接支付给专业分包单位。分包与业主密切，甚至存在大量关系户，分包有恃无恐，难以管理。

（5）总包无权、无地位，经常沦为被分包投诉的对象。

2. 总承包方面

（1）招标阶段，对于总承包管理费用取费极低，投入与产出严重不匹配，导致总承包单位不愿过多投入管理力量，避免总承包管理费用超支。

（2）总承包管理人员管理力量不足，存在畏难情绪，不愿多管，能推则推。

（3）总承包管理人员对合同约定的权利与义务不清楚，对于总承包管理的内容和方法不清晰，管理制度不健全，管理措施单一，困难重重，阻力极大。

（4）总承包主要专注于土建施工，总包管理角色不突出，逐渐沦为土建总包，甚至丧失了总承包管理的地位。

（5）总承包专业管理人员缺乏，专业知识缺乏，心有余力不足。特别是幕墙工程、钢结构工程、机电工程、装修工程、弱电智能工程等专业人才严重不足，极大影响了总承包管理的力度和效果。

3. 指定分包或专业分包方面

(1)思想上积极性不高，出于本能不愿接受多一个“婆婆”，约束多了，自由度小了。

(2)成本上不愿多付出，对于总承包给予的增值服务不愿付出。

(3)组织架构不全，人员配备不足，管理水平低下，对于总承包的管理制度和要求不适应。

1.3 施工总承包管理的目的

对于施工总承包企业而言，承接项目必须达到两个目的：工程履约和工程创效。

(1)工程履约。就是施工总承包企业完成合同约定的相关责任和义务。按照合同的约定确保节点工期，并按期竣工。工程质量满足设计要求以及行业、国家相关标准规范，达到合格或优良的质量标准。确保施工过程中绿色环保，安全可控，不出现安全事故，不造成大的群体事件。按照合同的约定完成质量、安全、文明施工及绿色施工等创奖目标。在有条件的情况下，力争在某些方面做到当地或行业优秀，举办各种观摩活动，扩大项目和企业的影响。因此，实现工程的完美履约，是施工总承包企业的最好承诺和理想，是企业立足于市场的根本保证，也是以现场促市场的最佳体现。

(2)工程创效。作为施工企业，承接工程项目最终的目的是要实现盈利，这是企业生存的必然要求，也是无可厚非的。工程创效主要来自于三个方面，一是投标效益，即在投标阶段项目就保有一定的利润空间。二是过程创效，即通过严格的项目管控，控制项目成本；加快或缩短施工工期，降低材料、设备租赁费用及管理成本；通过技术创新，节约项目支出；通过方案优化，降低施工成本；通过设计优化，创造经济效益；通过良好履约，扩大合同转化率，增长利润点；通过增值服务和强有力管控，向业主和分包要效益；通过良好的沟通，实现早收款、多收款，降低财务资金成本。三是结算创效，通过良好的工程履约，使各方满意，确保实现较好的结算结果。

随着市场竞争日趋白热化，第一阶段的投标效益已很难保证，甚至是以亏损价中标已不足为奇。第三阶段的结算效益也较为困难，特别是很多业主通过第三方审计重重把关，实现结算创效也非常不易。因此，在第二阶段的过程创效则显得极为重要，这也要求施工总承包管理充分发挥其作用，通过各种方法，实现过程盈利。

1.4 施工总承包管理的特点及难点

1.4.1 施工总承包管理的特点

1. 合同关系较为复杂

根据相关法律规定，土建（主体结构）施工单位即为施工总承包单位。业主为加快工程推进，在施工总承包企业招标进场前，往往将基坑支护、土方工程及桩基工程等分部分项工程先行发包，而后再纳入施工总承包单位的合同管理，以规避违法分包的规定。这实际上导致各种技术资料、报建手续方面的先天缺陷，给工程的竣工验收带来极大的麻烦。同时，大量专业分包由业主直接选定，再由施工总承包单位与其签订合同，但工程款大多由业主直接支付，总包单位获取的收益极为有限。但业主对总包单位约定的对工程的进度、质量、安全及竣工验收等各方面负总责是全方位的，这给总包单位过程管理、竣工验收及后期维保等带来了沉重的负担。

2. 进度管控难度大

由于复杂的合同关系，不对等的责权利关系，总包单位对业主指定分包或直接分包管控力度有限，约束方法不多。同时，施工总承包单位没有参与分包的招标，对其过程无法掌控，特别是深化设计、材料确定、品牌选定及样板制作等环节均由业主全程掌控，总包单位对分包的进度管控变得更为艰难，甚至产生畏难或抵触情绪，对其放任自流。当分包工程影响到总体工期时，则以业主或分包责任进行推诿或辩解，但最终影响的是工程总体进度，反过来其实也影响了总包的履约和效益。

3. 造价控制效果较好

施工总承包的发包一般为分阶段发包，其根据工程的进度要求，提供明确的设计图纸和较为准确的工程量进行招标，可以进行清单报价或总价包干，施工过程中仅对部分主材进行调差，对设计变更进行费用调整，对因非承包方责任的费用进行补偿，总体造价可控，调整幅度不大。同时，业主通过对专业分包进行单独招标，仅给予总包单位一定的配合、服务费用，避免了总包单位抽取差价，也一定程度上降低了工程造价。

4. 利于工程质量控制

实行施工总承包管理，这赋予了总包单位在工程质量方面的管理权利和责任，总包单位必须站在工程总体的目标上，对原材料、加工制作、检验检测、施工过程、各类验收等环节进行全过程的质量把控，有利于工程的质量管理。这也取决于总包单位的管理意愿、力度和方法。

5. 利于施工组织与协调

相较于过去平行承包的模式而言，实行施工总承包管理，利于理清管理链条，即业主–监理–总包–分包，实现较为单一的管理指令，便于项目的统一组织、统一协调，特别是利于对外部主管部门如质量安全监督、交警、环保、城管、社区等的沟通。同时，也通过总包提供统一的管理标准、设施标准、垂直运输、保安管理、文明施工等，利于项目的统筹管理和良好形象。

1.4.2　施工总承包项目的管理难点

当前，大多数房屋建筑和部分的基础设施项目采用了施工总承包的管理模式，至少从合同形式上而言，规避了国家规定的违法分包或肢解发包的情况要求。特别是规模大、功能复杂、结构特点突出的公共建筑项目，其具有施工工期长、专业分包多、安全风险大、施工场地小、技术难度高等项目特点，给施工总承包管理带来了挑战。主要表现在以下方面：

1. 专业分包多，协调工作量大

现代建筑功能越来越完善，智能化程度越来越高，专业工程数量也越来越多，这也意味着专业分包也大为增加。特别是对于机场航站楼、体育场馆、会议展览中心、超高层建筑、高品质酒店等大型公共建筑，其专业化程度很高，除了传统的混凝土主体结构、钢结构等工程外，其他幕墙工程、金属屋面工程、精装修工程、机电工程、弱电工程等专业多达数十个。比如机场航站楼工程，就民航专业而言，其细分的如行李处理、航显、泊位、安检、通信等专业多达二三十个之多，且大多数系统之间跨度很大。因此，这样复杂的专业系统，大量的专业分包的协调组织管理，是极其复杂的，工作量是巨大的。

2. 对外协调单位多，沟通工作多

随着城市管理的日益规范化，城市居民的维权意识也逐步增强，项目管理面临的外部管理要求和投诉日益增加。特别是地处市中心的工程，面临着严厉的交通、城管、环保等部门监管，由于施工连续性的特点，施工噪声难以避免，临近居民的投诉更是层出不穷。每逢重大节日、重要赛事、重要国事等，项目面临交通管制甚至暂停施工，都要配合各政府主管部门的工作。至于项目的质量、安全、文明施工等政府主管部门日常监管和突击检查，更是必备工作。此外，项目创优、创号涉及的各种行业协会、党工团政府组织等，这些都是对外协调的部门。据不完全统计，其数量达数十家之多，这些部门和组织，有的是监管功能、有的是支持功能，都需要良好的沟通，才能确保项目顺利开展和各种荣誉的获得。

3. 重大危险源多，安全管理风险大

项目现场情况极为复杂，随着项目的进度推进，每个阶段的安全状况都大为不同，安全隐患和安全管理风险都随之变化。因此，现场的安全管理是一个动态的过程。特别是大型公共建筑，其施工技术难度人、社会关注多高，对于安全管理提出了更高的要求。近年来，频发的安全事故主要表现在模板支架垮塌、高处坠落、物体打击、塔吊倒塌、电梯坠落、外架倾倒、基坑边坡垮塌等，同时也表明了安全隐患、安全风险的多样性。特别是2016年11月24日，江西XX发电厂三期扩建工程发生的冷却塔施工平台坍塌特别重大事故，造成73人死亡、2人受伤，直接经济损失10197.2万元。国务院调查组查明，冷却塔施工单位施工现场管理混乱，未按要求制定拆模作业管理控制措施，对拆模工序管理失控。事发当日，在7号冷却塔第50节筒壁混凝土强度不足的情况下，违规拆除模板，致使筒壁混凝土失去模板支护，不足以承受上部荷载，造成第50节及以上筒壁混凝土和模架体系连续倾塌坠落。事后，国务院责成江西省政府向国务院做出深刻检查，由相关地方和部门对其他47名责任人员依法依纪给予党纪政纪处分、诫勉谈话、通报、批评教育。另外司法机关对31名责任人依法采取刑事强制措施。同时，依法吊销施工单位河北XX工程有限公司建筑工程施工总承包一级资质和安全生产许可证，并对工程总承包、监理等单位和相关人员给予相应行政处罚。可谓教训极为深刻，后果极其严重。

4. 施工作业面多，消防管理难度大

对于大体量的群体建筑、大型公共建筑及超高层建筑等，工期紧、工序穿插紧凑，必然存在大量的平行施工或流水施工工作面，这要求项目管理部要有足够的管理力量，完善的管理体系和制度，以保证各工序有序推进，否则易造成顾此失彼，各工序相互影响和成品破坏。同时，工作面的大量存在，消防管理的难度也大为增加。特别是进入工程后期装修阶段，大量可燃材料的进入，工序穿插频繁，消防安全隐患增加，必须采取加强监管、增加消防设施等措施，避免火灾发生。特别是超高层项目，对于100m以上的火灾，完全依靠自身的消防设施解决，且一旦发生火灾事故，其传播速度之快，社会影响之大，是施工总承包企业难以控制的。

5. 垂直运输紧张，管理难度大

垂直运输的效率直接影响工程进度，但垂直运输设备的投入对于项目成本影响很大，因此，垂直运输设备的投入成本和运输效率是一对矛盾体，必须找到一个平衡点。而且，现场的垂直运输强度也是动态过程，也存在高潮和低谷。但对于超高层建筑而言，垂直运输紧张是一个常态。如动臂塔吊的配置数量有限（塔楼核心筒空间有限），其爬升的过程不可避免影响构件的吊装。施工电梯的配置也不能过多，否则影响外幕墙的收尾和后续装修工程。因此，在有限的垂直运输设备情况下，必须要有总承包强有力的计划性、计划的严肃性，以确保垂直运输满足施工生产的需要。

6. 投标竞争激烈，成本压力巨大

建筑业作为完全市场竞争的行业，施工企业多，竞争异常激烈。近年来，不少业主特别是开发商实行最低价中标，有着较好利润的专业工程被直接发包，极大压缩了施工企业的利润空间，甚至中标即面临亏损的局面。正应了那句“饿死同行、累死自己、坑死甲方”的调侃，项目管理面临着既要保证良好履约，又要确保上交，争取项目奖金的两难局面，项目成本管理压力巨大。

1.5 总体思路、能力要求及主要内容

1.5.1 总体思路

施工总承包管理是保证合同目标实现的重要保证，也是合同约定和相关法律法规的要求，与其被动接受，不如主动出击，积极扮演好施工总承包的角色。在确保工程工期、质量、安全等目标的前提下，通过主动要权，积极配合业主，强化对分包的管理，通过增值服务，获取经济效益。因此，总承包管理要从思维上转变，从方法上改变。

施工总承包管理的总体思路：以工期为主线，以技术为基础，以质量安全为抓手，围绕商务成本为核心，进行全专业、全方位、全过程的总承包管理。

项目管理工期永远是核心，是建设单位的关注焦点，同时也对施工单位的成本有着很大的影响。因此，紧抓工期主线，是项目管理的永恒话题。

技术是项目管理的支撑和基础，强有力的技术管理和创新能力，是确保项目管理顺利推进的重要保障，也是项目创效的重要手段。

质量、安全管理是项目管理的前提，也是各方关注的重点。因此，以质量、安全为项目管理的抓手，是总承包管理的重要体现。

商务成本是总承包单位关注的核心，是承接项目的出发点所在，实现项目利润最大化是项目总承包管理的核心任务，一切项目管理活动都应该围绕这一任务展开。

施工总承包管理不是一个单一管理，它包含了地基基础、主体结构、装饰装修、机电安装、室外工程等全专业管理，也包含了技术管理、设计管理、进度管理、质量管理、安全文明施工管理、成本管理等全方位管理，同时，也包含了从报监、设计、施工管理、竣工验收及保修等全过程的管理。

1.5.2 施工总承包管理应具备的五大能力

总承包管理的“五大管理能力”包括设计管理能力、计划管控能力、采购管理能力、资源整合能力、合约管理能力。

1. 设计管理能力

总承包设计管理，特别是深化设计，当属业务管理的龙头。没有施工图纸和深化设计图纸，就无法确定工程所需的各种材料、设备的品牌、规格、性能、参数；无法进行招标采购，无法确定施工工艺，无法安排进度计划；也无法准确测算工程造价，进入工程实体建造更是无从谈起。

设计管理三要素包括品质管理、进程管理和合约管理。品质管理包括提供图纸完整性、吻合性，深化设计完整性、吻合性，材料设备品牌，参数管理。进程管理包括业主供图进程管理、深化设计及审批进程管理及材料、设备报审进程管理。合约管理包括业主设计变更、分包深化设计变更及材料设备品牌变更。

总承包单位设置专业技术工程师，除了总承包自身的设计进度管理、图纸审核等，还要抓好专业分包的设计管理协同，确保设计图纸和深化设计满足现场施工需要。

2. 计划管控能力

总承包计划管理按内容可分为：工期计划、资源计划、工作计划三个层次。总包计划管理是项目相关方计划管理的龙头，也是总承包项目管理的龙头。而工期计划是首要的，资源计划和工作计划都要根据工期计划来安排和配置。资源计划是工期计划得以实现的重要保证，工作计划是资源计划得以实现的重要保证。

实施计划管理时，工程总承包商除了要安排好自身的计划外，还应将业主、分包商和供应商纳入其中：包括图纸提供、图纸深化、材料设备审批、材料设备进场、人员计划、重要检查验收等，以便业主团队据此安排设计单位、监理单位、第三方检测机构等相关方的工作计划。

总承包单位应具备强大的计划管控能力，设置专门的计划协调管理部门，以总工期为主线，做好各种资源组织计划，定期检查各种工作计划，确保工程总体目标的实现。

3. 采购管理能力

招标采购是项目管理的重要环节，是项目管理利润的重要来源，是确保工程质量、安全的重要保障，同时也是确保工程履约的重要保证。

项目招标采购包括劳务、专业分包招标，材料、设备招标等，具有数量多、任务重、时间紧、资源少、信息缺、招标难等特点，对总承包商的综合能力要求很高。

总承包必须配备各专业的复合型人才，必要时聘请国内外知名专家与咨询公司，强化招标采购之前的培训学习和市场调研。充分消化吸收项目前期的咨询与设计成果，识别和熟悉招标采购产品特征，认真编制招标采购实施方案。建立完善的合格分包商名录，齐全的材料、设备品牌库，能够快速、有效地组织招标采购工作，确保项目顺利推进。

4. 资源管控能力

资源管控指的是项目公共资源的管理，其包括总平面、施工工作面、塔吊、施工电梯、脚手架及临时水电等公共资源。其以安全生产、绿色建造、按期履约为目标，以科学、公平、合理为原则，以超前策划、动态调整、严格监控为手段。

总平面管理采取分阶段设计、动态管理、审批调整的方法，多专业立体交叉复杂作业采取时空一体化管理，塔吊管理采取合理加大投入，数据分析及时，掌控分配科学，并及时动态调整。施工电梯管理采取直达与分段停靠相结合，按时段人货分流管理。临时供水与消防采取管路独立、水箱共用、中转加压等策略。临时用电采取分级负责、分段管理的方法。

5. 合约管理能力

合约管理包括与业主的总承包合约管理、与分包的合约管理两个层次。合约是项目实施履约的根本依据，是对合约双方责权利关系的重要保障。

对业主合约管理指导方针为合法、守约、诚信、有度。对分包合约管理指导方针为界面清晰、和合共赢。

总承包合约管理具有分包众多、界面复杂、内容繁杂等特点，要求总承包具有明确的管理思路，有效的管理手段，应对复杂情况的管理能力，才能在业主、分包之间保持有利的位置。

1.5.3 施工总承包管理的主要内容

施工总承包管理的主要包括计划协调管理、技术管理、商务管理、质量安全管理及综合管理等五大内容。

（1）计划协调管理

主要包括：计划管理、公共资源管理、总平面管理、劳务管理、绿色施工及绿色认证管理、调试及试运行管理6个方面。

（2）技术管理

主要包括图纸管理、深化设计管理、施工方案管理、BIM应用管理、文档资料管理、测量管理、样品及首件样板管理、工程试验、检验及验收管理9个方面。

（3）质量、安全管理

主要包括创优管理、成品保护管理、验收及移交管理、安全管理、环境保护及文明施工管理5个方面。

（4）商务管理

主要包括材料设备管理招标管理、合同管理、商务及资金管理4个方面。

（5）综合管理

主要包括会议管理、信息化管理、公共关系协同、工程来访及观摩管理4个方面。

1.6 施工总承包目标管理

目标管理是项目管理的重要手段，是实现项目承接、企业发展的战略需要。目标管理利于项目自身考核和企业对项目的考核，是评价项目实施成败的最直接的方法。

没有目标的管理，就犹如失去方向飘荡在大海的航船随波漂流，难以到达理想的彼岸。

作为施工总承包项目，其目标管理主要包括工期目标、质量目标、安全目标、绿色施工认证标准、科技目标、BIM应用目标及成本目标。具体见表1-2。

项目管理目标一览表　　表1-2

序号	项目	目标具体内容
1	工期目标	总工期：按合同总工期完成履约 重大节点工期：正负零结构封顶、主体结构封顶、屋盖闭水、幕墙封闭、机电调试、消防验收、展示大厅（营销）开放、竣工验收等
2	质量目标	市、省级优质结构杯；市、省级优质工程；省、国家级钢结构金奖（“中国钢结构金奖”）；省、国家级装饰奖；省、国家级安装奖（“中国安装之星”）；国家优质工程（“鲁班奖”）等
3	安全目标	市、省级安全文明工地；市、省级安全标准示范工地；国家AAA级安全文明标准化工地等
4	绿色施工认证标准	市、省级绿色施工示范工程；全国绿色建造暨绿色施工示范工程；美国绿色建筑协会LEED CS认证、绿色建筑设计运营星级标识认证
5	科技目标	市、省级科技示范工程；建设部科技示范工程；市、省级科技开发课题；市、省级科学技术奖；国家科技进步奖等
6	BIM应用目标	中国建设工程BIM大赛；“龙图杯”全国BIM大赛；科创杯BIM大赛；华春杯全国BIM大赛；型建香港“最佳BIM施工企业大奖”等
7	成本目标	完成企业下达的成本考核指标，并达到激励项目员工的经济目标

1.7　施工总承包管理的主要方法

总承包管理是门学问，抛开传统的教科书式的理论，结合作者的工程实践经验，用一段话可以概况：

抓住会议主导权，
统一标准树权威，
管好大门是关键。
BIM是个好抓手，
质量安全要抓狠。
管住材料是核心，
分包管理要前移，
公共资源是铁拳。

专业管理要深入，

为主分忧地位稳。

1.7.1 抓住会议主导权

工程监理例会是参建各方定期召开的重要会议，是通报各方工作进展、解决重要问题、协调各种关系的重要形式，其形成的会议纪要具有法律约束效力，因此，必须高度重视此重要例行会议。

在项目最重要的工程监理例会上，总包如何参会，获得怎样的地位，与会议的开法、流程至关重要。总包是与专业分包平起平坐，还是取得“二业主”的超然地位，必须认真对待。对于很多被动式管理的总承包单位，在进入工程中后期，往往沦为单一的土建施工单位，被迫与各专业分包（业主指定分包）处于同一地位，丧失了总承包单位的更高地位，陷入了被动挨打、各方投诉的一方。

会议是解决问题、安排工作的十分重要的工作，会议的组织与主持一定程度上可以主导会议的议题、方向，并形成最终的会议纪要。因此，总包要取得主动，必须首先要抓到会议的主导权，掌握议程的主动权。

工程监理例会如何开?

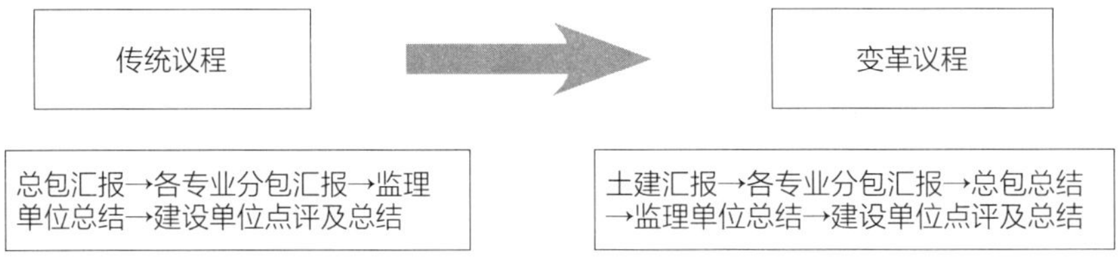

项目一般主要的会议见表1–3。

项目例会一览表　　表 1–3

序号	会议名称	组织单位	主持人	会议时间
1	机电周例会	总包单位	总包机电副总工	10：00
2	安全周例会	总包单位	总包安全总监	周一　16：00
3	计划协调例会	总包单位	总包计划协调部经理	17：00

续表

序号	会议名称	组织单位	主持人	会议时间	
4	工程监理例会	监理单位	工程总监	周二	10：00
5	技术周例会	总包单位	总包 总工程师		15：00
6	钢结构周例会	总包单位	总包钢构 专业工程师		16：00
7	质量周会	监理单位	工程总监	周三	10：00
8	幕墙协调例会	总包单位	总包幕墙 专业工程师		15：00
9	BIM周例会	总包单位	总包BIM负责人	周四	15：00

1.7.2 统一标准树权威

总承包管理必须树立统一的管理标准，包括个人防护、安全设施及安全教育等，从管理管理人员、工人形象，现场安全设施投入，工人的各种安全教育等方面接受总承包统一规定，实施统一标准。这既有利于工程形象的建立，也有利于总承包的统一管理，从而间接树立了总承包的权威。

具体的统一标准包括：

（1）个人防护：安全帽、反光服、安全带，样式、材质、CI等统一。

（2）安全设施：三级配电箱，样式、做法、CI等统一。专业分包不允许自行进场安全设施，包括各种脚手架、操作架及用电设施等，必须经得总承包认可、审批。

（3）安全教育：每日早班会、月度教育大会、进场教育及考试等一律与总承包单位相同，由总承包统一管理要求和标准，定期检查考核，不允许私自取消或拒不参加总承包的管理活动。

1.7.3 管好大门是关键

项目封闭式管理是确保人员安全、材料设备安全的重要手段，也是总包履行总承包职责的重要环节。而大门管理是项目封闭式管理的核心，其主要包括人员出入管理和材料设备出入管理。

人员管理：管理人员及工人门禁卡办理、分包单位进场相关手续办理、工人违章清退处理、来访人员管理等。

材料、设备管理：所有材料、设备采取场外验收，验收不合格或资料不齐全禁止进场。场地未经申请批准不准进场。进场或退场的材料、设备必须获得总承包准入或放行手续批准，否则严禁出入。

1.7.4 BIM是个好抓手

BIM（Building Information Modeling，建筑信息模型）是一种将创新型的建筑设计、建筑施工以及建筑管理方式进行有效结合的方式，是基于三维数字设计和对应的工程软件所构建的“可视化”的数字建筑模型。它为整个项目的组织提供了一个能够贯穿始终的信息分享平台，通过这个平台能够促使整个工程建设实现网络化的应用，同时借由网络组织新模式下的工作方式，实现全新的数据信息改革。通过BIM能够实现对建筑生命周期中大量重要的信息数据的转化和掌握，并可以及时、准确地调用相关数据。从而加快决策进度，提高决策质量，并有效地提高项目质量，降低项目成本，创造项目利润。其主要表现在两个方面：

1. 利于强化总包管理：BIM必然要求全专业的参与，通过各专业的BIM应用实施，在技术管理、进度管理、成本管理及质量安全管理，使得总承包管理能力和手段得到进一步强化。同时，提升整个项目的管理品质，利于业主后期运营维护。

2. 强化分包制约手段：通过BIM三维立体的深化设计模型，强化各专业分包的现场验收和偏差控制；通过BIM精确的工程量计量功能，准备把握分包精准的工程量。这有利于施工单位的成本控制，也有利于业主的造价控制。

1.7.5 质量、安全要抓狠

工程的质量、安全是永恒的话题，也是任何项目管理不可回避的问题。狠抓工程的质量、安全管理，符合各方的需要。

工程实际的需要：专业分包良好的质量安全管理，就是总包项目管理目标自身的需要。

业主利益的需要：总包对分包严格的质量安全管理是业主所需要的，也是无可厚非的。

总包管理的需要：通过严格质量安全管理，是强化分包管理的重要手段。特别是分包材料取样检测、工序报验、安全投入、违章处罚等环节，是强化质量安全管理的重要抓手。

1.7.6 管住材料是核心

项目造价的主要组成部分是材料设备，其造价占到工程总体造价的70%左右，专业分包想要盈利，必然会在材料的设计变更、品牌选择、规格材质等方面着手，采取对其有利的方式甚至不规范行为。因此，总承包管理应着重从以下几个环节入手：

1. 强化材料设计变更管理：强化设计变更和深化设计审核关，严禁分包绕开总包直接对接业主。

2. 强化材料品牌报审管理：强化分包的材料品牌报审和选择，严禁采用低质品牌，随意变更品牌，特别是低价低品质的品牌。

3. 强化材料进场验收管理：强化分包材料各方进场验收，实施门外验收，对其材质、规格、质保资料等严格把关，防止以次充好、以假做真。

1.7.7 分包管理要前移

专业分包的选择往往是业主直接招标选定，总包往往被动接受。其分包合同由总包与分包签订，但是招标选择、工程款收取等环节却避开总包单位，这既不利于总包的工程管理，也不利于总包的正当利益。因此，强化分包招标的介入，有着现实的迫切需要。

如何介入分包招标？总承包单位应以总控计划的要求，提出专业分包招标计划和进场计划。以工程大局的需要，提出招标文件和合同编制建议，参与技术标评审和答辩。

通过分包管理的迁移，可带来较好的实际效果。其可施加总包影响，规避不利于总包的条件。也可影响分包的选择，利于现场管理和利润获取。

1.7.8 公共资源是铁拳

现场公共资源主要包括总平面、施工作业面、垂直运输设备、外脚手架及临时水电等，其由总包提供并负责日常管理。公共资源是整个工程运行的重要保障，对于项目的顺利推进至关重要。强化公共资源的计划管理，是确保工程进度的核心，也是避免各参建单位相互扯皮的重要手段。

强化公共资源的管理：通过使用申请、计划审批、实际使用等环节，强化对分包的掌控和谈判的砝码。

有偿使用的获取：采取公共资源前期的紧凑使用，加快自营部分的施工工期，让专业分包迫于延长公共资源的使用，采取合理有偿使用。

1.7.9 专业管理要深入

专业管理应实施全过程、全专业、全方位的“三全”管理，而不是仅仅关注跟总包关联密切的部分工作。

全过程管理：从分包的招标、进场、深化设计、材料报审、过程实施、分部验收到竣工移交、工程创优等全过程，进行全过程的管理，掌握每个环节。这要求总包有较深厚的专业管理能力和足够数量的专业工程师，对专业知识充分掌握，对专业管理熟练把控，避免说外行话、做外行事。

全专业管理：除了管理好总承包自营施工部分，还要做好对钢结构、幕墙、机电安装、弱电、电梯、精装修、泛光照明及室外工程等业主指定分包的管理、协调、配合和服务。对专业分包的专业管理，是检验总承包管理的能力和水平重要指标，没有专业管理能力，总承包管理就无从谈起。

全方位管理：包括各专业工程的进度控制、技术管理、工程质量、安全管理、文明施工及绿色环保等全方位的把控，确保工程过程受控。

在进行专业管理时，应主要做好两个方面。

1. 抓住关键环节：对各专业工程的特点要有准确的把握，抓紧关键环节。比如防水材料分包往往会以次充好；幕墙工程会在深化设计环节做文章；机电工程会在材料品牌、材料规格方面做手脚；精装工程会在材料品牌、材料变更方面下功夫。

2. 掌握主导地位：被动式的分包管理，会变成业主、监理的传话筒和协调员，成为分包投诉的对象。在交叉作业、场地使用等最易产生矛盾的地方，成为各分包的协调员，疲于奔命。因此，总包专业工程师必须理清思路，掌握主动，站得更高，看得更远，在总承包管理中掌握主导地位。

1.7.10 为主分忧地位稳

总承包是业主的大管家，承担着总协调、总控制、总负责的角色，在项目管理中起着核心的作用。因此，解决工程的各种问题，带领分包推进各项工作，为业主分忧，是总承包单位的重要职责。

1. 良好的履约赢得业主信任：总包按时完成各项工期节点，质量优良，安全可控，文明施工，投资受控，这样的履约一定会赢得业主信任。

2. 为客户创造价值打动业主：通过总承包专业的分包管理，使得设计意图得以实现，节约工程造价，通过各种创优和观摩活动，增强项目的社会影响力和美誉度，增加项目的无形价值，为业主赢得市场创造条件，这样的总包一定会打动业主。

3. 管理好分包让业主安心：通过强有力的总包管理，树立总包的绝对权威，让分包服从和配合总包各项管理，避免大量的扯皮、纠纷和投诉，让业主减少协调的时间和精力，让业主安心。同时，充分利用总包的社会资源，通过政府主管部门包括建委、质安站、城管、交警、环保及公安等部门良好对接，减少分包和业主的工作量，发挥总承包的资源优势。

1.8　施工总承包管理的思考

随着投融资形式的日新月异，总承包模式也在发生深刻的变化，模式的多样性已成常态。但是，作为施工总承包的模式，仍然在工程建设领域占据着主导地位，大多数的业主、大部分的项目仍然采用施工总承包模式，这是短时间内无法改变的事实，因此，研究施工总承包管理模式、方法，仍然是主要的任务。如何做好施工总承包，让业主满意，让分包配合，让各方认同，是我们需要思考的问题。

在建设各方关系之中，总承包应该如何准确定位，如何突出总包的地位，如何维护总包自身正当的利益，又要团结分包，带领分包朝着共同的目标前进，是一门重要学问。

1.8.1　如何准确定位和把握四大关系

从合同关系上来说，除独立分包之外，其余分包都是总承包的分包单位，无论是总包自有分包，还是业主指定分包，都存在合同上的总分包关系，承担各自的责任和义务，享有各自的权利。但往往随着项目的推进，在工程的中后期，由于业主的强势，或者总包的不作为，总包单位逐渐沦为与其他分包地位一样的土建承包单位，从而丧失总承包的管理地位，也就失去了总承包的管理职能，对于项目总体的推进是十分不利的。

因此，总承包必须建立起业主、监理、总承包三位一体的管理层次，将土建、幕

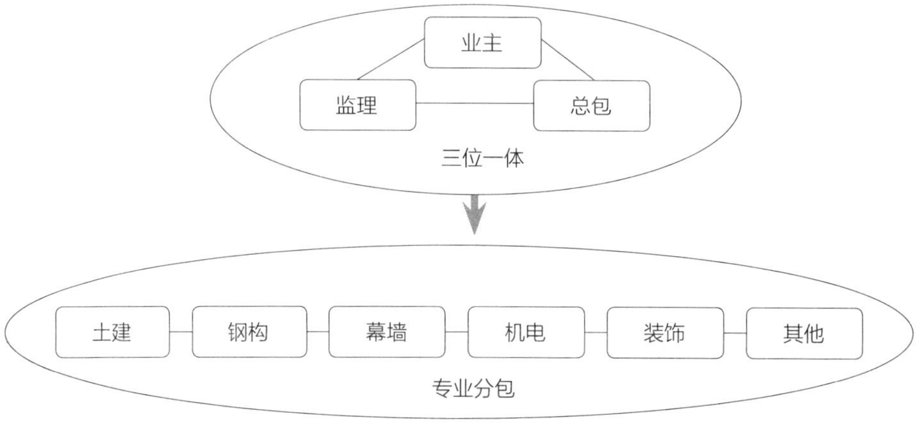

墙、机电等专业工程置于一致的施工层次，如此层次清晰，强化了总承包的地位。

1.8.2　可能向分包收取的费用

总承包管理周期长、事务杂、责任大，在激烈的总承包招标过程中，总承包的利益很难得到保证，其收取的总承包管理费用往往是象征性的。但实际施工中，一个负责任、能真正履行总承包职能的总承包，其管理费用的支出是很大的。因此，如何维护总承包的合法利益，确保总承包的支出，应该通过合理的渠道向业主和分包收取相关的费用。主要包括管理费、配合服务费、安全保证金、水电费、垃圾处理费、机电安装设备调试水电费、工会费、工程一切险、第三责任险、工程档案费（此四项由总包统一缴纳）、保洁费及其他费用等。

1.8.3　分包费用的收取是一门大学问

向专业分包（指定分包）收取各种费用，无异于与虎谋皮。这往往是一种零和游戏，从分包一进场就存在的博弈。业主在进行总包单位招标时，对总包管理费往往进行总价包干的报价方式，对于各种可能收取的费用进行了规避，从合同上就对总包的各种费用收取采取了预防措施，这使得总包的利益受到损害。

因此，如何收取分包费用，既能实现目的，确保总包利益，又能让分包不反弹，业主不干预，是一门大学问。其处理原则：

（1）不公开，不张扬。

（2）不急于一揽子解决。

（3）善抓时机，逐一击破。

（4）灵活处理，不做一刀切。

（5）关键时候可做利益交换。

对于分包可能的拒绝，应该如何博弈？应该注意以下几个方面：

（1）强有力的总承包管理是基础。没有强有力的总承包管理体系、方法和措施，没有业主和分包的依赖，费用诉求都是难以实现的。

（2）确立总承包的权威，让业主依赖。强大和权威的总承包管理，为业主节约大量管理力量和精力，会放手让总承包单位施展。

（3）抓住关键环节不放松。对各专业工程的特点要有准确的把握，抓住关键环节。

（4）利用法律、法规。针对业主不规范的建设行为，利用国家相关法律法规和相关治理行动，改变合同对总承包的不利约定和霸王条款，有针对性地寻找分包可能存在的违法行为（转包、挂靠等）。

（5）掌握尺度不搞两败俱伤。与分包的博弈应斗而不破，否则会被业主方各个击破，得不偿失。

1.8.4　分包既是博弈的对象也是可以团结的伙伴

专业分包往往与业主的关系非同一般，与分包共同获取利益，比一味与分包博弈更为可取。

那么，应该如何团结分包？可从两方面入手：

（1）在无损工程本身的情况下有些事情可以“睁一只眼，闭一只眼”。

（2）对于分包从建设单位显著获益，总包可协助完成，进行利益共享。

1.8.5　做好总承包管理向合同转化率要效益

施工总包合同特别是大型公建项目，总承包单位自行施工内容单一，所占合同总额比例偏低。效益好的专业工程往往被业主指定分包，客观上给总包的创效带来困难。因此，总包进场后，通过良好的履约，获取合同外项目至关重要，以扩大自营施工合同额，是提高效益的最佳路径。如机电安装工程、精装修工程、室外工程及附属工程等项目，往往会进行二次招标，总承包可利用前期良好的履约建立的合作关系，获取以上合同外工程，往往会收到很好的结果，创造更多的效益。

1.8.6 树立公平公正的总包形象

总包的权威建立在对土建及各专业分包一视同仁，不偏袒、不护短。总包单位尽量做好裁判员的角色，减少运动员的色彩，对土建项目关键时刻要敢于批评，敢于处罚，甚至更为严厉，从而树立总承包公平、公正的良好形象。从另外一个角度来看，对土建的严格管理，其实有利于土建项目部自身的管理能力提高，有利于取信业主和专业分包，有利于总承包管理的顺利实施。

第二章　总承包管理体系

2.1　参建各方组织协调关系

总承包项目参建方一般包括发包人、设计、顾问公司、咨询公司、勘察、监理、总承包、专业分包、独立分包、独立供应商等各方，其组织协调关系如图2-1所示。

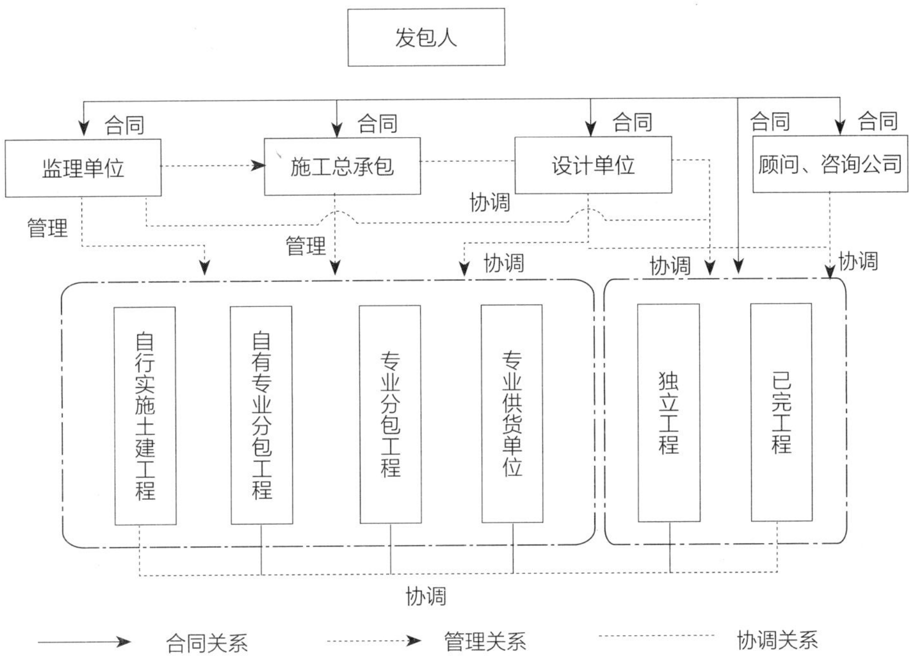

图2-1　施工总承包项目组织协调关系

2.2　总承包的管理架构的思考

2.2.1　传统的组织架构模式

传统的施工总承包项目部组织架构是建立在以土建为基础的模式之上，说得更白一点，就是在土建项目部的基础上加入一些总承包管理的职能和部门，其主要任务仍然是负责土建工程的施工管理，而对于其他专业分包的管理只是其附带的又不得不履行的职责。其传统的组织架构如图2-2所示。

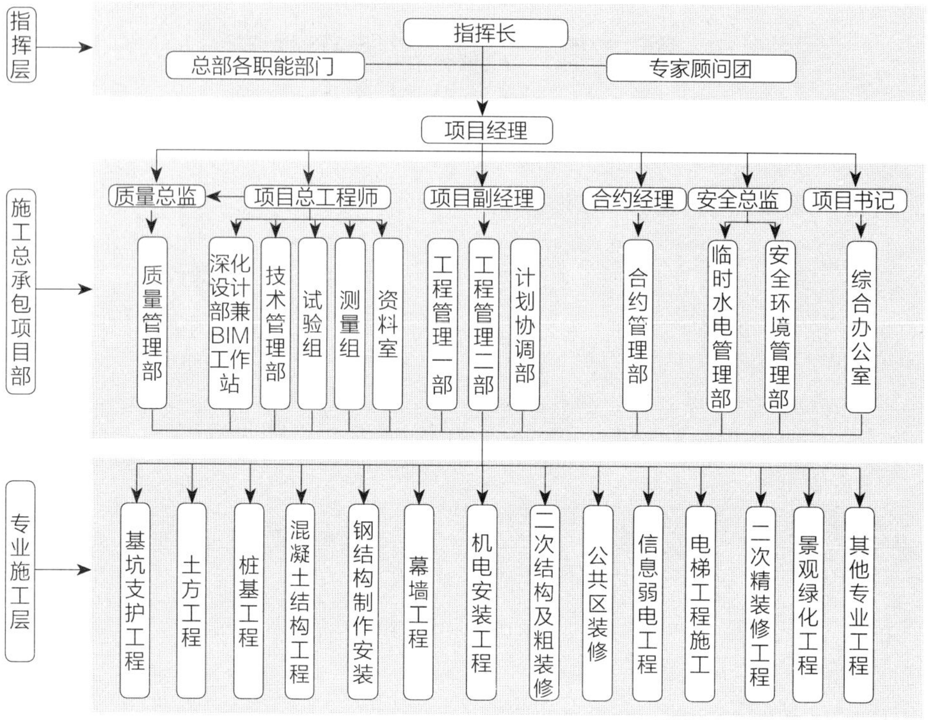

图2-2　传统的施工总承包组织架构

传统的总承包组织架构所面临尴尬的问题，表现在以下三个方面：

（1）土建施工在前的问题往往较多，土建的问题就是总包的问题，易成为众矢之的。

（2）土建与总包合为一体，各专业分包本能地认为总包袒护土建自身，管理无公正性可言。

（3）总包与土建职责不明晰，管理人员既管分包又管土建，精力有限，往往对专业分包自顾不暇。

因此，为强化总包管理职能，突出总承包管理地位，总承包管理项目部必须与土建项目部分离。并且做到三个分开：人员分开、职责分开、办公分开。

2.2.2　典型的施工总承包组织架构模式

将土建施工的各部门剥离于总承包项目部，组建纯粹的管理机构—施工总承包管理项目部，其只负责项目的总承包管理，而不再负责具体的施工生产任务，其原来的施工生产交由土建项目部负责。典型的施工总承包组织架构如图2-3所示。

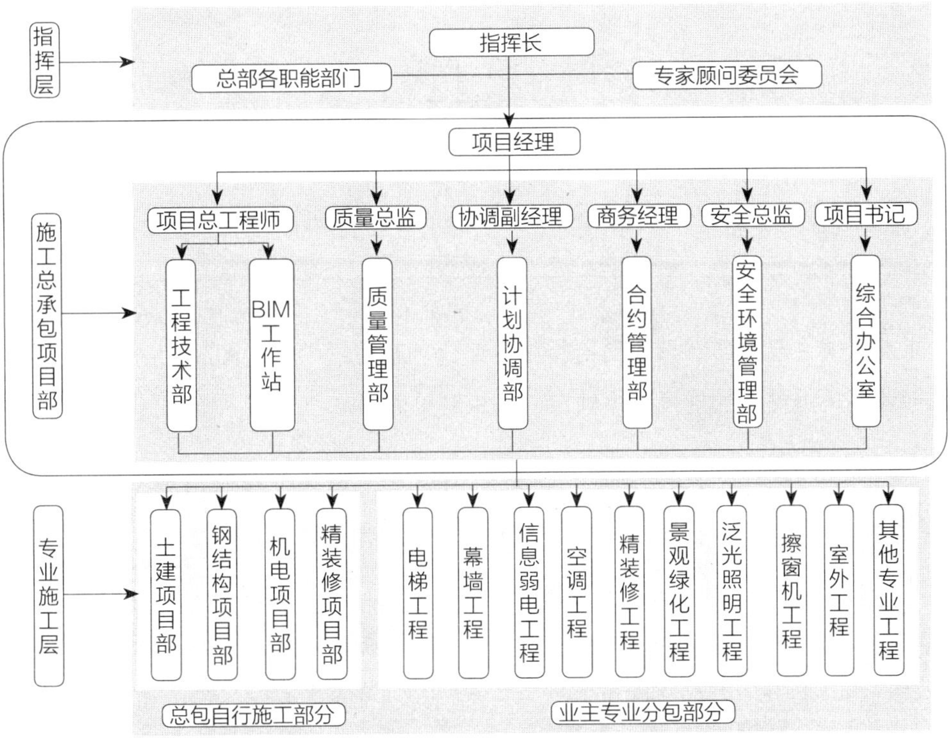

图2-3　典型的施工总承包项目组织架构

施工总承包项目经理部的部门编制一般包括总包计划协调部、总包工程技术部、总包商务管理部、总包质量管理部、总包安全管理部、总包机电管理部、综合管理部及BIM工作站等部门。人员编制一般控制在28～45人，见表2-1。

施工总承包项目经理部编制　　表2-1

序号	岗位	人数	序号	岗位	人数
1	总包项目经理	11	3	总包项目总工	1
2	总包副经理（计划协调）	1	4	总包项目副总工（土建）	1

续表

序号	岗位	人数	序号	岗位	人数
5	总包项目副总工（机电）	1	12	总包商务管理部	2～4
6	总包项目商务经理	1	13	总包质量管理部	2～4
7	总包安全总监	1	14	总包安全管理部	2～5
8	总包质量总监	1	15	总包机电管理部	3～6
9	项目书记	1	16	综合管理部	2～4
10	总包计划协调部	3～5	17	BIM工作站（兼）	5～10
11	总包技术管理部	4～8			
合计	28～45				

而土建项目部经理部只负责自行施工部分，其组织架构如图2-4所示。土建项目经理部编制根据施工的规模具体确定，其编制见表2-2。

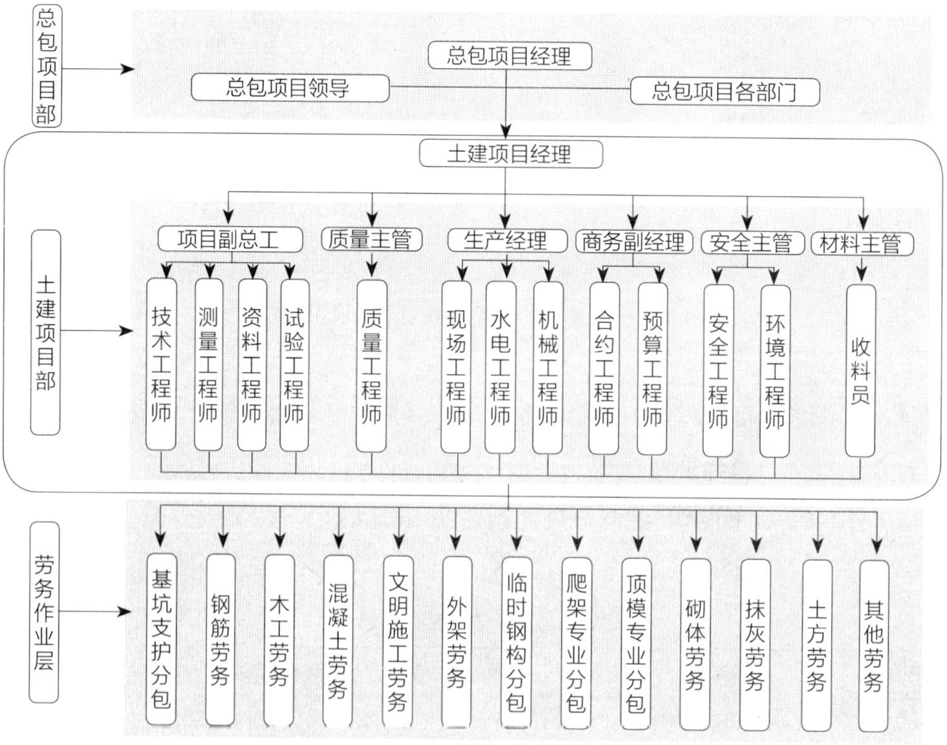

图2-4　土建项目经理部组织架构

土建项目经理部一般编制 表 2-2

序号	岗位	人 数	序号	岗位	人 数
1	土建项目经理	1	6	土建商务管理部	根据实际情况
2	土建项目总工	1	7	土建质量管理部	
3	土建项目商务经理	1	8	土建安全环境管理部	
4	土建技术管理部（含测量、试验、资料、BIM等）	根据实际情况	9	土建物资管理部	
5	土建工程管理部		10	设备、临时水电管理部	
合计					

2.3 施工总承包项目部部门管理职责

（1）计划协调部

计划协调部管理职责 表 2-3

序号	工作类别	主要开展工作
1	计划管理	组织召开每周的计划协调会； 督促各部门及专业分包编制各项计划并巡查； 编制每月计划实施考核报告，发出红黄牌警告； 编制年度计划实施考核报告，发往各参加单位总部
2	总平布置管理	根据总平面布置图分阶段进行管理和适时调整； 审批各类临时设施和场地使用计划并督促管理； 每日总平面巡查上传问题，督促责任单位整改
3	公共资源管理	负责垂直运输机械日常分配、调度等工作； 负责管理临时水电的分配
4	绿色施工及绿色认证管理	汇总专业项目部过程资料及数据，负责绿色施工过程检查及验收； 协助总包工程技术部做好绿色认证工作
5	劳务管理	负责专业分包的劳务管理，包括分包资信材料审核、合同签订、持证情况、农民工资发放监督等； 负责进出场人员门禁卡的办理和劳务工人进出场统计
6	调试及试运行管理	负责协调各单位进行系统调试和联合调试，组织责任单位进行物业移交前的培训

（2）工程技术部

工程技术部管理职责 表 2-4

序号	工作类别	主要开展工作
1	技术会议	召开每周的技术协调会，安排每周技术管理工作
2	图纸管理	组织各类图纸会审； 接收业主图纸，并负责下发专业分包
3	深化设计	总承包商负责分包深化设计技术统筹； 总承包汇总、审核后的深化设计图纸提交发包方，由发包方组织相关单位进行审定
4	施工方案管理	负责审核分包各类施工组织设计、施工方案，组织方案论证
5	测量管理	组织相关单位交接高程控制点以及轴线控制网
6	样品、首件样板管理	总承包管理专业分包提交材料样品送审，材料样品须报总承包审核后报监理、设计、顾问、发包方评审； 组织各分包进行首件样板制作并组织验收、交底
7	BIM应用管理	召开每周BIM协调会； 组织各专业分包开展BIM全面应用实施，每月出具BIM应用实施成果报告
8	工程试验、检验及验收管理	监督、抽查现场分包试验工作； 组织和参与各类验收
9	文档资料管理	对工程技术资料做出统一要求和规定； 每月对专业分包过程资料的同步性、完整性、准确性等进行检查，跟踪整改落实情况； 指导专业分包资料整理及归档。
10	专业协调	专业工程师组织召开各项专业协调会，并形成纪要； 专业工程师负责各专业分包从进场到实施、验收全过程、全工序、全方位的协调管理

（3）安全管理部

安全管理部管理职责 表 2-5

序号	主要开展工作
1	统一现场安全帽、反光服、安全带的佩戴标准
2	统一现场配电箱等安全设施标准
3	监督管理工人的进场安全教育
4	抓好人员进场管理

续表

序号	主要开展工作
5	监督每天的安全早班会开展情况
6	组织各分包参加的每天的各项安全巡查及落实整改； 组织各分包安全周检和月检
7	组织召开每月安全教育大会； 组织各类安全教育培训和考试
8	组织各项安全应急演练
9	审批各类危险作业； 参与各项安全设施的挂牌验收

（4）质量管理部

质量管理部管理职责 表2-6

序号	工作类别	主要开展工作
1	创优管理	监督、抽查现场分包试验工作； 组织和参与各类验收
2	验收及移交管理	对工程技术资料做出统一要求和规定； 每月对专业分包过程资料的同步性、完整性、准确性等进行检查，跟踪整改落实情况；指导专业分包资料整理及归档
3	成品保护管理	专业工程师组织召开各项专业协调会，并形成纪要； 专业工程师负责各专业分包从进场到实施、验收全过程、全工序、全方位的协调管理

（5）商务管理部

商务管理部管理职责表 2-7

序号	工作类别	主要开展工作
1	材料设备管理	对分包材料品牌报审、材料变更、材料选择等环节进行审核把关
2	合同管理	分包招标管理、分包商资信管理、合同备案管理、协议管理、合同履约管理及风险管理（质量、安全、工期）
3	商务及资金管理	对分包中间计量、竣工结算、资金使用等环节进行审核、管理

（6）综合管理部

综合管理部管理职责　表 2-8

序号	工作类别	主要开展工作
1	会议管理	各类会议的安排、会议室的使用分配和服务
2	信息化管理	各类公共管理系统的运营管理和维护
3	工程来访及观摩管理	各类工程来访及观摩审批、组织和管理
4	公共关系协调	包括政府建设主管部门、公安、交警、城管、环保及新闻媒体的统筹协调

第三章 总承包对项目各方提供的配合与服务

3.1 总承包对各分包提供的统一配合及服务

总包单位除了严格按业主提供的工程界面划分的要求进行组织以外，更为重要的是在计划的时间内为他们完成各项辅助措施，确保能按计划展开工作。总承包对各分包提供的统一配合及服务具体见表3-1。

总承包对各分包提供的统一配合及服务　　表3-1

序号	配合服务内容	责任部门	备注
1	办公室	综合办公室	分包办公室租用
2	工人住所，不低于$2m^2$/人		总承包统一安排工人宿舍的建设、管理，配备统一的床架、空调等设施，分包采取租用形式
3	施工现场安保管理		总承包统一负责现场内安保工作。 现场大门设置门禁系统，管理人员及工人需凭卡或人脸识别进入现场
4	设置/指定合理的施工废弃物和垃圾的堆放地点，并对施工废弃物和垃圾进行收集和清运出场	计划协调部	分包负责本专业工程施工作业面上的卫生，将废料和垃圾堆放在总包指定的地点；总承包统一清运出场
5	搭设临时厕所、医务室，设置生产区门禁系统；建筑物内临时厕所的安装、清洁和维护	综合办公室	总承包指定专人进行维护、管理，各分包按管理制度进行使用
6	质量、安全创优管理	综合事务管理部	总承包统一对外对接沟通，分包提供创优资料及现场支持配合
7	公共部位布置临时消防设施及消防通道，配足灭火器材	安全管理部	总承包定期对设施设备进行检查及维护，分包有义务进行保护
8	工程脚手架（普通脚手架）、脚手板及围护材料、公共部位脚手架	计划协调部	提供现有脚手架供分包单位使用，并安排专业人员管理、定期检修维护
10	临时设备干线及现场临时照明设备，至主要配电点	计划协调部	总承包专人负责维护
11	现场临时供电至指定范围	计划协调部	末端由各专业分包按流程申请，总承包接驳
12	临时给/排水系统至主要配水点	计划协调部	按审批后的现场临时水方案为各分包提供

续表

序号	配合服务内容	责任部门	备注
13	统一规划现场平面，提供现场材料、机具转堆场地。满足机电、电梯等专业分包的现场临时堆场要求等	计划协调部	对整个现场的材料堆放场地进行统一规划，根据工程总体安排定期召开施工总平面布置协调会议，组织讨论施工总平面布置，协商解决满足各类分包施工场地需要，并定期更新施工总平面布置图纸
14	现场临时道路及交通	计划协调部	总承包单位负责修建和维护道路，并负责管理。同时提供给专业分包、独立分包使用。协调材料、大型机械进出场
15	地下室临时通风设施	计划协调部	每天定期开启、关闭，每周维护，根据工程进度情况进行调整、拆改
16	为各分包提供基础工作面及工作时间的整体服务。通知相关分包单位放置相关的预埋构件等，并请相关分包单位复查相关的设备基础、预留孔、洞尺寸大小及定位以保证其准确性，减少工程返工	计划协调部	在工作安排、进度计划等方面，考虑由于对专业工程提供配合服务和提供总承包服务所产生的工种穿插、预埋配合工效损失等所有相关情况
17	工作面测量基准提供	质量管理部	指导、督促分包商建立专业工程分包商工程测量管理体系。负责测设场地内的各施工阶段的各级平面和高程场区控制网和建筑物测量、复核等
18	BIM技术应用服务	工程技术部	BIM管理负责人对各分包应用BIM技术提供相应技术支持。总承包积极而全面地推进BIM在项目应用深度
19	提供现有机械（塔吊、电梯）以解决分包单位的垂直运输	计划协调部	协调管理垂直运输设备的使用，确保各分包专业不互相影响各自施工
20	设备工程专用的卸货与起重设备，设备安装的吊装平台	计划协调部	总承包负责整体安排，专业分包负责各自单位施工吊装
21	正式电梯提前启用，客/货电梯使用服务	计划协调部	总承包负责整体安排，电梯分包配合实施、维护、保养
22	技术协调及技术支持	工程技术部	总包依托自身能力为分包提供相应的超高层建筑施工技术支持

3.2 对各专业分包配合与服务

3.2.1 对各专业分包的服务、管理及协调

总承包对各专业分包的服务、管理及协调具体见表3-2。

总承包对各专业分包的服务、管理及协调　　表 3-2

项次	内容	总承包的权利和义务
1	服务	对于基坑支护监测工程、第三方检测工程、附属设备及室外线路铺设工程、给水排水配套工程、电力配套工程、燃气配套工程及通信配套工程等，总承包商应与有关管理机构协调配合，按工程界面划分完成相应工作。 总承包商为有关的管理机构提供必要的水、电、脚手架和受总承包商控制的临时工作场所和场地的支持和配合。 总承包商对整个工程的进度进行总体计划安排时，应将大市政工程和业主指定独立分包合理恰当的列入总体进度计划，对分包商提供计划安排、日常协调和管理、工作移交后的成品保护工作
2	管理	总承包项目部依据总承包管理方案，由项目专业管理团队、区域管理团队等负责各专业分包的管理职责。 下发指示和图纸等所有资料给指定分包。 对指定分包的质量进行管理、检查。 总承包商在根据总体安排，提供已安装在现场的起重机械、脚手架、爬梯、工作台、升降设备、垂直及横向运输设备的使用。 安排协调施工时间和方法，对指定分包的进度进行管理。 混凝土浇筑前，监督分包检查预留预埋的正确完整性。 提供其他的照管、协调和合作工作，包括： （1）在每层楼提供施工供水电接驳点及垃圾收集站。 （2）为测试、调试及试运行提供水电。 （3）提供放线参考点。 （4）提供专业分包存放物料、机械的合理空间。 （5）按电梯/自动扶梯指定分包商提供工作面。 （6）抹灰前在管线与凹槽空隙间填充水泥砂浆及抗裂铁丝网。 （7）成品保护，编制专项成品保护方案
3	协调	（1）为涉及项目的所有指定的专业分包、其他承包商、政府管理部门及市政单位提供协调服务。 （2）所有分项项目之间的协调。 （3）制定详细且适合的工作次序或安装程序。 （4）提供相关主管部门及市政施工单位所需的协调。 （5）安排相关技术人员，确保协调工作在深化设计及深化图纸报审通过期间内完成。 （6）总承包根据施工技术要求，对各专业分包进行工作面协调，为各专业的插入顺序、工作面交接条件进行整体协调。 （7）与现场工程师、设计单位、专业分包及其他承包商协商，确保各项工程的工序合理穿插和交接

3.2.2　对钢结构分包的专项配合服务

总承包对钢结构分包的配合服务见表3-3。

总承包对钢结构分包的配合服务 表 3-3

配合内容	各承包人工作内容和责任分工表	
	总承包单位	专业分包单位
钢结构深化设计	对钢结构的深化设计工作全过程进行管理，根据发包方和设计要求编制钢结构深化设计指引和管理方案，并将钢结构深化设计内容综合反映在一个共用模型或图纸系统内	负责钢结构工程的深化设计、制作加工计划、运输供应计划和现场安装的统筹管理，并负责编制钢结构工程深化设计指引和管理方案
钢结构工程的制作	根据吊装设备能力要求及场地情况，协调组织钢结构工程制作和安装承包方对钢构件进行分段、确定钢构件临时连接节点做法和焊接相关要求等，并审查钢结构工程在深化设计、制作和安装的落实情况	根据吊装设备能力要求及场地情况及时提出钢构件分段方案、钢构件临时连接节点做法，以及焊接等相关意见，并提交给钢结构制作厂；对钢结构进行深化设计并报业主和原设计单位审批，并按照审批的深化设计图纸进行加工制作
钢结构工程的安装	优先考虑并协调相关单位，保证钢结构安装分包单位按批准的施工组织设计要求施工	负责钢结构现场安装
钢结构到场卸货、钢结构运输、安装的施工场地和施工运输道路	负责安排钢结构进场卸车吊装作业面及作业时间、应负责提供钢结构运输、安装的施工场地和施工运输道路	负责钢结构进场吊装卸车、验收和其后的成品保护
钢结构埋件和地脚螺栓的安装	预埋件在浇筑混凝土前，总承包方应及时通知钢结构安装分包单位派人对其安装的预埋件位置进行核对，确认无误后方可浇筑	负责钢结构预埋件现场安装
钢结构的面漆、封闭漆和防火涂料的涂装施工（含构件安装组装焊接连接区域金属热喷涂和涂装施工、安装碰撞损坏处涂料的补涂）	负责材料品牌审核，油漆进场验收	负责钢结构的面漆、封闭漆和防火涂料的涂装施工
钢结构组合楼板施工	负责钢结构工程承包范围内的组合结构构件（包括钢管混凝土、组合楼板等）的混凝土浇筑工作	负责钢结构组合楼板的深化设计及施工（含收边板供应和安装）
土建结构加固（包括但不限于：首层楼盖体系设计结构加固、塔吊、电梯等附着点结构加固）	负责审核钢结构安装指定分包单位制定的结构加固方案，土建结构加固由总承包方实施	负责制定因钢结构安装需要进行的结构加固方案编制
塔吊及垂直运输设备的提供	塔吊及施工电梯由总承包方负责，塔吊及施工电梯的相关事项均由总承包方统一统筹安排	配合总承包方的塔吊、电梯布置方案编制，满足钢结构卸车及吊装需求；施工电梯的布置应满足钢结构工程施工人员的上下，及物资垂直运输需求；钢结构工程承包方可以利用总承包方已有的脚手架及施工电梯

续表

配合内容	各承包人工作内容和责任分工表	
	总承包单位	专业分包单位
钢结构现场成品保护（含防腐防火涂层修复）	负责钢结构现场成品保护总体协调管理工作	制订并实施相应的成品（包括自己的产品和他人的成品）保护措施并严格执行，防止损坏、损伤或污染成品
钢结构承包方的现场办公场所、仓储地点、卸货场地及现场水、电接驳点（临电提供二级接驳配电箱）的提供	负责提供钢结构工程承包方现场的办公场所、仓储地点、卸货场地负责及现场水、电接驳点（临电提供二级接驳配电箱）	根据需要向总承包方申请现场的办公场所、仓储地点、卸货场地及现场水、电接驳点使用
整个工程整体的安全防护	负责提供整体的安全防护	钢结构工程承包方负责钢结构安装施工作业面的安全防护，安装施工完成后，由总承包方负责总体管理

3.2.3 与机电分包的专项配合服务

总承包对机电分包的配合服务见表3-4。

总承包对机电分包的配合服务　　表 3-4

分项工程	配合内容	各承包人工作内容和责任分工表	
		总承包单位	专业分包单位
电气工程	预留孔（井）	建筑结构图中标明的预留孔（井）洞施工，承担符合设计要求和施工验收的责任	监督、检查土建预留，负责复核设计要求和施工验收；负责电气施工图中标明的预留施工，承担复核设计要求和施工验收的责任
	预埋件	承担施工过程中保护已完成的预埋件质量的义务	预埋施工，承担符合设计要求和施工验收的完全责任
	预埋管	承担施工过程中保护已完成的预埋件质量的义务	预埋施工，承担符合设计要求和施工验收的完全责任
	配电柜、配电房等设备基础	承担基础尺寸、平面定位、孔洞符合设计要求和施工验收要求的责任	承担螺栓孔洞预留及二次灌浆的责任，承担设备安装责任
暖通工程	预留孔（井）	保证建筑结构图中标明的预留孔（井）洞施工符合设计要求和施工验收的标准	监督、检查土建预留，承担符合设计要求和施工验收的连带责任；承担暖通施工图中标明的预留施工，承担符合设计要求和施工验收的责任

续表

分项工程	配合内容	各承包人工作内容和责任分工表	
		总承包单位	专业分包单位
暖通工程	预埋件	承担施工过程中保护已完成的预埋件质量的义务	预埋施工，承担符合设计要求和施工验收的完全责任
	预埋管	承担施工过程中保护已完成的预埋件质量的义务	预埋施工，承担符合设计要求和施工验收的完全责任
	预留孔洞的一次性塞缝	确保一次性塞缝质量及施工过程中保护已完成的管道安装质量	承担管道安装符合设计要求和施工验收的完全责任。承担套管与已安装完毕的管道间的封填的完全责任
其他机电工程	预留孔（井）	确保预留施工符合设计要求和施工验收标准	具有配合预留，检查、提示、督促总承包单位整改不合格工作的义务
	预埋件	完成承包范围内的预埋件安装，同时配合各专业做好预留、预埋工作	预埋施工，承担符合设计要求和通过施工验收的完全责任
	预埋管	配合分包预埋并做好保护	预埋施工，承担符合设计要求和通过施工验收的责任
	设备基础	完成基础施工，承担符合设计要求和通过施工验收的责任	具有配合基础施工，检查、提示、督促施工总承包管理单位整改不合格工作的义务

3.2.4 与幕墙工程的专项配合服务规划

总承包对幕墙工程分包的配合服务见表3-5。

总承包对幕墙工程分包的配合服务　　表 3-5

配合内容	各承包人工作内容和责任分工表	
	总承包单位	专业分包单位
进场	提供现场施工用的水、电、道路和，协助办理进场施工手续	接收现场施工用的水、电、道路，办理进场施工手续
规划堆放场地	提供幕墙构件的临时堆放场地	参与规划幕墙构件临时堆放场地的布置，必要时分楼层设置幕墙板块堆放场地
测量控制	提供测量控制基点控制线。对分包的测量成果进行复核、验证	与总包协调复核测量控制
安全防护	做好安全防护棚、防护网的搭设、维护，在不影响工程总体进度条件下，最大限度提供给各分包单位使用	配合做好安全防护棚、防护网的搭设，特殊要求的按合同自行完成相应安全防护措施

续表

配合内容	各承包人工作内容和责任分工表	
	总承包单位	专业分包单位
预埋件施工	提供现场工作面及工作穿插时间、空间，协调预先设置在钢结构上的固定件与钢结构加工的协调	提供埋件，并确保埋件的质量，承担埋件预埋施工，并保证埋件预埋的质量
骨架安装施工	合理调配情况下提供垂直运输，提供施工场地并相应承担所提供施工场地满足安装施工进度的责任	供货、安装，承担骨架施工符合设计要求和满足施工验收要求的责任，承担运输工具满足安装进度要求的责任
幕墙板块安装施工	提供包含建筑结构信息的BIM对模型，动态管理幕墙单元板块数据采集、跟踪。 提供异形板块的塔吊吊装配合服务。协调局部可能采用擦窗机完成的幕墙封口措施	供货、安装，承担单元式板块安装施工符合设计要求和满足施工验收要求的责任，承担运输工具满足安装进度要求的责任
幕墙范围内的景观照明灯具、招牌等的固定点、避雷针、航空灯、擦窗机及其他设备的幕墙穿透及防水密封	组织幕墙专业分包进行深化设计，协调相关专业分包进行相应前期工作	按深化设计节点，进行幕墙封口
幕墙防火、隔声	协调幕墙、装饰专业深化设计节点深化，完成装饰分为内的隔声防封堵等	按合同承包范围内的防火、保温、隔声节点深化设计及施工，并对装饰节点提供衔接
幕墙试验	根据约定提供相应的支持	按规范完成检测，上报
成品保护	提供幕墙分段施工的硬质水平隔断，配合产品保护	移交承担产品保护的责任

总承包对幕墙工程的专项配合服务措施见表3-6。

总承包对幕墙工程分包的专项配合措施　　表3-6

序号	阶段	配合工作名称	总承包配合服务措施
1	招标期间配合	提供幕墙与主体结构施工搭接时间计划表	提供幕墙工程分别与主体结构施工搭接时间计划表，为业主招标和进行合同谈判时使用
2		提供与幕墙安装工程相关的施工图纸目录	提供与幕墙相关的施工图纸目录供业主招标使用，特别是涉及幕墙与主体结构（含钢结构）、幕墙与机电安装、幕墙与精装修之间的要互相配合施工的相关图纸
3		明确技术要求	组织相关方面进行研究讨论，提供出机电工程、室内精装修工程、擦窗机系统、屋面工程以及其他与幕墙相关专业工程对幕墙工程的有关配合技术要求

续表

序号	阶段	配合工作名称	总承包配合服务措施
4	施工前期准备配合	配合幕墙深化设计工作	幕墙深化设计工作由总承包项目深化设计部下的幕墙深化设计管理组进行协调配合，总承包安排幕墙专业工程师、结构专业工程师全过程参与幕墙工程分包人的深化设计工作，协助幕墙施工单位解决幕墙与结构的连接问题。总承包项目总工程师对幕墙深化设计工作给予指导并进行审核，深化设计部负责人积极与业主和设计单位沟通，为幕墙深化设计提供配合
5		幕墙工程连接件安装的配合	钢结构加工时，总承包将按幕墙分包人的提供的幕墙埋件深化图，协调钢结构加工深化设计在钢构件上预设连接件或螺栓孔，对幕墙施工和钢结构施工进行协调
6		提供幕墙材料进场计划时间表	总承包根据实际的进度，合理的安排幕墙材料的进场时间，为幕墙能按时插入施工提供配合
7		幕墙材料堆场准备	幕墙工程的材料堆场需要面积较大，在幕墙施工插入前，总承包合理布置现场总平面，为幕墙施工提供材料堆场，为幕墙的插入施工做好准备
8	施工过程中的配合	工作面移交	总承包按照施工进度情况分阶段分段移交工作面给幕墙工程分包
9		质量控制、技术指导	总承包为幕墙专业分包单位提供配合服务。总承包应设置幕墙施工经验丰富的工程技术人员，对幕墙施工，除进行全过程的总承包管理职责范围内的质量控制外，还对幕墙施工过程中可能出现的质量问题进行技术指导
10		测量配合服务	幕墙开始安装时，总承包提供给幕墙分包人各楼层标高线和轴线外，在必要时，总承包可以派遣的专业测量技术人员，提供测量技术服务
11		脚手架	提供现有的外墙装修脚手架
12		玻璃专区保护	幕墙安装过程中，总承包按幕墙专业分包单位的要求，对存放幕墙玻璃的楼层划定专区进行关键区域管理，配合其玻璃防破坏保护
13		幕墙与结构间的封闭处理	除幕墙本身防火封闭由幕墙安装单位完成外，总承包将根据工程合同自行完成或督促室内精装施工单位完成结构与幕墙间按建筑功能要求需封闭的连接处理
14		安全设置的拆除	配合幕墙安装的施工，配合协助对妨碍幕墙安装的安全设置进行临时拆除并及时恢复
15		与擦窗机安装工程的协调	总承包积极协调幕墙专业分包单位和擦窗机工程承包人之间的关系，避免两者出现工作面冲突，配合幕墙专业分包单位做好擦窗机预埋件的保护工作，协助做好擦窗机安装对幕墙的防破坏工作
16	竣工验收阶段配合	配合预验收	幕墙施工完毕，配合幕墙专业分包单位要求，及时组织工程人员，进行幕墙工程质量、工程资料预验收，完毕及时上报业主单位，协调业主单位及时组织专项工程验收，配合幕墙专业分包单位工程交付

续表

序号	阶段	配合工作名称	总承包配合服务措施
17	竣工验收阶段配合	竣工资料	总承包设置专人专职负责指导幕墙工程资料的编写、整理，统一组织幕墙工程施工资料收集和组卷工作，负责幕墙竣工资料的编制监控、接受及移交

3.2.5 与精装修工程的专项配合服务规划

总承包对精装修工程分包的配合服务见表3-7。

总承包对精装修工程分包的配合服务　　表3-7

序号	配合内容	各承包人工作内容和责任分工表	
		总承包单位	专业分包单位
1	进场	提供现场施工用的水、电、道路，协助办理进场施工手续	接收现场施工用的水、电、道路，办理进场施工手续
2	规划堆放场地	提供精装修材料的堆放场地	参与规划精装修材料堆放场地的布置
3	垂直运输	提供材料的垂直运输及其他相关工作面	配合材料的垂直运输及其他相关工作面的安排
4	测量控制	提供测量控制基点、基线	与总包协调复核测量控制
5	脚手架	提供现有脚手架	合理、高效地利用总承包单位提供的脚手架，尽早完成工序
6	产品保护	配合产品保护	承担产品保护的责任
7	作业面移交	协调土建按照招标文件要求，完成至交接作业面的工作，并确保施工质量	按照规范要求接收工作面，并开展后续工序施工

总承包对与精装修工程的专项配合服务措施见表3-8。

总承包对精装修工程分包的专项配合措施　　表3-8

序号	配合工作名称		总承包配合服务措施
1	招标期间的配合	搭接时间计划表	提供精装修工程与项目主体结构施工搭接时间计划表，为业主招标和进行合同谈判时使用
2		提供工程相关施工图纸目录	提供与精装修工程相关的施工图纸目录供业主招标使用，特别是涉及精装修与结构、机电和幕墙之间要互相配合施工的相关图纸清单

续表

序号	配合工作名称		总承包配合服务措施
3	招标期间的配合	明确技术要求	将提出并组织机电、幕墙、弱电工程以及其他与精装修相关的施工单位提出对精装修工程的有关技术要求，供业主在招标时使用
4		提供指定供应材料进场计划时间表	配合业主编制指定供应材料的清单及计划进场时间表
5	施工前期准备配合	配合精装修深化设计工作	总承包设置精装修深化设计组对分包人的深化设计进行配合，并将邀请精装修资深深化设计专家及选派本单位精装修施工经验丰富的工程人员，配合业主要求，对精装修深化设计图纸进行评审。精装修深化设计编制、评审将全面采用BIM技术进行
6		工作面移交配合	总承包按项目施工段的划分分段移交工作面给精装修工程分包人
7		装饰施工方案编制	总承包指导和配合精装修分包人制定装饰施工方案并对其审核，经业主、监理同意后监督其实施
8	施工过程中的配合	垂直运输专项措施	针对精装修阶段，插入分包队伍多，材料运输量大的特点，总承包对装饰材料整体运输做好规划及加强
9		材料运输	确保各类建筑材料及时到位，精装修施工顺利进行。所有装修材料确保在永久电梯不在允许运送材料前运输到指定的楼层
10		现场交底	组织其他分包单位或直接发包单位，进行现场隐蔽交底，防止精装修施工过程对已完工隐蔽工程的破坏
11		工程质量监督指导配合	总承包选派精装修经验丰富的工程质量人员，除进行总承包管理职责范围内的全程质量控制外，还积极配合精装修施工，对其提供技术指导支持
12		标高统一控制	根据业主要求提供水准点，对照结构施工与对沉降观测的结果的关系，统一控制装饰的基准标高，使最终产品符合设计要求
13		净空高度控制	采用与机电相同的标高，按经审定的深化设计严格实施，确保层间净高
14		技术复核	总承包组织装饰分包施工单位，在装饰工程施工前对结构进行技术复核，以保证装饰施工顺利进行，也为装饰工程质量的保证奠定基础
15		工作面上的施工穿插配合	将严格按制定的程序进行工作面上的穿插施工，做到先土建和粗装饰、后精装饰的施工程序，始终保证忙而不乱
16		成品保护阶段	精装修是成品保护的重中之重，总承包在已装修好的楼层实行关键区域出入管理制度，协助精装修工程分包人做好成品保护工作
17	竣工验收阶段配合	配合预验收	施工完毕，总承包配合精装修分包单位及时组织工程人员，进行精装修工程质量、工程资料预验收，完毕后及时上报业主单位，配合组织消防专项验收和工程竣工验收，以及精装修工程的交付
18		竣工资料	总承包设置专人专职负责指导精装修工程资料的编写、整理，统一组织幕墙工程施工资料收集和组卷工作，负责精装修竣工资料向业主单位的移交

3.2.6　与电梯安装工程的专项配合服务规划

总承包对电梯安装工程分包的配合服务见表3-9。

总承包对电梯安装工程分包的配合服务　　表3-9

序号	分项工程	配合内容	各承包人工作内容和责任分工表	
			总承包单位	电梯安装单位
1	客梯 货梯 消防梯	井道及机房	完成井道结构和机房施工，包括井道结构改造和洞口的预留加固等，同时进行垃圾、积水的清理，承担符合设计要求和施工验收的责任	监督、检查土建预留，承担符合设计要求和施工验收的连带责任；承担电梯施工图中标明的预留施工，承担符合设计要求和施工验收的责任
2		井道内脚手架	提供必要的搭设条件	自行搭设专业施工需要的施工平台脚手架等
3		安全防护	完成电梯井道门洞口的安全防护措施和临时挡水措施，并符合施工现场管理规定	施工过程中对安全防护进行保护
4		洞口封堵及收口	完成呼叫按钮/层显部位的收口及结构施工期间遗留的无用洞口的封堵，并满足电梯安装需要	对呼叫按钮/层显进行检查、核实
5		门洞预埋孔一次性塞缝	承担一次性塞缝质量的责任，及施工过程中保护已完成的管道安装质量的义务	承担管道安装符合设计要求和施工验收的完全责任。承担套管与已安装完毕的管道间的封填的完全责任
6		电梯临时使用	安排电梯临时使用时的操作人员并满足现场施工需要，同时对电梯的使用进行日常的保护工作，承担因不正确操作和维护产生的劳务、材料费用	对电梯使用期间进行电梯的维护保养工作，并提供电梯的临时呼叫系统
7		坑底缓冲设备基础	预留施工，承担符合设计要求和施工验收的主要责任	监督、检查预留，承担符合设计要求和施工验收的法定的连贯责任
8		机房设备安装	承担机房空间、平面符合设计要求和施工验收的责任，并不影响已完成设备安装	承担已完成机房设备安装符合设计和施工要求的责任
9		机房设备电气联接	提供电梯设备运行的电源，承担满足安装施工进度的责任	承担电气安装施工符合设计要求和满足施工验收要求的责任
10		墙面地面恢复	提供设备吊装时开墙及墙体恢复的服务。提供因安装造成的地面、楼面、墙面破坏后的恢复的服务	由于电梯施工单位返工或质量不合格造成的二次修补由电梯施工单位负责
11	自动扶梯	预埋件	混凝土施工过程中预埋件的成品保护	预埋施工，承担符合设计要求和施工验收的完全责任
12		支承梁/坑底	承担支承梁/底坑符合设计要求和施工验收的责任，并具有不影响扶梯安装进度的义务	承担已完成扶梯安装符合设计和施工要求的责任

总承包对电梯安装工程的专项配合服务措施见表3-10。

总承包对电梯安装工程分包的专项配合措施　　表3-10

序号	配合工作名称		总承包配合服务措施
1	施工准备期间的配合	技术复核	在施工准备期间，总承包根据业主提供的施工图和电梯及自动扶梯安装厂家的安装图认真进行核对，对其中关于井道、井坑和预留孔洞的位置、标高和尺寸全面复核，确保将其中的矛盾在电梯井施工前解决
2		电梯厂家洽商	总承包将和业主、电梯厂家积极洽商，提早为施工后期将永久电梯借为施工电梯使用打好基础
3		需提前吊装的设备	总承包提前为电梯厂家准备好场地，用于停放需要提前吊装进电梯井的设备。这些设备进场后，总承包可配合将其吊放到相应的位置，再由电梯安装承包商用卷扬机将其安装就位
4		进度安排	根据工程总进度计划提出电梯和自动扶梯进场计划，计划考虑国产、进口设备的不同周期应提前足够时间
5	结构施工期间预留预埋	结构施工时预留预埋电梯的孔洞等	电梯井道施工时采用全站仪精确测量法严格控制电梯井道尺寸和垂直度，使整个井道满足净空尺寸要求
			机房预留孔洞及外呼洞、厅门洞、安全门洞、机房顶吊钩严格按照土建施工图预留
			将各层电梯门均作临时安全封闭，安全封闭门用轻钢制作，为可开启式；
			结构施工完毕后即测出所有电梯井全高的垂直度、井道实际的准确尺寸偏差、预埋件的尺寸偏差、所有预留洞口位置和尺寸等数据，为电梯安装提供依据
6	电梯安装期间配合	砌体井道	及时安排井道砌体的施工，并按电梯轨道要求进行圈梁施工及埋件埋设
7		预留钢梁或吊环	按电梯深化设计完成预留钢梁或吊环，确保吊环、钢梁位置准确承载力足够
8		机房配合	机房砌筑、设备基础等辅助设施完成
9		工作面	总承包按照进度的要求及时拆除设置在电梯井内的施工电梯，并完成相应的清理工作，及时移交工作面，为永久电梯的安装提供便利
10		厅门标高控制	在电梯安装时，总承包协调室内精装饰分包提供地面面层标高，在此位置的各电梯厅门口处弹水平线，作为安装厅门地坎的基准，配合电梯的安装
11		多厅门的平面度控制	对同一墙面上有多个电梯门的电梯厅，按电梯井全高铅垂线和墙面装饰层的厚度在电梯门相应的墙面上找出完成面的标志，以使各电梯的厅门和门套在同一平面上
12		厅门位置控制	协调精装饰专业，根据电梯井全高的实际垂直度情况确定一个最合理的电梯中心线，以此来确定电梯门的中心线，并提供给电梯安装单位。确定此中心线时还要考虑到电梯井墙面的装饰效果

续表

序号	配合工作名称		总承包配合服务措施
13	电梯安装期间配合	安全保障配合	在电梯安装前，总承包全面清理电梯井道内的安全防护网及杂物；对全部工人进行教育，并设置明显的安全警示标志，确保井道内作业人员的安全；全面检查电梯门及机房内预留洞的安全防护措施并书面移交给电梯安装单位使用。当电梯安装作业时，督促安装单位保证电梯井道内有足够的照明，以作为安全警示。电梯洞口的围栏拆除，要求分包应有相应安全措施
14		提供电梯施工电源	总承包提供作为电梯安装所需的施工电源
15		提供电梯正式运行电源	总承包加强对供电工程的进度控制，保证在电梯调试之前，向电梯分包提供电梯使用的正式电源
16		提供设备存放专区	按要求为电梯提供不少于100㎡设备存放场地
17		配合制作支墩	机房中的主机安装完后，总承包将配合制作支墩，并将承重梁两端封闭
18		电梯底坑的防水处理	在井道脚手架拆除后，对底坑做防水处理
19		电梯地坎、门套、门梁与结构之间的缝隙处理	各层厅门安装完毕后，总承包将督促室内装饰施工单位将电梯地坎、门套、门梁与结构之间的缝隙封堵
20		其他	电梯机房应该及时进行装修施工和门窗洞口封闭，在电梯门施工完成前严禁拆除电梯门洞的临时封堵
			电梯井道内的接地敷设到位，将接地电阻测试记录与电梯安装单位进行交底
			对电梯安装施工质量加强管理，如：轨道安装、机房内设备和桥架安装
			协调电梯的调试工作和验收工作，对调试电源和调试顺序形成一致意见
			土建为穿梭电梯、观光电梯不停靠楼层预留工作孔，并于电梯安装完成后进行封堵。至少隔三层设置一个
			配合及协调电梯扶梯的成品保护

3.2.7 与弱电安装工程的专项配合服务规划

总承包对弱电安装工程分包的配合服务见表3-11。

总承包对弱电安装工程分包的配合服务　　表3-11

序号	配合内容	总承包单位	机电分包单位	弱电分包单位
1	机房施工及移交	完成监控室、消防控制室等弱电机房及竖井的土建工作，并承担不影响弱电施工的质量要求	组织验收	负责按照规范要求对机房进行检查、验收并接收

续表

序号	配合内容	总承包单位	机电分包单位	弱电分包单位
2 3 4	预留孔（井） 预埋件 预埋管	完成主楼±0.00m以下预留预埋，并配合其他区域预留、预埋施工，承担不影响预留孔质量的义务	按招标文件要求完成主楼±0.00以下的预留预埋施工，承担符合设计要求和施工验收的主要责任	
5	门洞预埋孔洞一次性塞缝	确保一次性塞缝质量达到不影响电气设备质量的要求	承担符合设计要求和施工验收的连带责任	承担符合设计要求和施工验收的完全责任
6	垂直、水平基准线	提供垂直、水平基准线，并对基准线的准确性负完全责任	对垂直、水平基准线复核，对井道、门洞、机房尺寸进行复核，并承担连带责任	按图依据基准线对井道、门洞，机房尺寸进行复核，对复核结构负完全责任
7	临时施工用电	提供现有施工用电至指定地点，对临电箱（含）之前的线路安全可靠负完全责任	协助总承包单位进行临时施工用电的管理	提出负荷要求，对临电箱之后的线路安全负完全责任
8	线缆布放插座安装	提供施工配合	统一管理。对工作统一安排部署	负责施工，服从机电安装施工单位的管理和安排，承担不影响已完成设施的义务
9	机电设备安装	承担机房空间/平面符合设计要求和施工验收的责任	承担已完成机房设备安装符合设计和施工要求的协调义务	承担已完成机房设备安装符合设计和施工要求的责任
10	系统主要设备安装	提供施工场地，并承担满足主要设备安装施工进度的责任	统一安排部署，承担设备施工符合设计要求和满足施工验收的要求的协调义务，配合土建施工总承包单位的进度管理	安装，承担设备施工符合设计要求和满足施工验收要求的责任

总承包对电梯安装工程的专项配合服务措施见表3-12。

总承包对弱电安装工程分包的专项配合措施　　表3-12

序号	配合工作名称		总承包配合服务措施
1	招标阶段的配合	合格专业主承包商的筛选	相对弱电工程建设管理，在业主要求的时候，总承包利用同类工程管理的经验及供应商，承建商资源优势，积极为业主出谋划策，充当起“技术服务”的角色。配合业主对弱电专业主承包资质评审、工程商资质评审、资金实力考核、工程业绩考核、设计能力考核、施工组织能力考核、安装调试能力考核、规划设计方案审定、软硬件配置的技术性评审、软硬件配置的经济性评审，直至施工工艺流程评审，以及集成系统可靠性、实用性和扩充性的评审，在跟踪追溯、实地考察和详实走访调查环节的同时，利用同类工程丰富的施工经验，同类产品集成商，工程商在同类工程施工中的表现，进行严谨、详实、周密调查和统计，最终配合业主筛选出合同的直接承包商

续表

序号	配合工作名称		总承包配合服务措施
2	招标阶段的配合	搭接时间计划表	施工进度管理决定着整个施工期间施工人员的组织，设备的供应，以及弱电工程与土建工程、装修工程的配合时机，必须通过建立工程进度表的方式来检查和管理。总承包在综合考虑施工顺序的基础上，按施工顺序划定几个阶段，即施工安装图设计（深化二次设计）、管线施工、设备（进货）验收、设备安装、调试、初开通和验收，细化弱电工程搭接时间计划表
3	施工准备期间的配合	业主目标的细化	在整个工程施工准备期间，总承包配合业主，指派本单位专业弱电工程施工管理人员，与业主沟通，对各个系统的功能目标进行具体细化和优化，确保各个功能目标切实可行
4		工作面移交计划	依据土建、机电和装饰装修工程的进度安排，组织各系统专业分包单位，制定详细的工作面移交计划表，以便于各系统专业分包单位进行施工准备和组织
5	施工过程配合	工作面动态协调	施工界面管理的中心内容是弱电系统工程施工、机电设备安装工程和装修工程施工在其工程施工内容界面上的划分和协调，尤其是智能建筑物管理系统与机电设备和独立子系统的接口界面很多，总承包组织各子系统工程负责人开调度会的方式来进行管理，建立文件报告制度，一切以书面方式进行记录、修改、协调等
6		联合调试	总承包协调土建、钢结构，配合、组织各个子系统的联合调试，对联合调试中出现的问题，组织设计、系统集成、弱电工程施工等专家研讨解决
7	验收交付阶段的配合	配合验收	及时指派工程质量验收人员，参与各弱电系统的验收
8		资料的收集	总承包依据资料验收要求，提供弱电工程资料专项目录，主要包括各弱电子系统的施工图纸、设计说明，以及相关的技术标准、产品说明书、各子系统的调试大纲、验收规范、弱电集成系统的功能要求及验收的标准等，配合各系统施工单位建立技术文件收发、复制、修改、审批归案、保管、借用和保密等一系列的规章制度，以确保工程资料最终能满足存档要求
9		使用培训	组织业主单位物业、后勤管理人员，对各个系统的运行，使用和维护作专题培训，确保各个系统功能得到有效的使用，发挥其管理效益

3.2.8 与其他专业分包工程的配合服务规划

工程其他专业分包，将以主体结构、幕墙、机电安装、室内装饰工程的施工进度为主线，总承包统一安排施工顺序和穿插时间,并在施工过程中联系落实各指定发包工程的进度安排。总承包将按照合同负责落实指定分包工程对施工条件的要求。

总承包对其他专业分包工程的配合服务见表3-13。

与其他专业分包工程的配合服务　　表3-13

序号	独立工程名称	配合服务实施的重点
1	基坑支护监测工程	基坑监测的延续：监测点、预留预埋的监测设备的继续提供。监测设备、线路的保护
2	第三方检测工程	上部主体的监测：按要求埋设、设置监测点，监测设备，保护监测线路
3	室外工程	地面测量控制网点、场地、堆场
4	园林绿化工程	工作面、场地配合。与室外道路、景观、市政管线等的施工协调
5	标志工程	施工用电，与机电、精装修的配合
6	市政外线	与独立分包签订主体基坑肥槽回填质量责任界定协议；与市政部门的联系、沟通、协调
7	标志工程	施工用电、机电末端线路
8	发电机房	施工用电、预留预埋、机房移交，与机电安装的配合
9	隔油池分离设备	施工用电、预留预埋、机房移交，与机电安装的配合
10	电力配套工程	电缆、桥架敷设的深化设计协调，与机电管线施工的穿插配合
11	燃气配套工程	管道固定支持、燃气管线施工工作面及穿插，燃气配套验收配合
12	通信配套工程	预留预埋、设备基础，通信末端与装饰、机电的配合
13	110kV/10 kV变压器、附属设备及室外线路铺设工程	高压线路敷设工作面、变压器吊运、设备房装饰配合

第2篇

总承包技术管理

第四章　施工技术管理

4.1　图纸管理

4.1.1　图纸管理内容

图纸包含建筑、结构、给水排水、暖通、强电、智能化（弱电）等专业。图纸内容见表4-1。

各专业图纸图号　　表4-1

序号	专业	图号	序号	专业	图号
1	总图	总施N	5	暖通专业	设施M
2	建筑专业	建施A	6	强电专业	电施E
3	结构专业	结施G	7	智能化专业	讯施T
4	给水排水专业	水施P			

图纸管理内容主要包括：

（1）图纸发放。

（2）图纸会审。

（3）图纸设计变更及洽商。

（4）深化设计图纸。

（5）竣工图。

深化设计图纸管理详见第五章，本章重点阐述其他四部分内容。

4.1.2　图纸管理流程

1. 图纸发放管理流程

图纸发放管理主要指由业主直接下发的图纸，当深化设计图纸完善各方签章手续后，可执行本流程。设计图纸管理流程如图4-1所示。

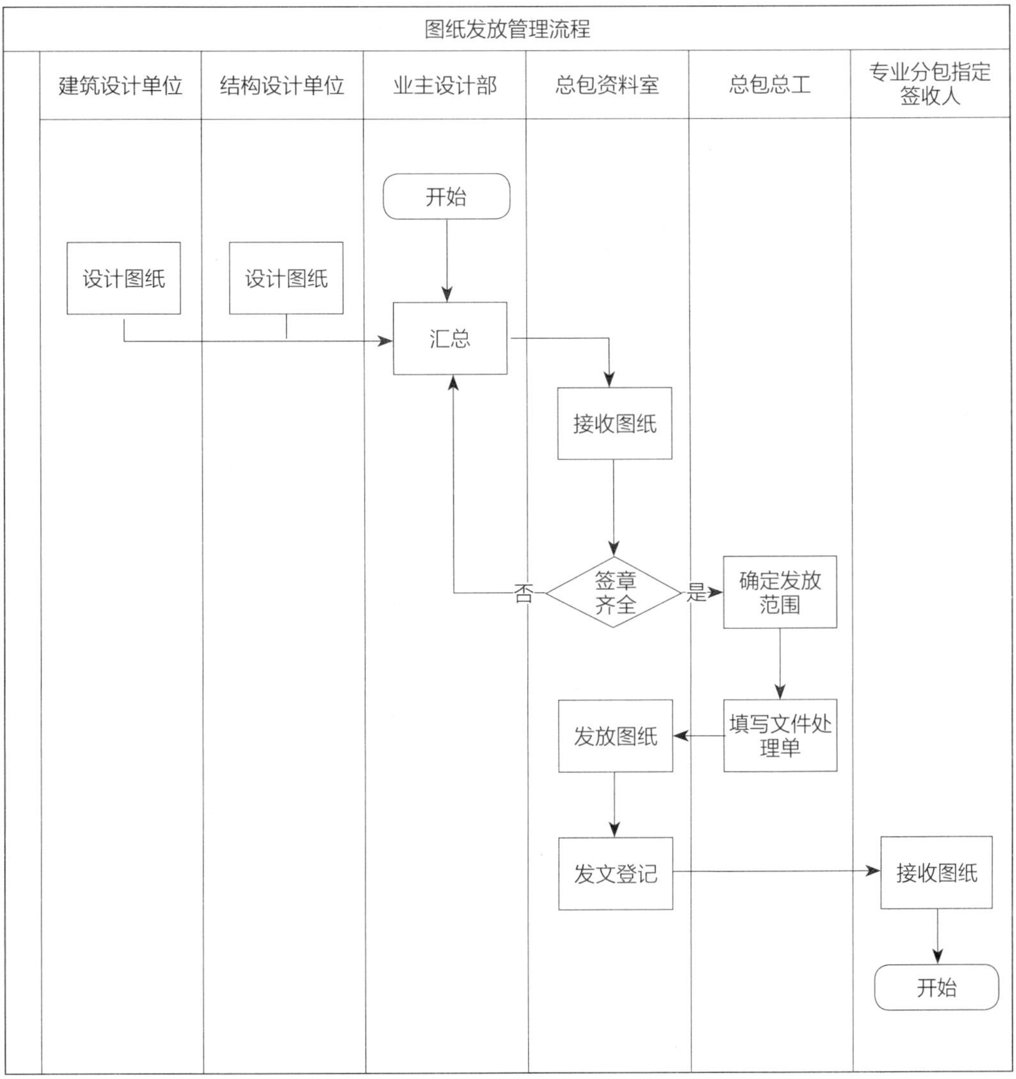

图4-1　设计图纸管理流程

2. 图纸会审管理流程

图纸会审共分为若干阶段，第一阶段为地基基础图纸会审，会审专业为：建筑、结构、机电预留预埋；第二阶段为地上部分建筑、结构、给水排水、暖通、电气、智能化；第三阶段为钢结构、幕墙深化设计图纸会审；第四阶段为精装修图纸会审。各专业分包单位在收到图纸后30d内（特殊情况下总包另行通知）熟悉图纸、审核图纸、理解图纸、优化图纸，形成图纸审核意见，报总包单位汇总，总包单位负责各专业图纸的整合及协调。每个阶段的图纸会审工作管理流程如图4-2所示。

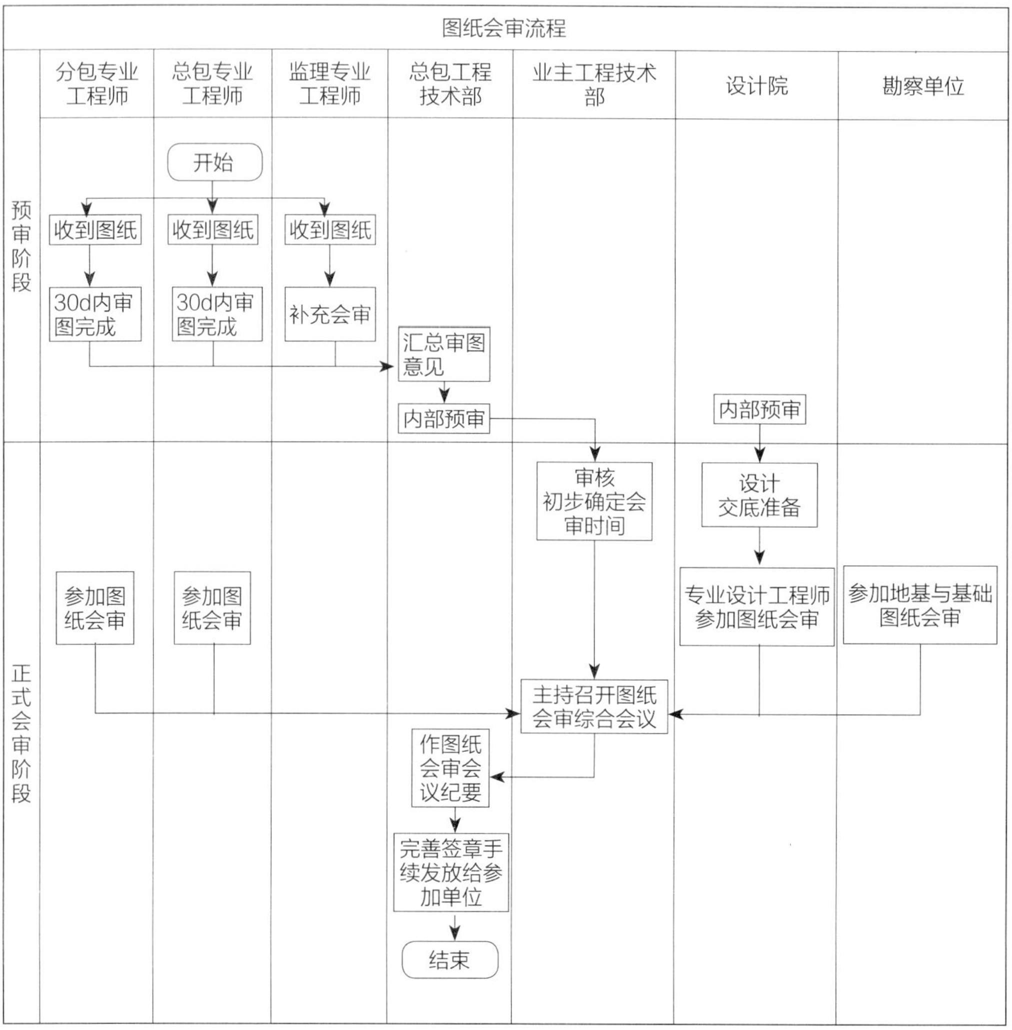

图4-2　图纸会审工作管理流程

3. 工程变更及洽商管理流程

总包工程技术部负责对工程的全部变更及洽商进行统一管理，总包商务部负责审核变更及洽商的商务条件，必要时，总包商务经理可以中止变更及洽商的发生。设计变更由总承包统一接收并及时下发至各分包单位，并对其是否共同按照变更的要求调整等工作进行评议处理。同时各分包的工程洽商以及在深化图中所反映的设计变更，需由总承包汇总、审核后上报，经业主、设计单位批准后由总承包统一下发通知各专业分包单位。工程变更管理过程中，总承包负责对变更实施跟踪核查，杜绝个别专业发生变更，相关专业不能及时掌握并调整，造成返工、拆改的事件发生。

（1）设计变更管理流程

设计变更管理流程如图4-3所示。

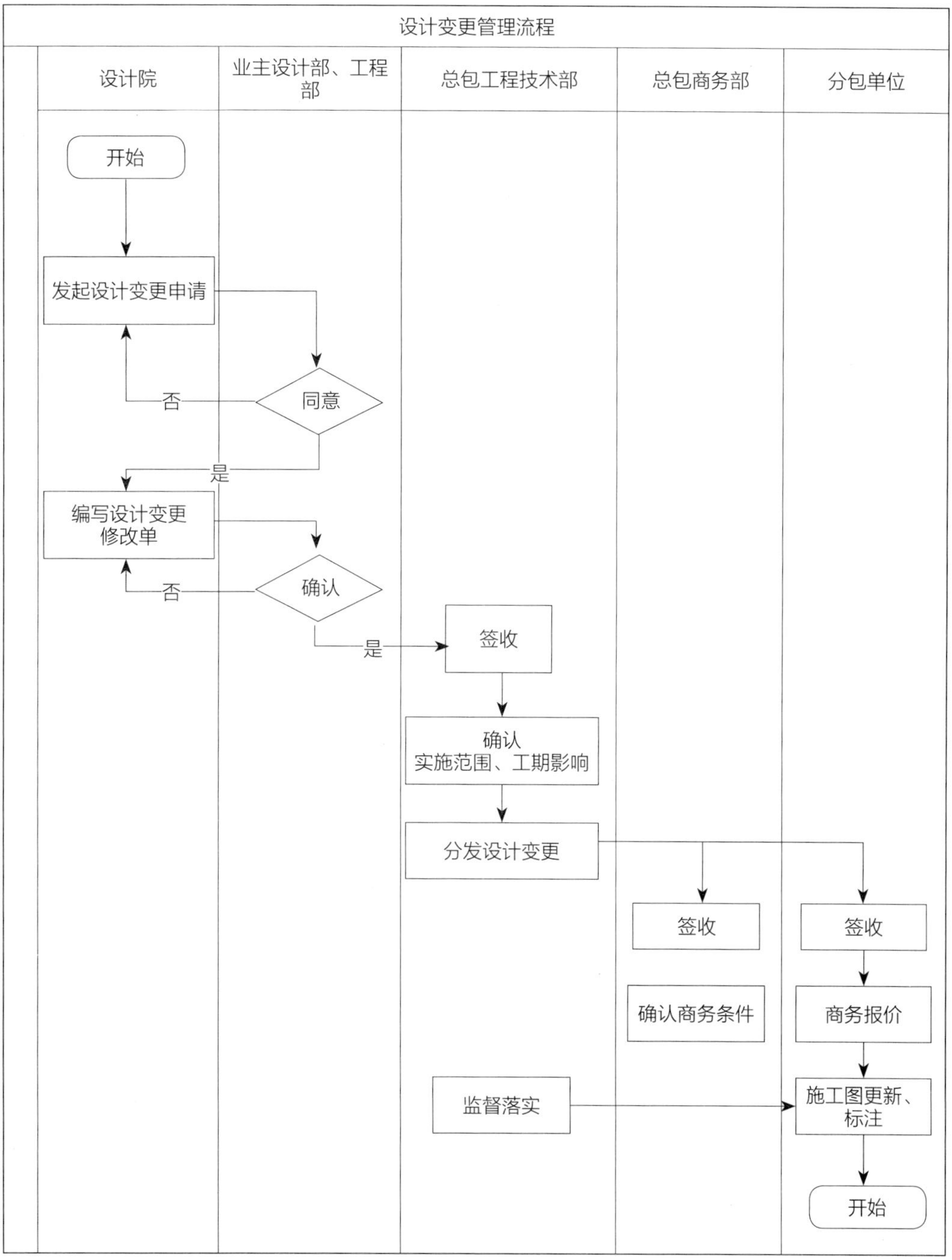

图4-3　设计变更管理流程

（2）洽商管理流程图

洽商管理流程如图4-4所示。

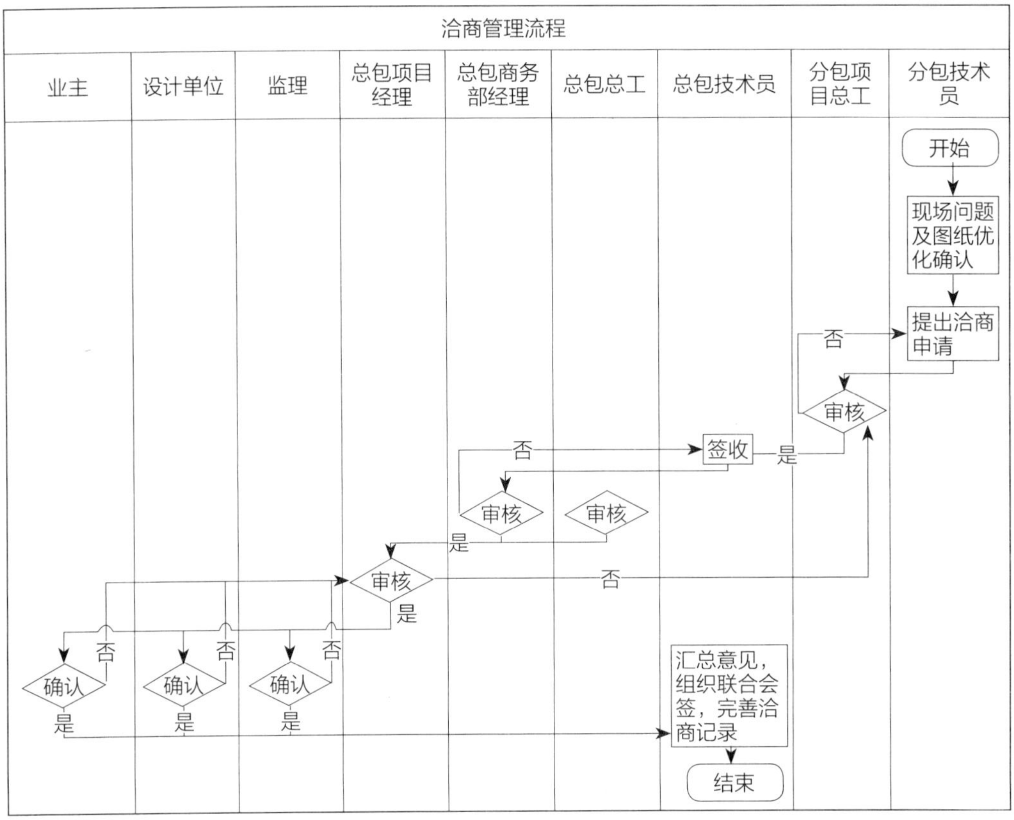

图4-4　洽商管理流程

4.1.3　图纸管理要求

1. 业主下发图纸全部由总包工程技术部资料室统一签收，图纸的合法性由总包资料室负责，按照图纸接收确认单HR-ZL/TZ-001核准图纸签章手续。

2. 图纸分发管理由资料室填写文件处理单HR-ZL/TY-001，报总包项目总工确定分发范围，经备案后登记图纸发文记录HR-ZL/TZ-002下发各专业分包单位并签收。

3. 各专业分包单位的图纸签收人必须是专人负责，指定专人由各单位报至总包资料室，包括人员信息、签字笔迹、联系方式等，非指定专人不能从总包资料室签收任何图纸，如有特殊原因，经分包单位项目部书面委托并经总包资料室核实后，方可更换指定图纸签收人。

4. 图纸会审管理统一由总包工程技术部协调并与业主确定会审时间。各专业分包单位应在有限的会审机会中尽可能发现问题、解决问题。

5. 各专业分包单位接到设计变更后，应48h内把设计变更标识在图纸上，由总包专业工程师审核。如因变更落实不及时的原因造成工期延误和其他专业修改所造成的损失，由责任专业分包单位承担。

6. 总包专业工程师负责监督设计变更的落实，负责协调各专业分包的变更影响问题，负责知会土建工程部落实配合问题。

7. 由总包专业工程师牵头，总包商务部配合各专业分包做好设计变更签证，签证经总包商务部确认后才可上报，总包商务部应综合考虑土建、各专业分包的协同配合费用。

4.2 施工方案管理

工程管理，策划先行。施工组织设计、施工方案是项目策划纲领性文件，强调施工组织设计的科学性、指导性、针对性和实用性，对工程质量、进度、成本起着关键的作用。

4.2.1 施工方案管理内容

1. 总承包单位施工方案内容

项目开工后，总包工程技术部应根据设计图纸和相关要求，编制施工组织设计/方案编制计划，施工组织总设计应在进场后60d内完成编制，75d内完成审批手续。施工方案应在该分项分部工程施工前15d内完成编制和审批手续，见表4-2。

施工组织设计 / 方案编制计划　　表 4-2

序号	施工组织设计/方案名称	完成时间	方案类型	审批权限
1	施工组织总设计	开工后60d内		公司
2	临时用电及照明施工方案	开工后30d内	B	公司
3	测量施工方案	开工后30d内	D	分公司
4	临时用水施工方案	开工后30d内	D	分公司

续表

序号	施工组织设计/方案名称	完成时间	方案类型	审批权限
5	临设布置方案	开工后30d内	D	分公司
6	二次土方开挖施工方案	施工前15d	B	公司
7	砖胎模施工方案	施工前15d	D	分公司
8	地下室顶板堆载施工方案	施工前15d	D	分公司
9	地下室模板施工方案	施工前15d	D	分公司
10	地下室钢筋施工方案	施工前15d	D	分公司
11	地下室混凝土施工方案	施工前15d	D	分公司
12	外架施工方案	施工前15d	C	分公司
13	群塔作业安全施工方案	施工前15d	C	分公司
14	高大模板施工方案	施工前15d	A	公司
15	地下室施工阶段塔吊基础施工方案	施工前15d	C	分公司
16	大体积混凝土施工方案	施工前15d	A	公司
17	机电预留预埋施工方案	施工前15d	C	分公司
18	后浇带专项施工方案	施工前15d	C	分公司
19	隔墙施工方案	施工前15d	D	分公司
20	卸料平台施工方案	施工前15d	B	公司
21	模板施工方案	施工前15d	B	公司
22	简装修施工方案	施工前15d	D	分公司
23	电梯钢构施工方案	施工前15d	C	分公司
24	混凝土施工方案	施工前15d	C	分公司
25	外防护架施工方案	施工前15d	B	公司
26	雨期施工方案	施工前15d	D	分公司
27	塔机安装安全专项施工方案	施工前15d	A	公司
28	塔机爬升安全专项施工方案	施工前15d	A	公司

续表

序号	施工组织设计/方案名称	完成时间	方案类型	审批权限
29	塔机拆除安全专项施工方案	施工前15d	A	公司
30	动臂塔吊埋件安装施工方案	施工前15d	C	分公司
31	动臂塔吊倒梁安全专项施工方案	施工前15d	B	公司
32	施工升降机安全专项施工方案	施工前15d	B	公司
33	施工电梯基础施工方案	施工前15d	D	分公司
34	防水工程施工方案	施工前15d	C	分公司
35	屋面工程施工方案	施工前15d	C	分公司
36	施工节能专项施工方案	开工后30d内	C	公司
37	LEED、绿色建筑认证专项方案	开工后60d内	D	分公司
38	分阶段楼层断水、水资源再利用方案	开工后30d内	D	分公司
39	工程分段验收方案	开工后60d内	D	分公司
40	工程预验收方案	竣工前60d内	D	分公司
41	工程创优策划方案	开工后60d内	D	分公司
42	BIM实施方案	开工后30d内	D	分公司

2. 钢结构工程施工方案内容

钢结构专业分包进场后，应根据设计图纸和相关要求，编制施工组织设计/方案编制计划。施工组织设计应在进场后60d内完成编制，75d内完成审批手续。施工方案应在该分项分部工程施工前15d内完成编制和审批手续，见表4–3。

钢结构工程施工组织设计 / 方案编制计划 表 4–3

序号	施工组织设计/方案名称	完成时间	方案类型	审批权限
1	钢结构施工组织设计	进场后60d内		公司/总包
2	地脚锚栓及埋入式柱脚安装方案	施工前15d	D	项目部/总包
3	首件样板验收制度	施工前15d	C	项目部/总包
4	焊接工艺评定	施工前15d	D	项目部/总包

续表

序号	施工组织设计/方案名称	完成时间	方案类型	审批权限
5	柱脚灌浆方案	施工前15d	D	项目部/总包
6	焊接专项方案	施工前15d	C	项目部/总包
7	钢结构测量方案	施工前15d	C	项目部/总包
8	地下室钢结构吊装方案	施工前15d	B	项目部/总包
9	油漆施工方案	施工前15d	C	项目部/总包
10	钢结构吊装安全专项方案	施工前15d	B	项目部/总包
11	钢筋桁架板专项施工方案	施工前15d	C	项目部/总包
12	高强螺栓施工方案	施工前15d	C	项目部/总包
13	裙房大跨度桁架施工方案	施工前15d	C	项目部/总包
14	核心筒内钢梁施工方案	施工前15d	C	项目部/总包
15	防火涂料施工方案	施工前15d	C	项目部/总包
16	伸臂桁架层施工方案	施工前15d	C	项目部/总包
17	塔冠钢结构施工方案	施工前15d	C	项目部/总包
18	雨棚钢结构施工方案	施工前15d	C	项目部/总包
19	钢结构制作运输施工方案	施工前15d	C	公司/总包

3. 幕墙工程施工方案内容

幕墙专业分包进场后，应根据设计图纸和相关要求，编制施工组织设计/方案编制计划。施工组织设计应在进场后60d内完成编制，75d内完成审批手续。施工方案应在该分项分部工程施工前15d内完成编制和审批手续，见表4-4。

幕墙工程施工组织设计 / 方案编制计划　　表 4-4

序号	施工组织设计/方案名称	完成时间	方案类型	审批权限
1	幕墙施工组织设计	进场后60d内		公司/总包
2	单元体吊装安全专项施工方案	施工前15d	A	公司/总包
3	单元体样板安装方案	施工前15d	C	项目部/总包
4	拉索幕墙样板安装方案	施工前15d	C	项目部/总包
5	拉索幕墙安装方案	施工前15d	C	项目部/总包

续表

序号	施工组织设计/方案名称	完成时间	方案类型	审批权限
6	满堂脚手架施工方案	施工前15d	C	项目部/总包
7	吊篮施工方案	施工前15d	B	公司/总包
8	幕墙淋水试验方案	施工前15d	D	项目部/总包
9	雨棚施工方案	施工前15d	C	项目部/总包
10	石材幕墙施工方案	施工前15d	C	项目部/总包
11	幕墙埋件制作、安装方案	施工前15d	C	项目部/总包
12	幕墙加工运输安装专项方案	施工前15d	C	项目部/总包
13	幕墙检测专项方案	施工前15d	C	项目部/总包
14	幕墙专项配合方案	施工前15d	C	项目部/总包
15	擦窗机安装专项方案	施工前15d	C	项目部/总包

4. 机电安装工程施工方案内容

机电专业分包进场后，应根据设计图纸和相关要求，编制施工组织设计/方案编制计划。施工组织设计应在进场后60d内完成编制，75d内完成审批手续。施工方案应在该分项分部工程施工前15d内完成编制和审批手续，见表4-5。

机电安装工程施工组织设计 / 方案编制计划　　表 4-5

序号	施工组织设计/方案名称	完成时间	方案类型	审批权限
1	机电安装施工组织设计	进场后60d内		公司/总包
2	建筑电气工程施工方案	施工前15d	C	项目部/总包
3	电线电缆敷设施工方案	施工前15d	C	项目部/总包
4	配电箱安装方案	施工前15d	C	项目部/总包
5	电气系统调试方案	施工前15d	C	项目部/总包
6	气体灭火系统施工方案	施工前15d	C	项目部/总包
7	消防电施工方案	施工前15d	C	项目部/总包
8	火灾自动报警系统调试方案	施工前15d	C	项目部/总包
9	消防联动调试方案	施工前15d	C	项目部/总包
10	通风与空调工程施工方案	施工前15d	C	项目部/总包

续表

序号	施工组织设计/方案名称	完成时间	方案类型	审批权限
11	管道焊接方案	施工前15d	C	项目部/总包
12	竖向管井风管安装方案	施工前15d	C	项目部/总包
13	制冷机房施工方案	施工前15d	C	项目部/总包
14	风管洞口防火封堵方案	施工前15d	C	项目部/总包
15	空调调试专项方案	施工前15d	C	项目部/总包
16	建筑给水排水及采暖工程施工方案	施工前15d	C	项目部/总包
17	给水系统管道安装方案	施工前15d	C	项目部/总包
18	阀门及附件安装方案	施工前15d	C	项目部/总包
19	套管施工方案	施工前15d	C	公司/总包
20	自动喷淋灭火系统施工方案	施工前15d	C	公司/总包
21	室内消火栓系统安装方案	施工前15d	C	公司/总包
22	排水系统管道安装方案	施工前15d	C	公司/总包
23	水管井施工方案	施工前15d	C	公司/总包
24	消防喷淋控制间施工方案	施工前15d	C	公司/总包
25	水泵房施工方案	施工前15d	C	公司/总包
26	水系统试压及冲洗方案	施工前15d	C	公司/总包
27	锅炉房施工方案	施工前15d	C	公司/总包
28	管道刷漆、标示方案	施工前15d	C	公司/总包
29	机电测量方案	施工前15d	C	公司/总包
30	机电与精装修配合施工方案	施工前15d	D	公司/总包
31	深化设计方案	施工前15d	D	公司/总包
32	大型设备吊装及运输施工方案	施工前15d	C	公司/总包
33	防雷接地专项方案	施工前15d	C	公司/总包

5. 其他专业分包工程施工方案内容

其他专业分包进场后，应根据设计图纸和相关要求，编制施工组织设计/方案编制计划。施工组织设计应在进场后30d内完成编制，45d内完成审批手续。施工方案应在该分项分部工程施工前15d内完成编制和审批手续，见表4-6。

其他专业分包工程施工组织设计 / 方案编制计划　　表 4-6

序号	施工组织设计/方案名称	完成时间	方案类型	审批权限
1	泛光照明专项方案	施工前15d	C	项目部/总包
2	网络机房、布线专项方案	施工前15d	C	项目部/总包
3	有线电视及卫星接收专项方案	施工前15d	C	项目部/总包
4	精装修专项方案	施工前15d	C	项目部/总包
5	停车场机械安装方案	施工前15d	C	项目部/总包
6	电梯专项方案	施工前15d	C	项目部/总包
7	自动扶梯安装专项方案	施工前15d	C	项目部/总包
8	电信工程专项方案	施工前15d	C	项目部/总包
9	移动信号覆盖专项方案	施工前15d	C	项目部/总包
10	高压供电工程专项方案	施工前15d	C	项目部/总包
11	燃气工程专项方案	施工前15d	C	项目部/总包
12	室外给水工程专项方案	施工前15d	C	项目部/总包
13	电信工程专项方案	施工前15d	C	项目部/总包
14	移动信号覆盖专项方案	施工前15d	C	项目部/总包
15	园林绿化专项方案	施工前15d	C	项目部/总包
16	室外景观工程专项方案	施工前15d	C	项目部/总包
17	室外泛光及景观照明专项方案	施工前15d	C	项目部/总包

4.2.2　施工方案管理流程

1. 总承包施工方案管理流程

总承包自行施工部分的施工方案必须按照相关规定进行审批。其流程如图4-5所示。

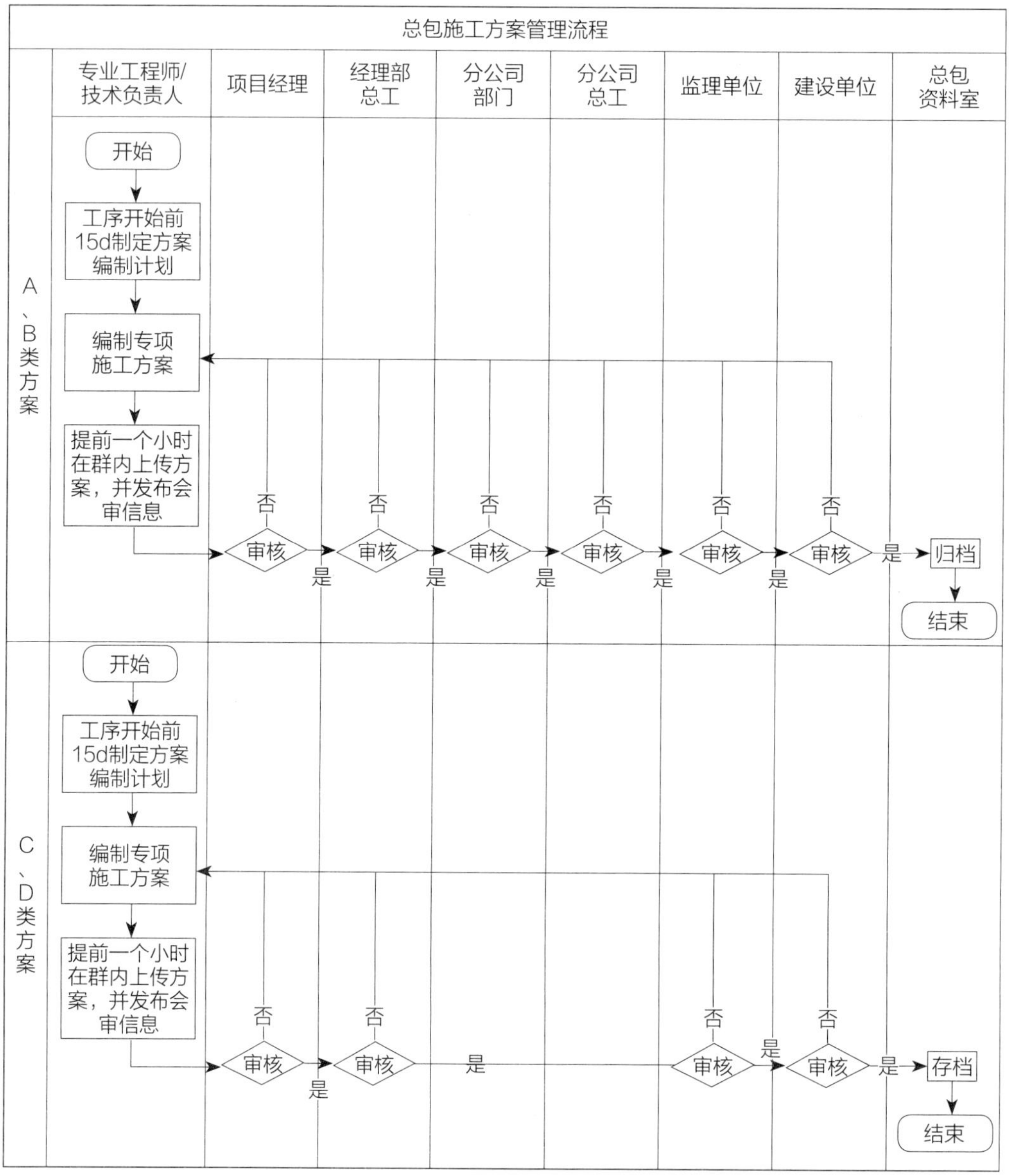

图4-5 总承包施工方案管理流程

2. 专业分包施工方案管理流程

专业分包单位指与总包签定合同的指定专业施工单位，其施工方案的审批、上报和发放必须经过总包单位审批，禁止专业分包直接递交监理和业主单位。对专业分包施工方案管理流程如图4-6所示。

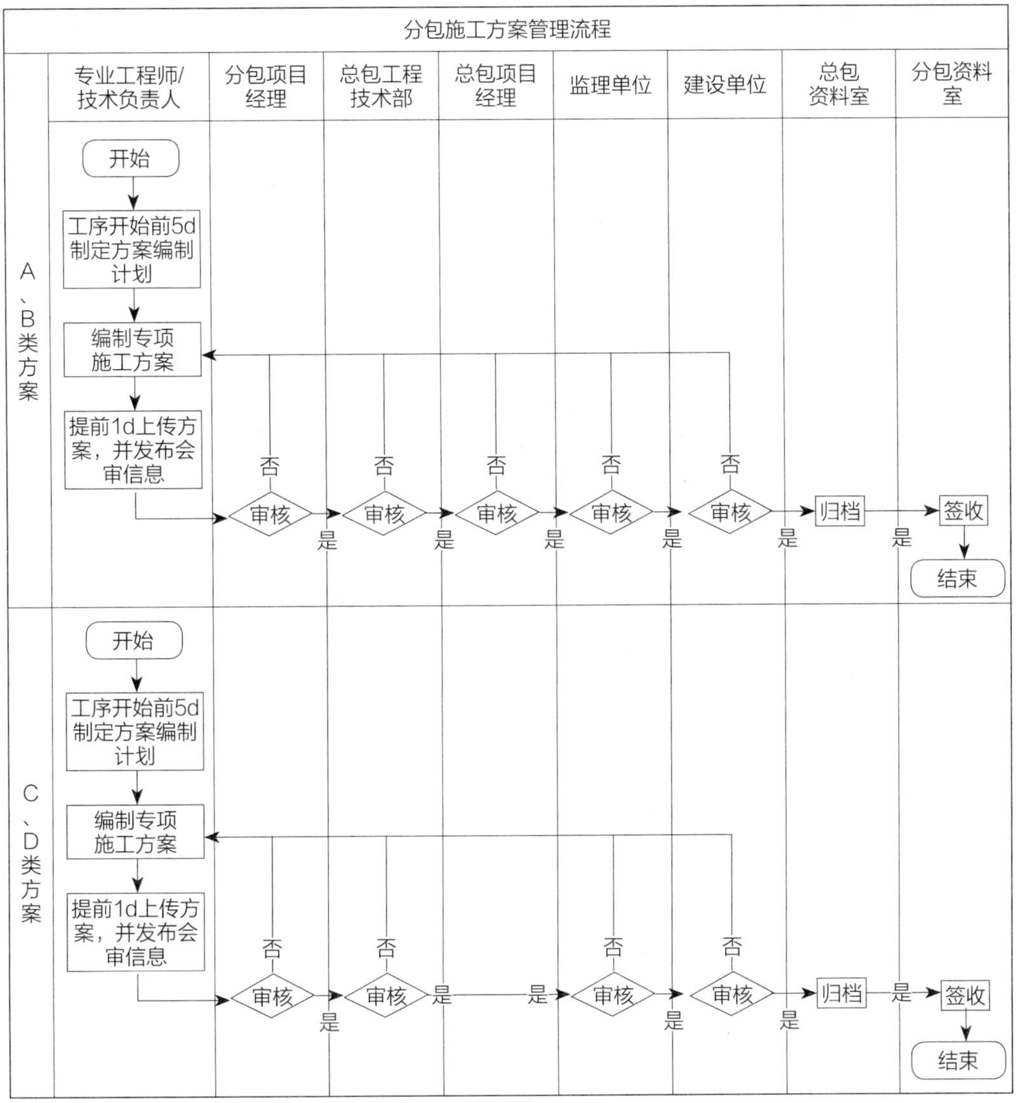

图4-6　专业分包施工方案管理流程

4.2.3　施工方案管理要求

1. 施工组织设计、施工专项方案应按照公司标准化管理手册要求分类，并报相关部门审核、审批。

2. 各专业分包单位进场一个月之内完成各自专业的施工组织设计编制工作，应结合投标时的技术标细化完善，响应招标文件要求，满足总包单位总控要求。

3. 各专业分包单位的施工组织设计/施工方案应提前3天把电子版发总包工程技

术部的专业工程师审核，同意后方可由编制人提前1天发布会审通知，组织业主、监理和总包单位的四方会审。

4. 施工组织设计/施工方案应合法、合规且符合现场实际情况，现场施工应严格按照方案执行，方案与现场的符合性应一致。由各专业分包单位技术部进行技术复核，总包工程技术部现场监督方案的落实情况，每月底进行通报。出现方案不符合现场情况的现象，各专业分包应及时补充完善方案，重新报总包、监理和业主审批，否则按无方案施工处理。

5. 所有施工方案应进行三级安全技术交底，方案编制人、项目管理人员及劳务负责人、劳务管理人员及班组长、操作工人层层交底。总包工程技术部监督各专业分包单位的交底计划、交底实施情况，每月底进行通报。

6. 所有施工方案应按照《施工组织设计规范》GB 50502的要求编写，从降本增效、环保节能出发，应综合考虑新技术、新工艺、新材料和新设备的应用，考虑科技创新创效。

4.3 测量管理

4.3.1 测量管理内容

测量主要内容见表4-7。

测量主要内容　　表 4-7

序号	管理内容	序号	管理内容
1	首次定位	4	沉降观测
2	轴网、标高测量	5	变形观测
3	垂直度控制	6	测量记录

对于超高层建筑，随着楼层的逐渐增高、筒体变小，主楼在超高处受到风、现场施工（塔吊运转）、温差等各方面的影响逐渐增大，在高空作业时，易受日照、风力、摇摆等不利因素的影响，对轴线控制网的垂直引测精度要求高，需合理选择控制点测量引测时间和分段传递的高度。项目部各单位之间定位和放线的相互校核和闭合检查工作，各个楼层定位标高和定位轴线的控制线或控制点的测量工作都必须进行相

互校核和闭合检查。

4.3.2　测量管理流程

1. 总包测量管理流程

总承包测量管理流程如图4-7所示。

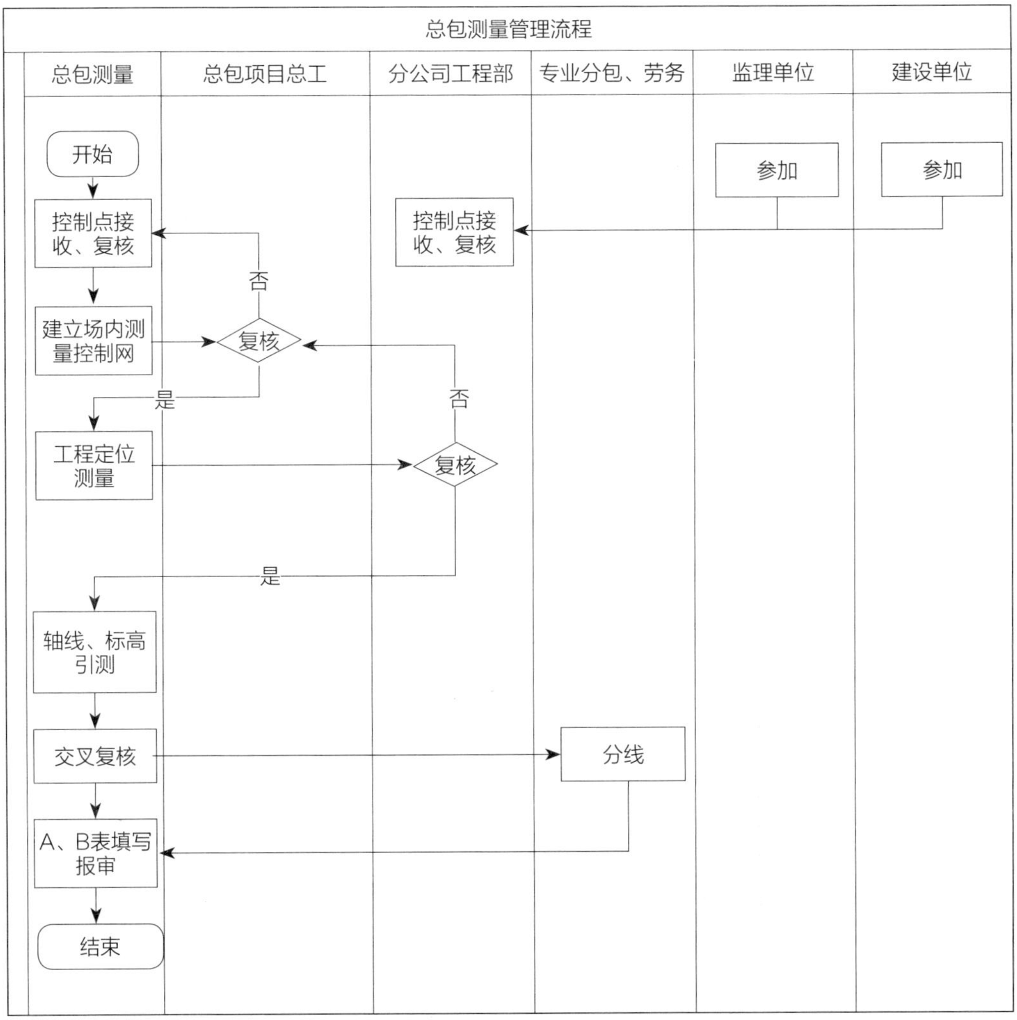

图4-7　总承包测量管理流程

2. 专业分包测量管理流程

专业包测量管理流程如图4-8所示。

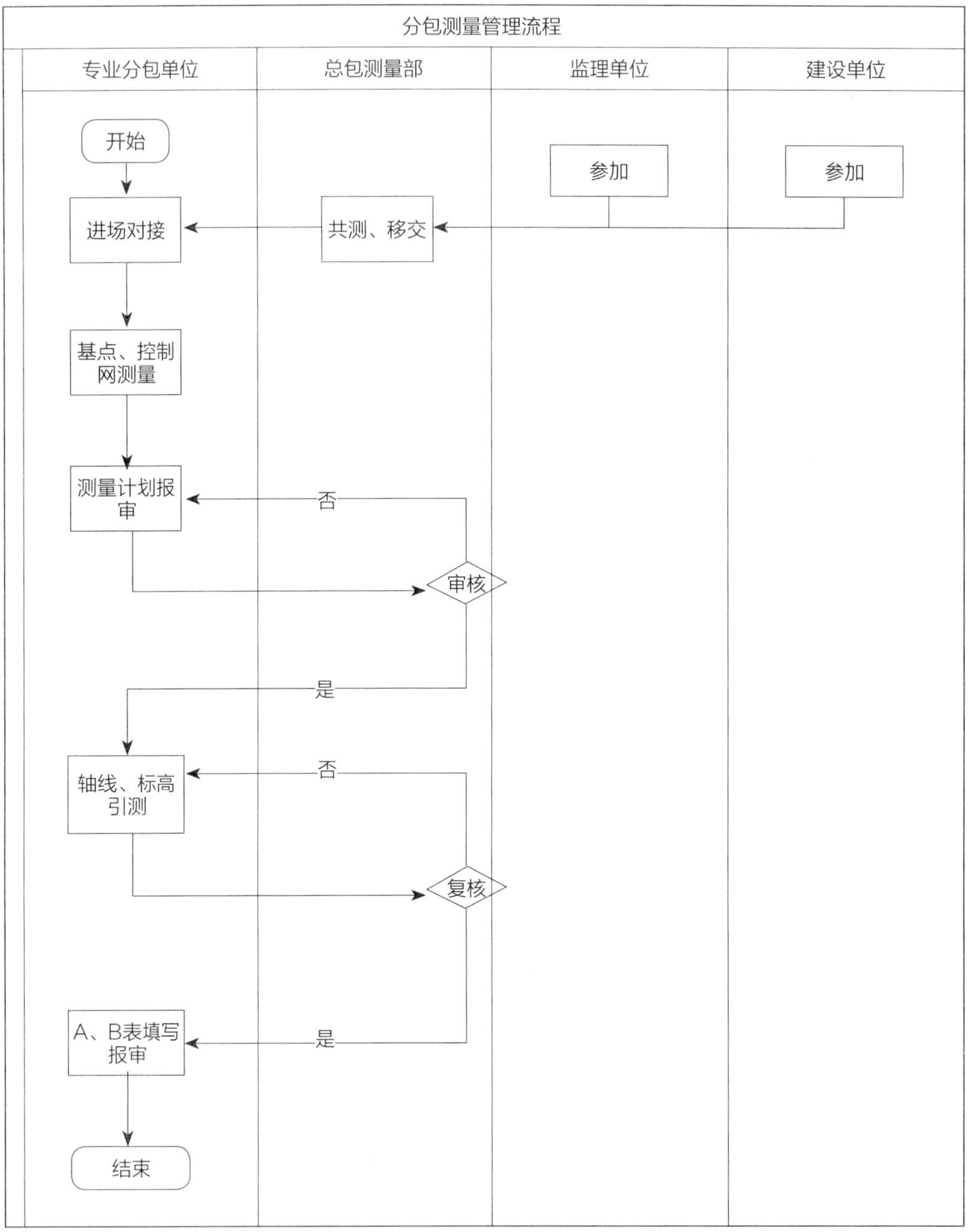

图4-8　专业分包测量管理流程

3. 测量管理纠偏流程

塔楼因为位移变形过大，导致测量偏差超过了规范允许值，则必须进行测量纠偏。其管理流程如图4-9所示。

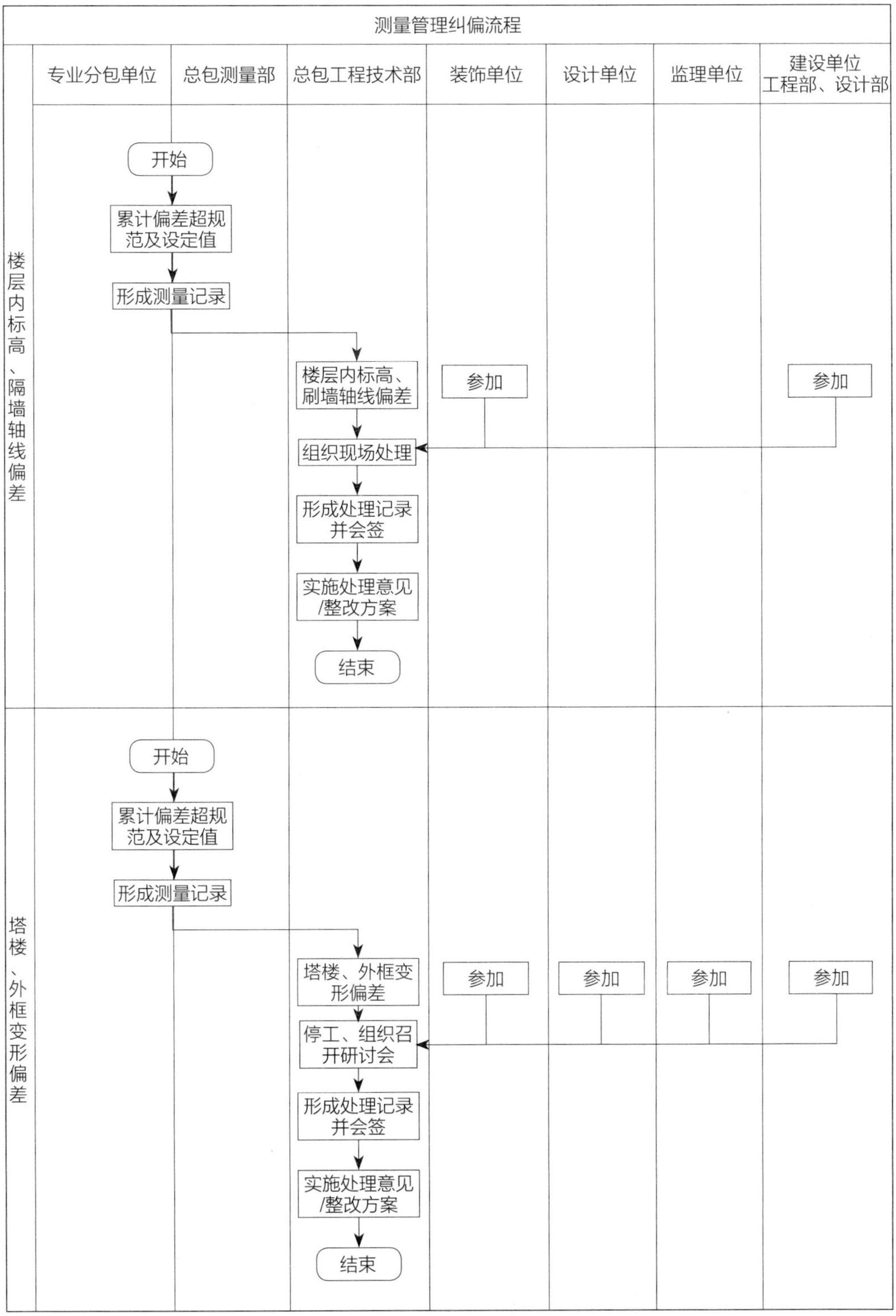

图4-9　测量管理纠偏流程

4.3.3 测量管理要求

1. 总包单位负责做好每层平面控制点与标高控制点的垂直引测放线工作，并确保每层控制网的闭合精度符合要求，测量控制网的布局深度应在开工前与各相关分包协商确定，在每层为各承包商提供满足其放线条件的平面及高程控制点。

2. 总包单位设立足够多的测量控制点提供给各专业分包单位使用，各测量控制点必须明显、固定，并在附近标识各测量参数（包括点号、高程、坐标），在各承包单位进场第一次见面会时将整个现场测量控制网平面图及各点参数提交给各专业分包单位。

3. 主体混凝土结构已完成的楼层，总承包方负责将各轴线明显、规则地标识于柱、墙上，并在柱、墙上标出高于本楼层建筑完成面标高1000 mm的标高线，在各层隔墙及设备房砌筑完成后，需在墙上标出高于本楼层建筑完成面标高1000 mm的标高线，并在现场标注标高线的相对标高值。

4. 结构完成后，总承包应复核外墙装修定位线与室内装修定位线，如有超出规范和技术要求偏差，应组织外墙分包与内装修分包根据实际情况进行技术协调。

5. 总包单位测量专职人员应对各专业分包单位的测量放线成果、预埋件定位、钢柱焊接前后偏差等进行检查复测。

6. 各专业分包单位负责本专业承包的测量成果的真实、有效性，完成资料归档整理工作。自检合格后上报总包单位，由总包单位进行检查、复核。

7. 总包单位负责做好竣工验收的各项测量工作，并负责工程测量资料整理归档工作。

第五章　深化设计管理

5.1 深化设计管理内容

5.1.1　总承包深化设计内容

根据工程设计图纸要求及施工需要，编制项目深化设计的主要内容和工作计划，确保工程顺利施工，见表5-1。

总承包深化设计内容　　表5-1

序号	深化设计内容	备注	序号	深化设计内容	备注
1	建筑-结构-机电-装修综合图		7	节能深化设计	
2	防水节点大样、屋面节点大样		8	隔音降噪深化设计	
3	型钢梁柱钢筋锚固、绑扎大样		9	设备基础预留预埋综合图	
4	楼梯间等装修大样		10	模架系统（顶模）深化设计	
5	隔墙深化设计		11	塔吊深化设计	
6	综合洞口、门窗后封堵大样		12	超高泵送泵管深化设计	

5.1.2　钢结构专业分包深化设计内容

根据钢结构设计图纸要求及施工需要，编制项目钢结构深化设计的主要内容和工作计划，为钢结构制作加工创造条件，见表5-2。

钢结构工程深化设计内容　　表5-2

序号	深化设计内容	备注	序号	深化设计内容	备注
1	钢结构分段深化		4	钢结构分段、吊装深化设计及施工模拟	
2	钢结构加工深化设计		5	钢筋桁架楼承板深化设计	
3	伸臂桁架层深化设计				

5.1.3　幕墙专业分包深化设计内容

根据幕墙工程设计图纸要求及施工需要，编制项目幕墙工程深化设计的主要内容和工作计划，为幕墙制作加工创造条件，见表5-3。

幕墙工程深化设计内容　　表 5-3

序号	深化设计内容	备注	序号	深化设计内容	备注
1	幕墙埋件深化图		5	幕墙防雷接地深化图	
2	幕墙深化设计图		6	幕墙保温深化设计	
3	幕墙层间竖向及水平防火封堵深化设计图		7	幕墙节点深化图（层间、收边板、盖板、端板、防火防烟、穿透防水）	
4	幕墙与室外照明				

5.1.4　机电专业分包深化设计内容

根据机电安装工程设计图纸要求及施工需要，编制项目机电工程深化设计的主要内容和工作计划，为机电安装工程制作、加工和安装创造条件，见表5-4。

机电安装工程深化设计内容　　表 5-4

序号	深化设计内容	备注	序号	深化设计内容	备注
1	机电综合管线图		6	综合管线图	
2	（包括机电工程所有专业的综合管线，包括不限于给水排水、通风空调、电气、建筑智能化、燃气、消防各专业等）深化设计	包括预留预埋	7	机房大样图（管井）	
3	标准层层高优化深化设计图		8	系统流程图	
4	地下室及裙房层高优化设计图		9	设备安装大样图	
5	夹层层高优化设计图		10	复杂节点的三维模拟图	

5.1.5　其他专业分包深化设计内容

根据其他工程如精装修、电梯、室外工程、园林景观工程等设计图纸要求及施工需要，编制相应的深化设计的主要内容和工作计划，为现场施工创造条件，见表5-5。

其他专业工程深化设计内容　　表 5-5

序号	深化设计内容	备注	序号	深化设计内容	备注
1	精装饰深化设计（大样图、构造图）		5	其余各专业深化设计图、加工图	
2	电梯及扶梯深化设计		6	深化设计模型，CAD模型或其他需要电子或实物模型，以及必要的计算书	
3	室外工程深化设计		7	标识工程	
4	园林、景观工程深化设计				

5.2　深化设计管理流程

对于总包自营施工部分的深化设计，深化设计图纸完成后，由总工组织审核修改后，报监理、建设单位审核。

对于专业分包工程，由专业分包单位进行深化设计，完成图纸后交由总包项目部总工组织综合审核和专业会审，再交由原设计单位和业主确认。

管理流程如图5-1所示。

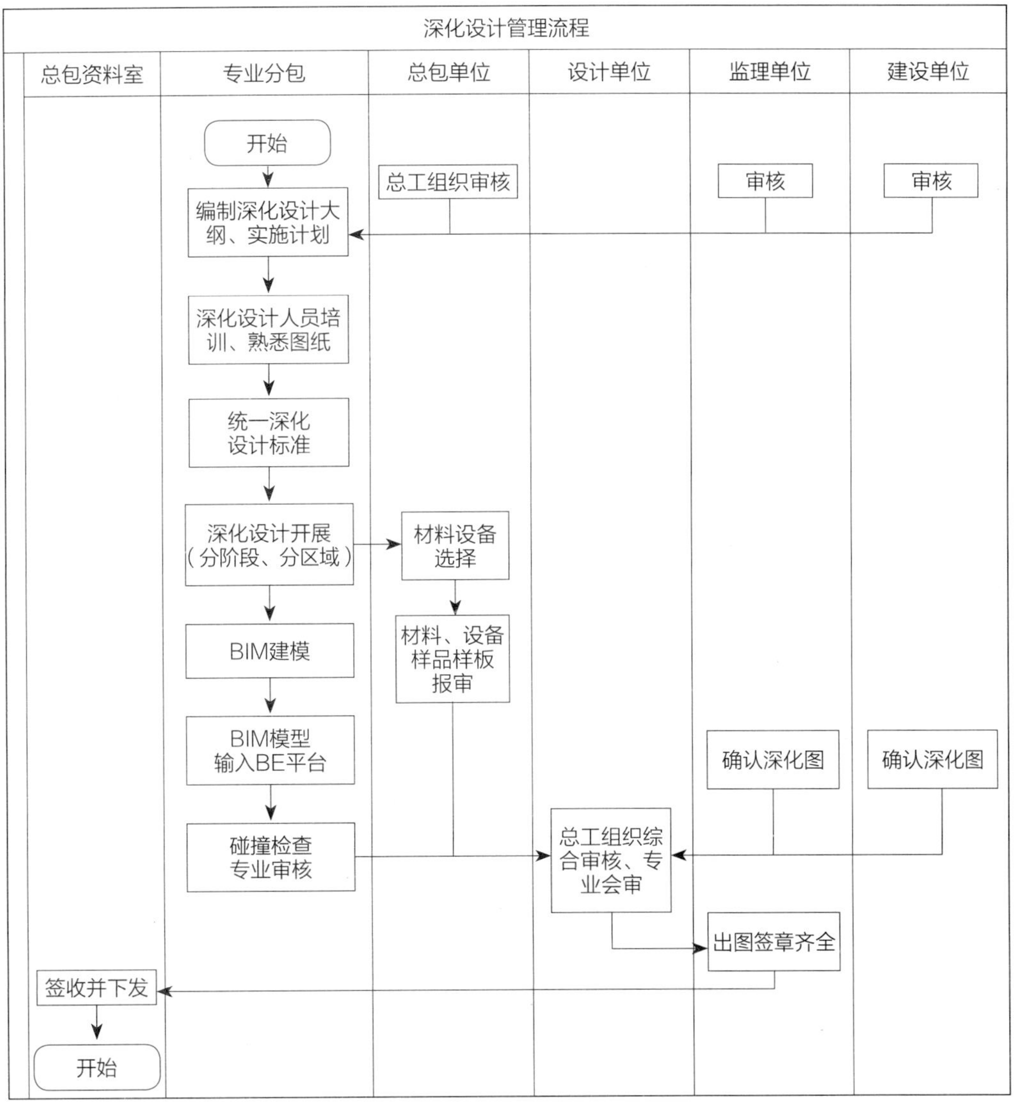

图5-1　深化设计管理流程

5.3 深化设计管理要求

5.3.1 与设计院的配合和交流

由总包工程技术部具体负责保持与顾问公司和设计方沟通和交流，理解掌握设计意图，获取项目图纸供应计划并掌握供图动态。

作为总承包单位将重点控制施工过程各工况与设计受力情况的差异，并对其做出计算及分析，与设计单位联合进行相应的研究工作，作为施工工艺选择的重要依据。

5.3.2 钢结构深化设计管理要求

钢结构深化设计主要包括钢结构施工详图设计、各种连接构造详图，还需要考虑施工工艺方法及变形，加工及焊接工艺、质量标准、验收标准、加工、运输等问题。其主要内容及要求见表5-6。

钢结构深化设计内容及要求　　表 5-6

施工阶段			协调内容
安装深化设计协调	施工工艺方法及变形部分		1. 大型吊装设备（塔吊）的起重性能； 2. 施工安装方案的选择与经济性比较； 3. 施工过程中的仿真分析与结构计算； 4. 施工支撑体系的设计与计算； 5. 安装预留结构孔洞（配合其他专业）的布设； 6. 现场高空焊接工艺设计
制作深化设计协调	加工及焊接工艺、质量标准、验收标准		1. 确定原材料检验工艺设计，下料工艺设计； 2. 钢构件装配方案设计，装配台架设计； 3. 钢构件焊接工艺设计； 4. 构件预拼装设计； 5. 预先临时固定后焊接节点深化设计
	加工、运输、深化设计协调		1. 对钢结构加工制作分包商作详细的钢结构安装方案交底，保证钢结构加工制作方案与现场钢结构安装方案的一致性； 2. 与钢结构加工制作分包商共同选择并确定钢构件在进入市内的运输路线，以便钢结构加工制作分包商能充分结合运输限制进行钢结构加工制作； 3. 协调钢结构加工制作图的设计过程和完成时间，保证钢结构加工制作图给设计的审批时间
	深化设计图	结构完善部分	1. 角焊缝、构造焊缝焊高的确定； 2. 现场吊装吊点的设计和计算； 3. 铰节点、焊接节点中螺栓的数量、连接板的设计； 4. 结构构造节点板和加劲板的计算与完善；

续表

<table>
<tr><th>施工阶段</th><th colspan="4">协调内容</th></tr>
<tr><td rowspan="4">制作深化设计协调</td><td rowspan="4">深化设计图</td><td colspan="2">结构完善部分</td><td>5. 封闭截面构件（圆管、箱形）内工艺隔板的设计；
6. 预埋件、地脚螺栓支撑架的设计；
7. 幕墙深化设计需要设置在钢结构上的埋件</td></tr>
<tr><td rowspan="3">钢结构施工详图设计</td><td colspan="2">1. 遵循原设计图纸的要求，对工程概况进行充分了解；
2. 严格执行规范、标准、规程和特殊规定；
3. 了解总说明中对主、辅材等的型号、规格和建议；
4. 了解总说明中对焊接坡口形式、焊接工艺、焊接质量等级及检测要求；
5. 了解总说明中对构件的几何尺寸及允许偏差；
6. 了解总说明中防腐、防火方案，施工技术等作进一步的说明</td></tr>
<tr><td>构件图</td><td>1. 标明构件的编号、几何尺寸、截面形式、定位尺寸等；
2. 确定分段点、节点的位置和几何尺寸、连接形式及位置；
3. 显示焊缝形式、坡口信息；
4. 显示螺栓的数量、连接形式等信息；
5. 标明构件长度、重量、材料等</td></tr>
<tr><td>零件图</td><td>1. 所有组件的编号、几何尺寸；
2. 开孔、斜角、坡口等详细尺寸；
3. 材料的材质、规格、数量、重量等材料表</td></tr>
</table>

5.3.3　幕墙深化设计管理要求

总包在现场配备具有超高层建筑幕墙专业负责人，对接幕墙专业分包单位，协调幕墙深化设计与现场相关事宜。

幕墙深化设计分阶段进行，首先完成埋件深化设计，提供埋件图，埋件图按其附着的位置进行划分，埋设于混凝土结构中的埋件与需要焊接在钢结构上的埋件要有区别，并进行分别统计、出图，总承包与钢结构加工深化设计单位进行协调，将设置在钢结构上的埋件同时体现在钢结构加工深化图，在工厂加工的期间即进行焊接，不得现场补焊。

埋件深化的同时，需要考虑结构各项变形的预调，该项预调值由总包与设计院、业主提供，各专业按此执行。

根据分区情况进行幕墙的深化设计，深化设计建立在专业顾问提供的幕墙模型与BIM协调一致后的模型基础上，主要内容及要求见表5-7。

幕墙深化设计内容及要求　　表5-7

<table>
<tr><th>序号</th><th>项目</th><th colspan="2">主要内容</th></tr>
<tr><td>1</td><td>对幕墙板块进行编号化处理，结合BIM实施每个单元板块均进行全过程监控</td><td colspan="2">1. 由工程技术部负责，实施项目材料编号工作。在项目施工图设计阶段完成后，材料编号诞生；
2. 由工程技术部负责将所有材料编号输入BIM模型进行跟踪管理；
3. 依据工程施工进度及材料编号编制相应加工图，进行加工制作；
4. 依编号图及相应加工图编制材料计划单，同时输入BIM系统；
5. 依施工进度计划及进场的编号材料组织材料加工工作。同时跟踪检查加工质量。完成相应编号的加工工作后提交BIM系统；
6. 组织加工半成品的运输工作。运输进场后转运至总包指定堆场；
7. 接收相应编号的加工半成品后组织现场施工安装工作。专业质量工程师负责施工质量跟踪管理，每日安装完成后由主管施工计划的施工员负责消项工作，即将已施工完毕的材料编号输入计算机BIM系统，将安装完成的编号材料标记完工处理，直至全部材料安装完毕</td></tr>
<tr><td rowspan="6">2</td><td rowspan="6">幕墙深化设计与其他专业的协调内容</td><td>与建筑设计人员的配合</td><td>总承包负责协调幕墙深化设计人员与建筑设计师的联系、沟通，了解设计师设计意图，贯彻设计意图</td></tr>
<tr><td>与钢结构专业的配合</td><td>确定施工偏差以及荷载变形。总承包要求钢结构专业提供整个结构完成后的压缩量，这样便于幕墙设计。
互相进行安全技术交底，过程中互相交叉施工时采取硬防护。
共同协商，确定在主体钢结构工厂加工阶段将幕墙预埋件等一并加工安装</td></tr>
<tr><td>与室内装修、安装单位的配合</td><td>总承包负责幕墙专业与内装专业协调，共同完善幕墙与室内装修收口技术方案及处理方法，以确保内饰效果。
在收口处施工顺序为先外装后内装，基本原则是互不妨碍、互不影响，确保工程进度，依据协商结果进行节点的深化设计，采用的方式有利于协商流程的实施</td></tr>
<tr><td>与擦窗机安装的配合</td><td>总承包总体协调幕墙深化设计与擦窗机专业技术配合问题。
幕墙与擦窗机交界处交底互换有利于了解各家性能以及相互关系，确定设计方案</td></tr>
<tr><td>与机电专业的配合</td><td>幕墙设计人员积极与机电工程师联系、沟通，全过程参与照明系统的深化设计及施工过程的协调工作。
幕墙设计人员积极与机电工程师及设备承包商联系、沟通，做好幕墙相关电动设备的布线安装工作</td></tr>
<tr><td>与外墙照明、航空灯配合</td><td>深化设计期间，将以上幕墙附属构件的固定、连接方式大样进行协商设计确保其稳固、同时不影响幕墙的整体性能</td></tr>
</table>

5.3.4 机电工程深化设计管理要求

1. 与机电专业分包深化设计间的协调

机电专业分包根据深化设计总体计划，详细制定完善、可行的出图计划，并组织各机电专业按计划实施。制定统一的出图细则和出图标准，并审核提交的设计图。

总承包深化设计积极支持机电专业分包及时与各系统、装饰及其相关单位沟通各项设计信息，探讨并解决设计中出现的问题，紧密合作，相互协调。

2. 总承包为机电专业分包提供支持，在机电深化设计中重点推行BIM技术，并培训人员，达到广泛使用、并取得相应效果。

3. 机电专业分包深化设计的主要工作内容

依照设计图纸和国家有关规范，细化各专业的设计图，以及经审核后的业主最终用户意见，作为深化设计的指导及依据。

按业主主楼分区移交的要求进行各系统深化设计的组织工作，确保先期交验的系统能独立运作，并具备验收条件。

合理布置各专业机房的设备位置，保证设备的运行维修、安装等工作有足够的平面空间和垂直空间，并取得良好的隔声、减震效果。

综合协调机房及各楼层平面区域或吊顶内各专业的路由，确保在有效的空间内合理布置各专业的管线，以保证净空高度，同时保证机电各专业的有序施工。

综合协调竖向管井的管线布置，使管线的安装工作顺利地完成，并能保证有足够的空间完成各种管线的检修和维护工作。

核对各种设备的性能参数，提出完善的设备清单，并准备样品、样板，供业主审核，在业主审核完成后，及时核对各种设备的订货技术要求，及时安排加工订货。

做好设计协调工作，及时解决现场施工中遇到的图纸问题，同时将施工方案贯彻到现场的施工中去，保证现场施工满足设计的要求。

4. 机电深化设计控制内容

机电深化设计内容及要求见表5-8。

机电深化设计内容及要求　　表5-8

序号	深化设计图	深化设计要求
1	机电管线综合图	工程机电分包情况较为复杂，由机电专业分包单位在总承包统一协调下组成机电深化设计组，对综合图进行调整布置。管线综合图要求做到不影响系统功能，布局合理、美观，最大限度的实现建筑、装饰要求
		机电管线综合图要求能体现管线的分布、规格、间距、标高，交叉部位有详细的剖面或3D图表示，涉及综合支架处要对综合支架的布置和选型做出详细的计算。对主要设备、管线参数进行复核，选择合理、经济的设备定位和管线走向
2	预留、预埋管线布置图	分阶段提供的预留预埋图，要求能体现预埋件的布置形式、规格和定位尺寸

续表

<table>
<tr><th>序号</th><th>深化设计图</th><th colspan="2">深化设计要求</th></tr>
<tr><td>3</td><td>管井、设备机房布置详图</td><td colspan="2">管井、设备机房、设备土建基础的布置详图要能体现定位尺寸，布置时要考虑足够的施工空间；设备有详细的接管图</td></tr>
<tr><td>4</td><td>吊顶天花详图</td><td colspan="2">吊顶天花的深化设计要综合进行，协调机电与精装饰专业，利用BIM技术进行施工模拟，根据精装修吊顶材料的规格型号对综合图的各专业末端系统进行调整，特别注意风口、喷头、探头、灯具等的布置要避开吊杆，龙骨和板材接缝处，同时需满足功能要求且布局合理美观</td></tr>
<tr><td rowspan="7">5</td><td rowspan="7">机电各专业子系统图</td><td>综合布线系统图</td><td>对系统图的要求，编制应清晰明了，使看图者对设计方案有完整概念，包括系统结构、主要设备选型、线缆材料、最大距离、点位分布等，而不应是通用的原理系统。
综合布线系统图应有：
1. 进线间、主配线间、楼层配线间的主要设备型号、参数；
2. 进线、垂直干线、水平干线、工作间配线规格型号及长度、各线路的起始点编号应对应；
3. 楼层点位分布编号标志及数量</td></tr>
<tr><td>有线电视系统图</td><td>1. 按分区编制，从进线处的有线电视放大器、分配器到各区域二级放大器、分配器，再到分支器直到用终端点，给出设备型号及参数；
2. 标示出每段管线规格型号及长度；
3. 标示出每级分支器的衰减值，并校验用户点处信号电平满足要求；
4. TV点位的编号及数量与平面图相对应</td></tr>
<tr><td>公共广播及电子会议系统图</td><td>1. 按信号传输方向绘制方框系统图，按信号源、前置放大器、均衡器、调音台、功率放大器到扬声器，给出设备型号及主要参数；
2. 给出矩阵选择器型号及主要参数，分区控制的扬声器分布和数量标注；
3. 标示出每段线路的管线规格型号及主要路径的长度；
4. 标出扬声器的平面图编号</td></tr>
<tr><td>卫星通信系统</td><td>1. 卫星天线型号、参数，收视频段、仰角设置等标注；
2. 自制节目设备、调制解调器、频率转换器、前置放大器、视频放大器等设备型号、参数标注；
3. 分级、分区的延长放大器、分配器、分支器的型号、参数标注；
4. 各段视频电缆规格型号及长度的标注；
5. 各主要结点衰减控制值标注；
6. 终端点平面图编号及所在位置的标注</td></tr>
<tr><td>微蜂窝数字电话系统</td><td>1. 蜂窝站设备型号、参数、安装位置标注；
2. 使用频段标注；
3. 信号点分布、线路、设备型号、参数标注</td></tr>
<tr><td>智能卡管理系统图</td><td>即“一卡通”管理系统，包括管理主机、分区门禁控制器、门禁点读卡器、门磁、电磁锁的联网系统图。
1. 标示出管理主机、分区门禁控制器、门禁点读卡器、门磁等设备规格型号及平面图编号，以及设备安装位置，并标注与周边设备的定位关系；
2. 标示出各段管线规格型号及主要管线距离，接线盒设置位置的尺寸</td></tr>
</table>

续表

序号	深化设计图	深化设计要求	
5	机电各专业子系统图	电视监视系统、入侵报警系统、出入口控制系统图	1. 电视监视系统和入侵报警系统可以画在一起，主要设备应包括：矩阵主机、硬盘录像、视频分配器、多画面控制器、监视器、解码器、摄像机等，以及报警控制器、红外探测器、双鉴探测器等，应标示出所选设备规格型号、平面图编号及安装位置； 2. 标示出图中连接管线的规格型号和主要路径的距离； 3. 出入口控制系统图包括：验卡机、发卡机、读卡器、闸门控制器、地感线圈、汽车防砸设备等，以及小门门禁控制器、读卡器等，要求标示出设备规格型号、平面图编号，标示出连接管线规格及型号参数等
		车库管理系统图	1. 车库管理系统图包括验卡机、发卡机、读卡器、闸门控制器、地感线圈、汽车防砸设备、车位指示器等，要求标示出设备规格型号、平面图编号，标示出连接管线规格型号； 2. 标示出与平面图相对应的车库大门编号； 3. 停车场机械的机位分布、连接线路、管理系统连接线路的分布情况
		巡更系统图	1. 按巡更路线绘制出巡更主机和各个巡更点之间的联系图，标注所选设备的规格型号和编号； 2. 巡更棒的规格型号和数量； 3. 有线巡更系统应标示出管线的规格型号和距离
		弱电、消防系统供电电源系统图	即弱电系统所用交流220V电源的取得和分配的供电系统图。要求： 1. 必须从强电配电系统中申请各自独立的弱电供电回路，并设置不同区域的弱电供电配电箱，回路容量按弱电系统负荷计算电流值申请； 2. 要求系统两条供电回路末端互切，以确保供电的可靠性及稳定性； 3. UPS电源的选择和使用，必须满足弱电系统所允许的最长断电时间和必保容量的要求； 4. 所用开关的容量和线缆截面必须满足各级短路电流分级保护的要求； 5. 按照强电配电系统图方式绘制
		弱电系统图补充说明	1. 系统图中除标注外，所有系统连线均为粗实线（采用多段线，宽度以50mm为宜）； 2. 系统图中的设备编号，必须与平面图中相应设备编号一致； 3. 系统图中标示出的管线规格型号，可在平面图中省略；标示的设备编号、安装位置及点位数量，可从系统图中了解完整的设计方案；设备选型的标注尤为必要，尤其是不另外再出“设备材料表”时，必须在系统图中明确标注
		电消防系统图（火灾报警系统）	1. 火灾自动报警及消防联动控制系统图，应明确位置、数量等及联动的接口信息； 2. 其他要求参见弱电系统要求
6	包含以上信息的BIM模型	通过设计网络共享设计模型，同步更新，在设计过程中多次进行碰撞检测，及时有效地完成各专业深化设计协调工作	

5.3.5 电梯及扶梯深化设计要求

总承包协调电梯及扶梯深化设计专业，在电梯深化设计时对需要提前使用的电梯进行适当的考虑，并设置临时的监控及控制系统。其深化设计要点见表5-9。

电梯及扶梯深化设计控制要点 表5-9

序号	电梯及扶梯深化设计控制要点
1	底坑尺寸、标高
2	根据三维坐标，对电梯井道预埋件节点及定位
3	机房设备基础尺寸及做法要求
4	机房土建及装修完成效果要求
5	召唤盒等末端定位及收口节点
6	电梯底坑排水措施
7	电梯运行安全监控系统
8	井道照明、布线图纸
9	井道、电梯厅加压系统图纸

5.3.6 精装修工程深化设计

（1）协调装修工程分包单位根据工程总体进度制定详细的图纸设计计划，包括装修方案设计计划、设计单位对装修设计方案的审定、装修施工图设计计划、装修方案报审计划等一系列分解计划。

（2）总包将协调装修工程设计和机电工程设计相互交叉问题，将矛盾解决在施工图设计阶段，避免因管、线、面打架或各专业不一致而导致的返工、拆改等工作。

（3）通过样品样板的管理，对精装饰进行控制，严格按业主要求实施样板引路，采用样板的形式完成对精装饰的深化设计效果复核及精装饰工艺的规范。

精装修工程深化设计与各专业配合措施见表5-10。

精装修工程深化设计与各专业配合措施 表5-10

序号	配合单位	配合措施
1	与机电安装专业及消防专业的配合措施	室内装修与机电安装之间的交叉作业多，各项施工工序交替频繁，机电末端安装与室内装修之间的协调是装饰深化设计的要点，该协调依托BIM技术在深化设计阶段进行协商解决

续表

序号	配合单位	配合措施
1	与机电安装专业及消防专业的配合措施	在需要深化设计中将以保证装饰效果为中心，尽可能地满足协作单位双方的要求，以满足各专业系统功能为前提，适当调整吊顶内各专业管道的标高和走向
		机电安装工程的末端安装需要在装饰面板开孔或预留从而获取安装空间，机电管线安装完成后需要装饰完成面覆盖隐藏，因此机电安装与室内装修的空间位置关系协调在深化设计时也进行相应考虑
		吊顶、墙面饰面板块排版图、节点图等深化设计由精装饰专业进行，机电分包单位提供各设备、灯具、开关面板的位置图。精装饰专业在吊顶平面布置图、立面深化设计图完成后上报总承包单位，协调机电分包单位进行风口、灯具、喷淋头、烟感探测器、开光面板、插座等机电末端设备的布置，并反映到装饰专业的饰面排版图中，配合各相关专业做好各自的图纸深化设计
		机电安装分包单位统一将各种型号风口、灯具、喷淋头、烟感探测器的准确外形尺寸以及样品提供给装饰专业。精装饰专业在深化设计中要考虑在机电设备、阀门等机电需要经常操作和检修之处，预留检修口设计，安装专业提出检修口的大小和位置数据，装饰专业配合做好检修口选型及设计，保证检修口既符合机电使用功能，也不影响装饰外观效果
		对于燃气管道、燃气表，精装深化设计不得覆盖及封闭
2	与幕墙单位的协调配合措施	总包统一协调精装饰与幕墙专业的设计师共同进行收口的设计深化。幕墙区域的吊顶与幕墙防火板标高、位置等相协调

第六章　样品、首件样板管理

6.1　首件样板管理

6.1.1　首件样板管理内容

首件样板制主要是指在各专业工程首次施工时，针对各工序质量控制点要求，由施工单位组织素质较高、机具配套的施工作业单位按施工技术方案和项目精品工程标准要求进行施工，经总包项目部验收确认符合标准要求后，附资料、图片报监理单位验收后，作为同类工序施工质量参照标准，实施样板引路管理。首件样板制是现场质量控制的重要手段，对于控制质量标准，提高施工人员质量意识有着十分重要的意义。

现场首件样板制作主要内容见表6-1。

现场首件样板制作主要内容　　表6-1

序号	项目	内容
1	混凝土结构工程	1. 柱、剪力墙、梁、板、楼梯等钢筋的制作、安装、固定； 2. 受力纵筋连接（焊接、机械连接等）外观质量； 3. 模板安装中支撑体系、安装和加固方法、防止胀模、漏浆的技术措施； 4. 模板的垃圾出口孔制作； 5. 楼面柱根部清除浮浆、凿毛； 6. 混凝土施工缝、后浇带、楼面收光处理及养护
2	砌体、抹灰工程	1. 有代表性部位的砌体砌筑方法； 2. 有代表性的门窗洞口的处理； 3. 填充墙底部、顶部的处理； 4. 构造柱、圈梁、过梁的处理； 5. 内墙抹灰交房样板间、外墙抹灰及滴水线、抹灰分隔缝处理
3	防水工程	1. 底板防水涂料及防水卷材施工； 2. 外墙防水涂料及防水卷材施工； 3. 地下室顶板防水涂料及防水卷材施工； 4. 地下室止水钢板安装与焊接； 5. 卫生间等； 6. 屋面防水卷材施工
4	屋面工程	1. 屋面隔热；　2. 屋面排水；　3. 屋面细部；　4. 屋面装饰
5	门窗工程	1. 有代表性的门窗安装；　2. 门窗洞的细部处理
6	幕墙工程	1. 单元体样板安装；　2. 幕墙视觉样板；　3. 玻璃幕墙样板； 4. 铝板幕墙样板；　5. 石材幕墙
7	装饰装修工程	1. 水泥砂浆地面、饰面砖地面、地坪漆地面、防静电地面等； 2. 楼梯间抹灰、腻子、涂料、滴水线、地面防滑砖、楼梯栏杆；

续表

序号	项目	内容
7	装饰装修工程	3. 室内内墙涂料、饰面砖铺贴、大厅干挂石材等； 4. 石膏板顶棚、涂料顶棚、吊顶顶棚； 5. 有代表性的装饰装修细部
8	给水排水工程	1. 穿楼板管道套管安装；　2. 卫生间给排水支管安装； 3. 卫生间洁具安装；　4. 屋面透气管安装； 5. 管井立管安装；　6. 阀门配件安装
9	智能建筑	1. 金属线槽、桥架铺设； 2. 机房工程（成套配电柜、控制柜的安装、设备安装等）
10	建筑电气工程	1. 成套配电柜、控制柜的安装； 2. 照明配电箱的安装； 3. 开关插座、灯具安装； 4. 电气、防雷接地； 5. 线路铺设； 6. 金属线槽、桥架铺设
11	通风空调工程	1. 标准层风管制作安装； 2. 标准层空调水管安装； 3. 阀门配件安装； 4. 风管、水管保温； 5. 空调设备安装； 6. 风口、百叶安装等末端点位安装
12	消防工程	1. 喷淋系统管线安装； 2. 消火栓系统管线安装； 3. 消防设备安装； 4. 阀门配件安装； 5. 火灾报警系统管线安装； 6. 火灾报警系统末端点位安装； 7. 消火栓箱安装； 8. 喷淋系统末端点位安装
13	其他样板	交叉施工样板 建设单位、施工和监理企业认为需要制作实物质量样板的其他工序、部位

6.1.2　首件样板管理流程

首件样板实施可分为六个阶段：

（1）样板设计和样板策划方案；

（2）样板施工；

（3）样板评审；

（4）样板改进；

（5）样板交底、示范；

（6）大面积施工。

其管理流程如图6-1所示。

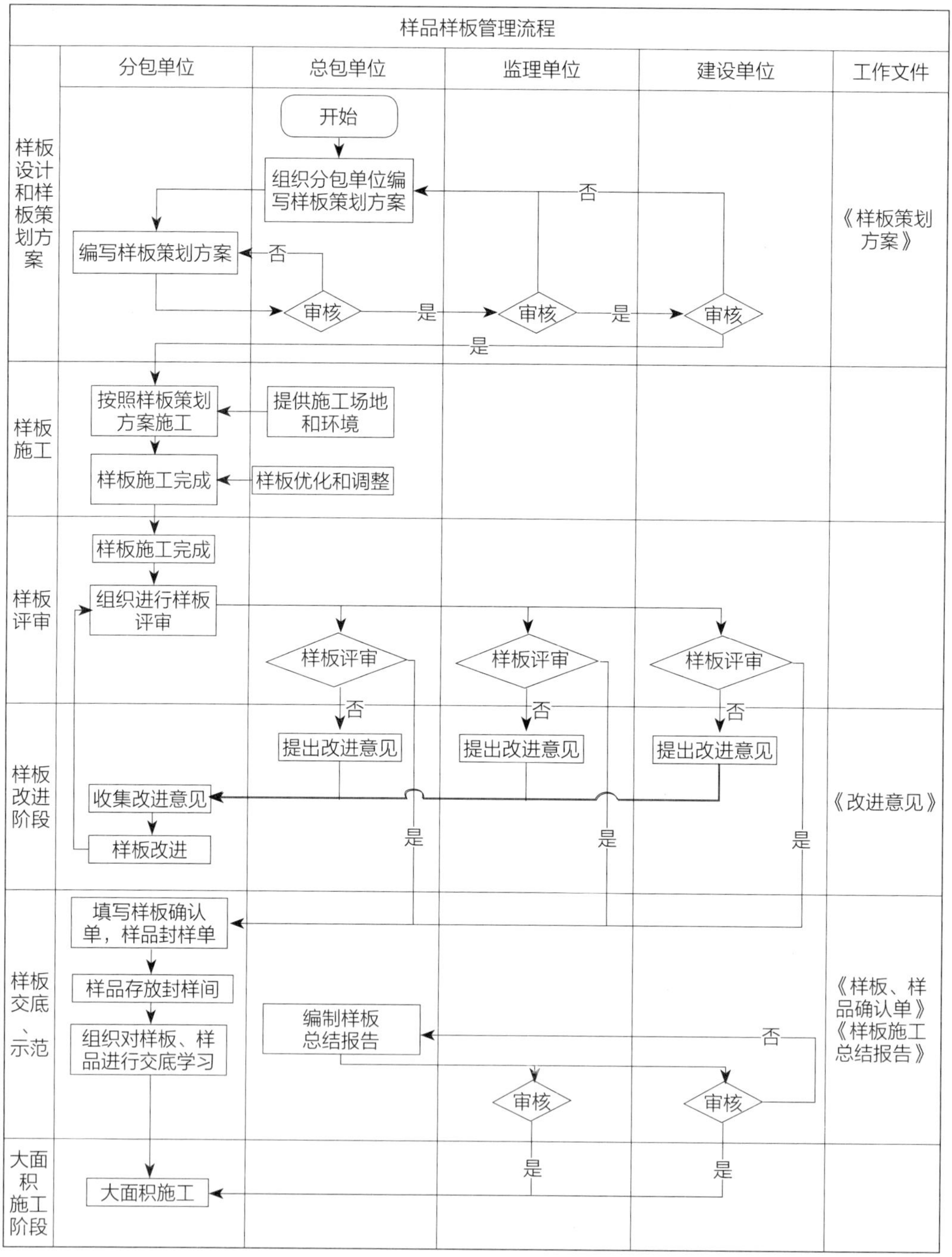

图6-1 首件样板管理流程

6.1.3　首件样板管理要求

首件样板管理要求见表6-2。

首件样板管理要求　　表6-2

序号	关键活动	管理要求	时间要求	工作文件
1	基本规定	所有分部分项工程的主要材料均须报审材料品牌，所有分部分项工程均应制作工程样板，材料品牌和工程样板必须经总包、监理、业主审批后，方可正式施工	工序开展前两个月	《工程材料/构配件报审表》
		各专业分包负责其合同范围内所有工程样板施工，按规范和流程组织工程样板施工		
		材料样品报审和样板施工必须是深化设计后确认的，在正式大面积施工前完成会签		
		任何审批不符合样板标准的材料和工程实物须拆掉返工重做，由相关承包单位自行负责损失		
2	样板设计和样板策划方案	样板设计由业主牵头，根据图纸确定样板形式和材料品种。在确定样板设计后，总承包组织样板施工的各单位，确定样板策划方案		《样板策划方案》
		多家单位共同施工的样板，如样板房、样板楼层等，则由总承包组织编制综合样板施工方案，经业主和相关单位批准后实施		
3	样板交底、施工	各分包上报样板施工计划，分包项目总工组织项目管理人员和班组长、工人进行交底，并对交底的内容进行考核，考核通过后方可施工，分包质量员记录工艺过程及影像资料收集整理，总包对样板施工过程进行全面管理。由实施分包单位编制样板施工总结报告，报总承包、监理、业主审批		《交底记录》《工人考核资料》《影像资料》《总结报告》
4	样板评审	工程样板评审由分包单位项目经理组织总包、监理、业主对样板进行综合性评审。经各方确认后填写样板确认单。评审应关注样板工艺材料设计改进，实现多专业多部门互动。同时注意对样板的成本也要进行评估，找到经济技术最优方案		《样板确认单》
5	样板改进	样板经评审后，分包单位项目经理收集整理改进意见。样板审批完成后，总承包和专业承包商负责完善深化设计图纸和施工方案并经报审确认后，再组织工程实施		《改进意见汇总表》
6	样板实施	样板确认会签单后，样板验收资料、工人考核合格证明、样板施工总结报告等报总包质量部审核同意后才能大面积实施		

6.2 样品管理

6.2.1 样品管理内容

样品是经监理、建设单位确认，用于工程施工或检验作为参照使用的某种材料、产品的认可实物。材料、设备样品管理的目的是通过建立样品管理制度，建立工程材料、设备批量供货前的实物标准，用于工程材料、设备批量进场检验的对比参照实物，控制工程使用的材料、设备符合合同约定的质量标准和技术特征。

项目样品管理的主要内容见表6-3。

项目样品管理内容　表6-3

序号	项目	内容
1	土建	各类钢材、防水材料、粗装修材料、人防设施、防火涂料、砌块、防腐涂料、防火封堵、门窗、五金、隔声材料、吊顶材料、墙地砖、涂料、地面材料等
2	幕墙	玻璃、石材、铝板、不锈钢、铝型材、装饰条、泡沫棒、硅酮胶、胶条、五金配件、预埋件等
3	钢构	焊条、焊药、防火涂料、高强螺栓、地脚螺栓等
4	机电	各类管线、型钢支架、设备、阀门配件、电缆、桥架、卫生洁具、灯具、开关面板、风口、五金配件等
5	精装修	玻璃、石材、瓷砖、铝板、铝型材、涂料、不锈钢、地板、五金配件、门窗等
6	室外	石材、水景、绿化、灯具等

6.2.2 样品管理流程

样品管理分为四个阶段：

（1）样品审核；

（2）样品确认；

（3）样品封样；

（4）样品对比验收。

其管理流程如图6-2所示。

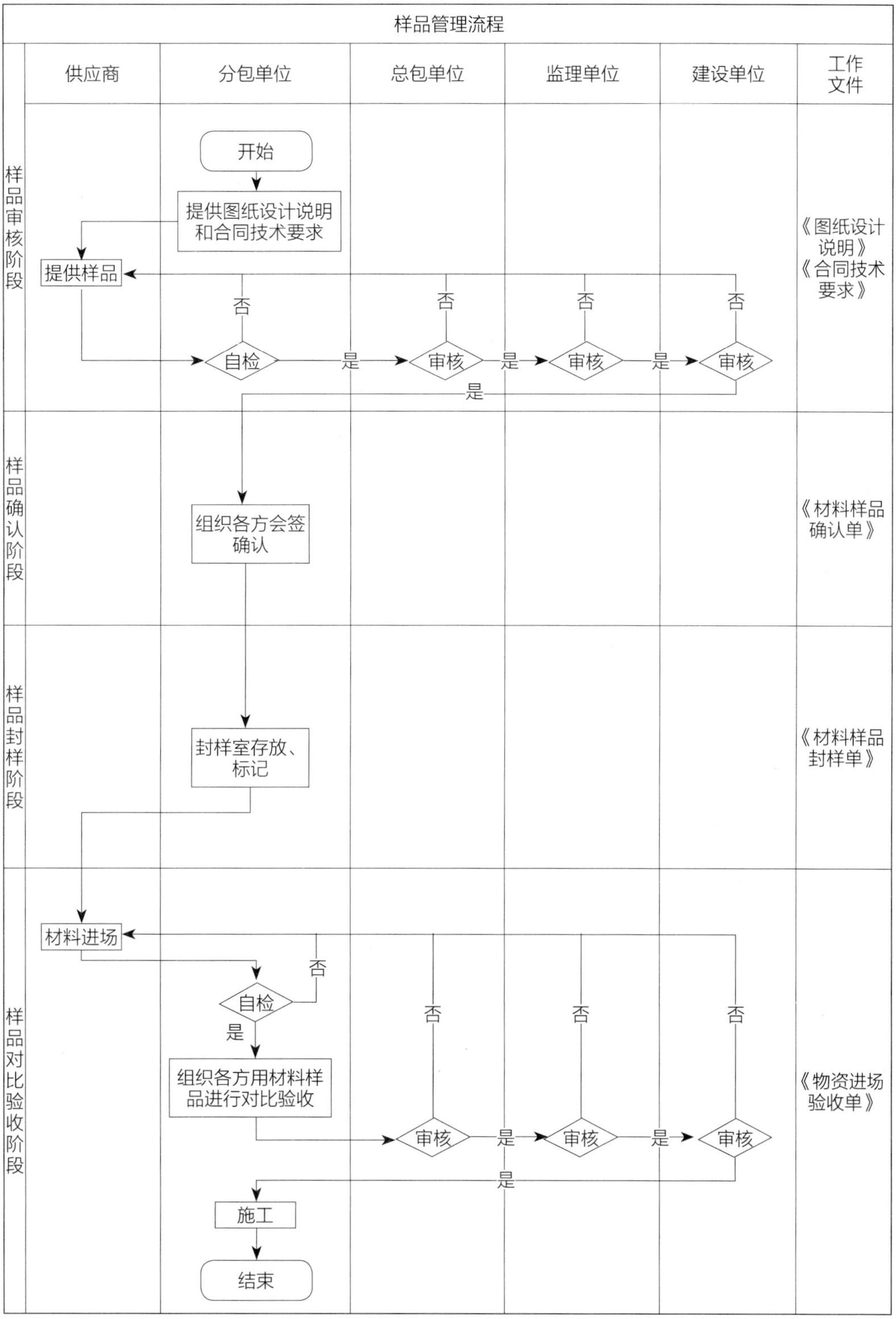
样品管理流程
供应商
分包单位
总包单位
监理单位
建设单位
工作文件
样品审核阶段
开始
提供图纸设计说明和合同技术要求
提供样品
否
自检
是
审核
是
审核
是
审核
是
《图纸设计说明》《合同技术要求》
样品确认阶段
组织各方会签确认
《材料样品确认单》
样品封样阶段
封样室存放、标记
《材料样品封样单》
样品对比验收阶段
材料进场
自检
否
是
组织各方用材料样品进行对比验收
审核
是
审核
是
审核
否
是
施工
结束
《物资进场验收单》

图6-2　样品管理流程

6.2.3 样品管理要求

工程材料、设备样品实行认证封样管理制度。经建设单位或监理单位对供应商、施工单位提供的材料、设备通过观察、测试、检验等方法进行认证，经认证后的样品封存于业主认可的样品库房内。需进行样品认证而未经认证或认证未通过的材料、设备，不得进场在工程中使用。

材料、设备样品认证内容包括外观认证和技术认证。外观认证用于确认材料、设备的观感等外观特征（仅适用有外观要求的材料、设备），技术认证用于确认材料、设备的，性能及技术特征（适用所用材料、设备）。

样品管理要求见表6-4。

样品管理要求　　表6-4

序号	关键活动	管理要求	时间要求	工作文件
1	样品封样室管理	设置专门的样品封样室，由总包质量部专人负责管理，要求样品排列整齐，封样单和标识完整、清晰。各分包单位质量负责建立样品入库台账交由总包		《样品入库台账》
2	材料样品报审	各分包单位质量部负责向总包质量部提交材料样品及报审资料，总包质量总监审批，审批合格后再报监理、建设单位审批	留有足够确认和反复询样时间	
3	采购并组织样品确认和封样	分包单位项目总工程师组织总包质量部、监理单位、建设单位对样品实体质量、观感质量、功能和安全进行确认，并在封样单形成会签。封样单上需注明生产厂家、品牌、规格型号、使用部位、技术指标及计划用量等		《材料样品确认单》《材料样品封样单》
4	样品对比验收	材料进场和施工时，分包单位项目总工程师组织总包专业工程师和质量部、监理单位、建设单位根据封存样品进行对比验收，发现与样品不一致时进行退场处理，验收合格各方会签后方允许进场		《材料进场验收记录》

第七章　BIM应用管理

7.1　概述

BIM是对建设工程物理特征和功能特性信息的数字化承载和表达，可应用于工程项目规划、勘察设计、施工建造、运营维护等各阶段，实现工程全生命周期各参与方在统一多维建筑模型基础上的数据共享，为促进工程项目提质增效、提高建筑业整体发展水平、建设智慧城市提供强有力的支撑。

建设单位应主导工程建设项目BIM应用，引导参建各方在同一平台协同BIM应用，实现建设各阶段BIM应用的标准化信息传递和共享，同时明确各方的BIM应用要求、交付标准和费用。建设单位或工程总承包单位、专业咨询单位，应搭建基于BIM应用的项目管理平台，提升项目管理效能。

勘察设计单位应建立基于BIM协同工作模式，积累和创建各专业构件库，最大限度减少设计质量通病，提高设计质量和效率。

供应商应建立基于BIM的生产管理系统，优化管理流程，提升智能化生产能力，实现对构件生产全过程信息化管理。

施工单位宜在施工图设计模型基础上创建施工BIM模型，实现工程项目深化设计、施工过程可视化模拟、施工方案优化、施工进度和成本的动态管控，在工程竣工后提交与竣工图纸相匹配的BIM模型归档。

运维单位应研究基于BIM的运维管理应用模式，制定相应的工作机制、流程、制度。将项目BIM竣工模型转换为运维模型，应用于物业管理、运行维修、应急决策及预警等多方面。

BIM实施总体思路：以建模为基础、以技术为核心、以工期为主线、以质量安全为抓手、以成本管理为导向，进行全过程、全专业、全方位的BIM应用，实现基于BIM的总承包管理模式的全面升级和工程项目的品质提升。

7.2　BIM应用管理内容

BIM应用范围包括五个部分：

（1）工程技术：深化设计、图纸会审、图纸管理、方案动态模拟、方案交底、模型移动端应用、工程资料管理；

（2）进度管理：计划编制和输入（PLAN）、全专业BIM虚拟建造（DO）、模拟建造与实际建造对比分析（CHECK）、进度计划实际调整（ACTION）；

（3）质量安全：危险源辨识、移动端APP应用——质量安全问题图钉式管理、安全巡视系统、虚拟质量样板间、质量考核系统；

（4）商务与资源管理：工程量精算、三算对比、资源计划——5D模拟、快速提量、钢筋精益管理；

（5）创新应用：无人机应用、三维激光扫描、放样机器人应用、AR、VR。

详见表7-1。

BIM应用管理内容　　表7-1

序号	管理内容	管理要点	备注
1	建模	结构模型精度要求LOD300,水电暖精度要求LOD400。包括土建结构模型、钢结构模型、机电安装模型、幕墙模型、建筑模型、装饰装修模型（细部做法）	
2	深化设计、碰撞检查	土建深化设计、机电深化设计、钢结构深化设计、幕墙深化设计（详见第五章深化设计管理）	
3	施工方案模拟	大体积混凝土、钢结构安装、模架安装、超高泵送、塔吊、施工电梯、塔吊拆除、施工电梯拆除、悬挑防护、幕墙防护封闭、结构水平预调	
4	方案交底	模拟方案交底，各部位碰撞处理交底	
5	BV管理	现场质量、安全问题巡查、发现问题整改、销项	
6	样板管理	虚拟质量样板，用于展示及质量样板交底	
7	进度管理	模拟建造与实际建造对比，每周分析符合度，调配资源，工序衔接	
8	成本管理	三算对比，工程量对量，提取施工计划量，根据进度计划进行物资分析汇总	
9	现场管理	总平面管理、二维码管理、危险源识别、无人机应用、三维激光扫描、放样机器人应用	
10	竣工验收	竣工图与模型相匹配，智能化维修维护	

（6）施工模型及上游的施工图设计模型细度等级代号应符合《建筑信息模型施工应用标准》GB/T 51235—2017相关规定要求，详见表7-2。

施工模型及上游的施工图设计模型细度等级代号　　表7-2

名称	代号	形成阶段
施工图设计模型	LOD300	施工图设计阶段
深化设计模型	LOD350	深化设计阶段

续表

名称	代号	形成阶段
施工过程模型	LOD400	施工过程阶段
竣工验收模型	LOD500	竣工验收阶段

7.3　BIM应用管理流程

7.3.1　建模管理流程（图7-1）

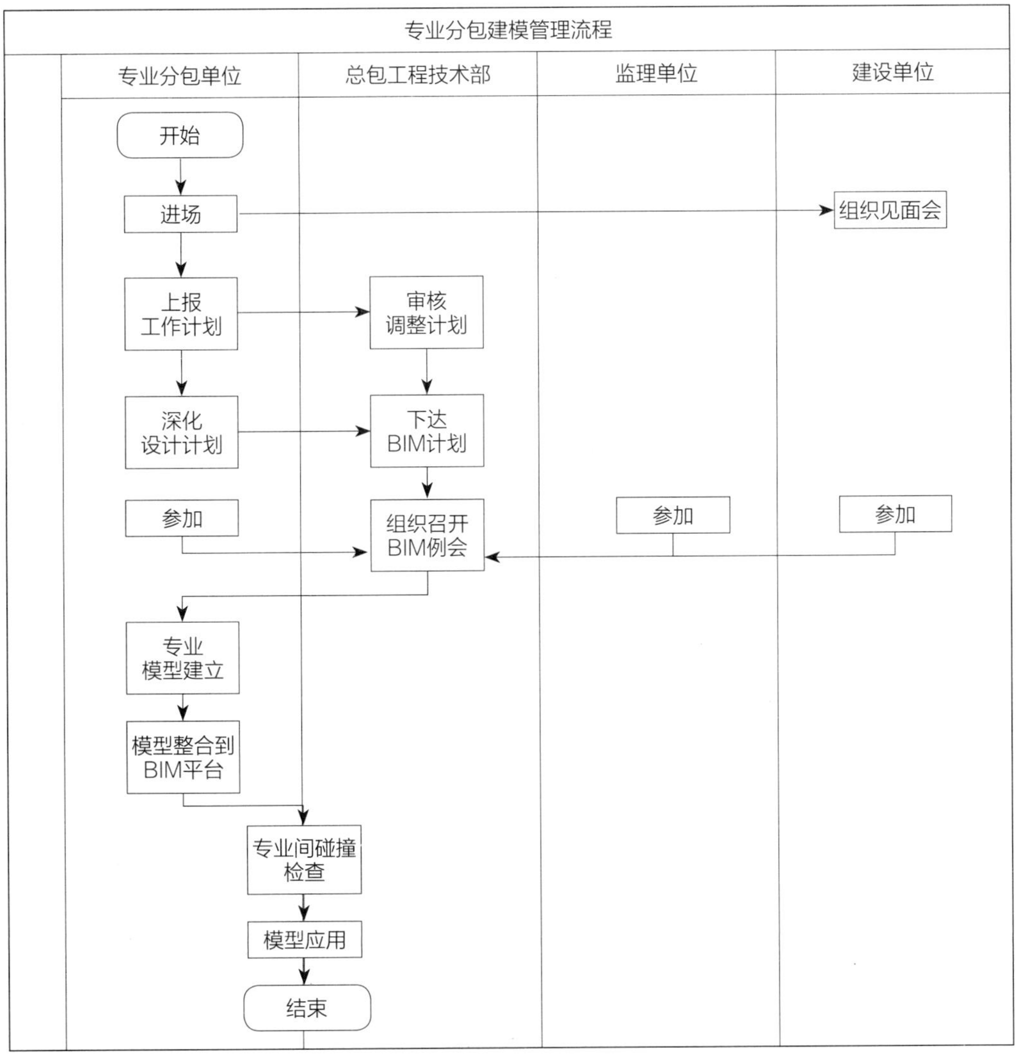

图7-1　建模管理流程

7.3.2 应用管理流程（图7-2）

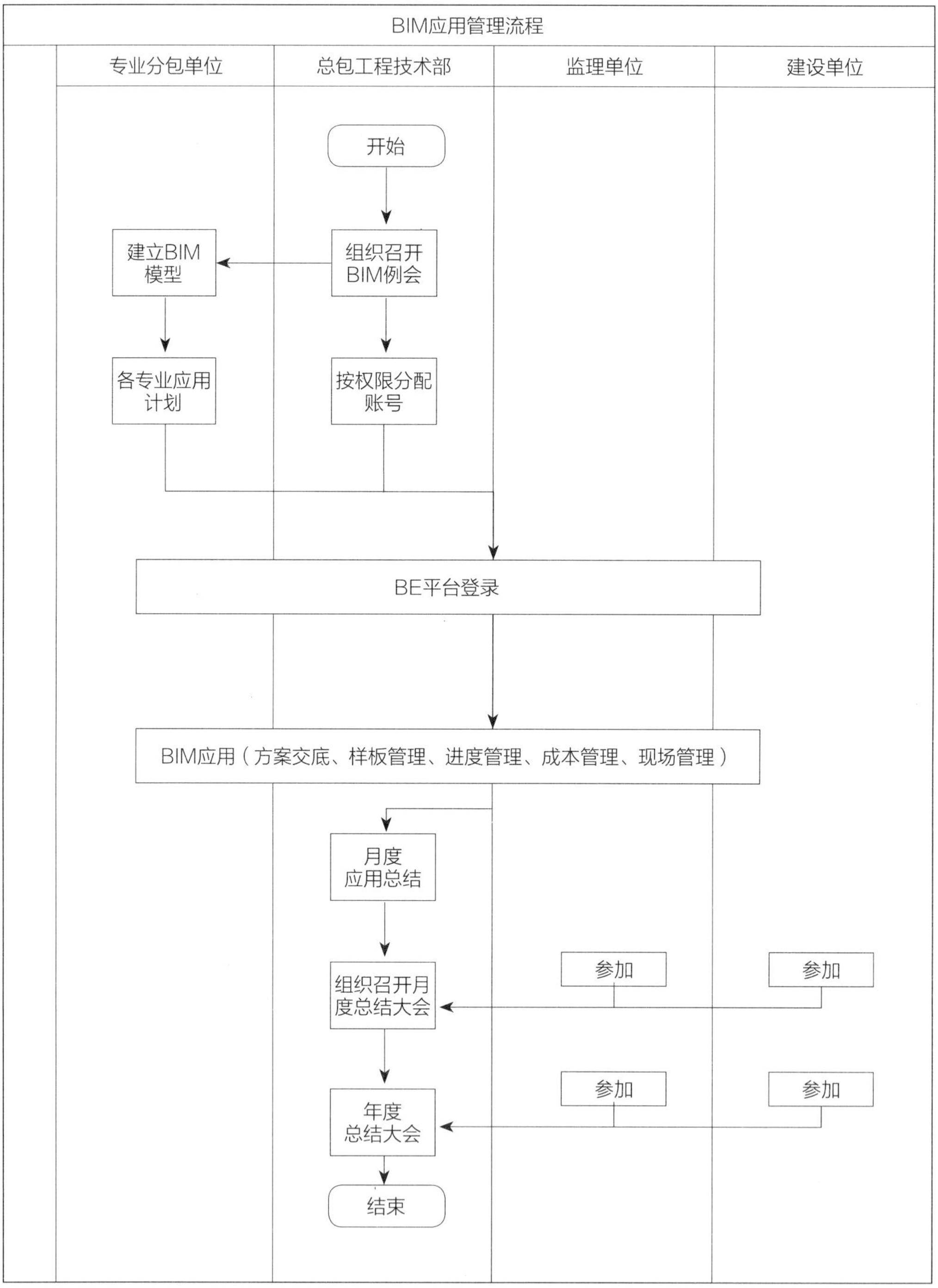

图7-2 BIM应用管理流程

7.3.3　BV管理流程（图7-3）

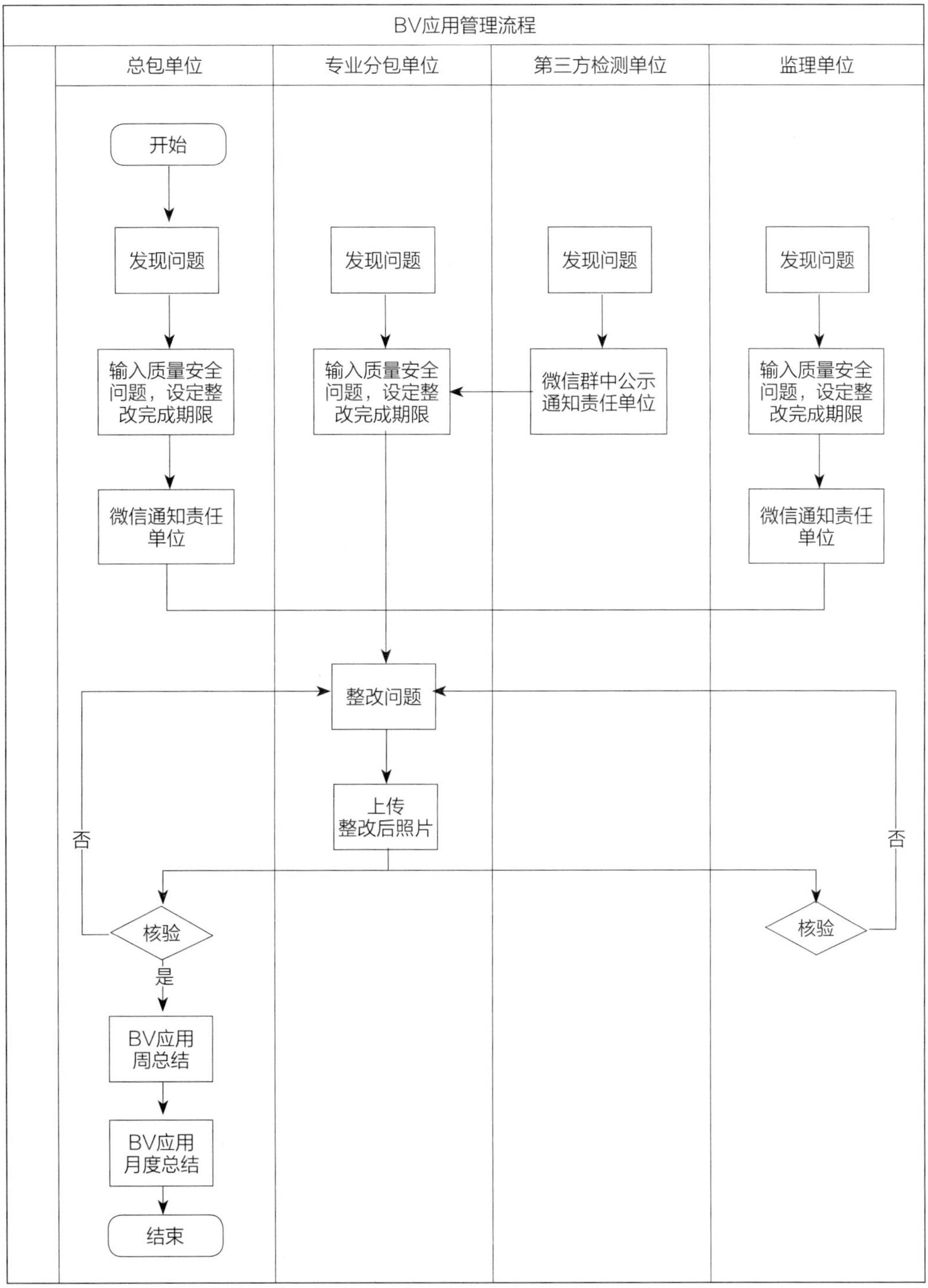

图7-3　BV应用管理流程

7.4 BIM应用管理要求

1. 总包单位与各专业分包单位必须进行全过程、全方位、全专业应用BIM。

2. 各专业分包应协同总包申报BIM卓越工程项目奖和最佳BIM工程协同奖等BIM技术应用奖项。

3. 所有专业分包进场后必须提供工作计划及进度计划，计划中包含深化设计计划和BIM应用计划，并明确本专业BIM小组上报总包工程技术部。

4. 进场后一个月内专业BIM小组必须参加由总包组织，业主、监理单位参加的BIM周例会，参会人员为专业分包BIM小组负责人带队参加。

5. 所有BIM小组的负责人必须是以各专业分包项目经理为组长，技术负责人为主要负责人，过程中不允许换上述两名主要管理人员，特殊情况，必须经总包项目经理同意后才允许更换；BIM小组的成员应固定，更换成员应经总包BIM负责人同意；如小组成员不履职，总包将以书面文件通知更换，更换人员到位时间不得超过72小时。

6. 各专业分包BIM小组组长因故不参会的，必须向总包项目经理请假并征得同意；主要负责人及以下人员必须向总包项目总工请假并征得同意，无故迟到、早退或者缺会的，按照《项目BIM实施管理制度》进行处理。

7. 各专业所建的模型，必须符合实施方案的要求。总体建模精度达到LOD400标准、土建模型达到LOD300标准，建模软件应能无缝、顺利导入平台正常运行，各专业模型与图纸的准确度必须达到99%以上，经参建各方审核后，低于99%准确度将限期整改。

8. 实施方案中的各项节点，各专业应按时完成（具体节点时间由总包以书面文件形式下发），各专业BIM小组组长应有效组织、调动资源支持专业负责人按期完成。

9. 由总包BIM小组不定期对各专业BIM小组组员进行阶段性考核，考核结果纳入总包对各专业分包的考评体系。

10. 按照项目实施的控制流程，遇到问题应逐级反映，定期进行沟通。各专业小组成员遇到问题后，及时反馈到BIM专业负责人，经专业内协调仍未达到理想效果，由总包负责与BIM实施方协调处理，不应越级反应，以免打乱实施流程。

11. 所有建模人员必须保护项目知识产权，建模期间，任何人不得外传、网上流传工程模型，一旦发现，将视泄密情节的严重程度处理。

12. 分配给各参建单位的登录账号，仅允许本人应用，不允许借予他人登录。各参与项目管理者，有义务共同维护好本工程模型，在应用权限范围内，有效履行管理职责。

13. 所有登录账号的参建者应熟练应用模型提取数据，应以模型进行图纸会审，完善施工方案，进行方案交底、施工进度汇报、样板管理、成本管理和现场管理，进行质量问题整改销项、安全问题销项等。

14. 各专业模型整合后，由总包组织进行模型碰撞检查，以专业会议进行问题销项，各专业分包因在总包规定时间内整改完成。

15. 各专业分包应用BIM深化设计因满足出图要求，深化设计图纸应经总包确认后现场实施，未经总包签字确认，不允许进入下一道工序。

16. 总包与各专业分包严格按照BIM策划进行现场施工，杜绝返工现象，如墙体后开洞等。

17. BV应用为施工全过程管理，各参建方日常巡视问题上传率不得低于70%，由总包工程技术部每周抽查（上传问题个数/总包、监理、业主检查问题个数=上传率）。

18. 各参建方以每日巡查、周检等方式把现场问题如实通过分专业、分类录入平台，各方指定专人在每日20：00前完成当日数据录入及更新。数据录入应准确、完整，包含以下信息：名称、工程、项目、时间、楼层及轴号、标识、标签、描述、整改规定时间（问题照片）等。各参建方应密切跟踪上传数据的闭合情况，按照整改规定时间积极跟踪、监督现场问题整改，及时闭合整改流程，确保现场与模型统一。

第八章 工程试验、检验管理

8.1 工程试验、检验内容

建筑工程试验、检验的主要内容见表8-1。

建筑工程试验、检验的主要内容　表8-1

分部	子分部	检测项目	依据
地基与基础	地基	地基承载力检测	《建筑地基基础工程施工质量验收标准》GB 50202
	基础	单桩承载力检测 桩身完整性检测	
主体结构	混凝土结构	结构实体钢筋保护层厚度 结构实体位置及尺寸偏差检验 结构实体混凝土强度	《混凝土结构工程施工质量验收规范》GB 50204
	砌体结构	填充墙砌体植筋锚固力检测	《砌体结构工程施工质量验收规范》GB 50203
	钢结构	高强度螺栓抗滑移系数/扭矩系数试验 高强度螺栓表面硬度试验 焊缝超声波（射线）探伤 防腐涂料附着力测试 防火涂料强度/厚度试验 焊接材料烘焙	《钢结构工程施工质量验收规范》GB 50205
	钢管混凝土结构	高强度螺栓抗滑移系数/扭矩系数试验 高强度螺栓表面硬度试验 焊缝超声波（射线）探伤 防腐涂料附着力测试防火涂料强度/厚度试验	《钢结构工程施工质量验收规范》GB 50205 《钢管混凝土工程施工质量验收规范》GB 50628
建筑装饰装修	建筑地面	各层密实度检验 各层强度检验报告 室内用花岗石、大理石放射性检测 实木（复合）地板甲醛含量检测 蓄水/泼水检验	《建筑装饰装修工程施工质量验收规范》GB 50210 《建筑地面工程施工质量验收规范》GB 50209

续表

分部	子分部	检测项目	依据
建筑装饰装修	门窗	人造木板甲醛含量检测 金属外窗气密性/水密性/抗风压检测 塑料外窗气密性/水密性/抗风压检测	《建筑装饰装修工程施工质量验收规范》GB 50210 《民用建筑工程室内环境污染控制规范》GB 50325
	吊顶	人造木板甲醛含量检测	
	轻质隔墙	防火性能检测 人造木板甲醛含量检测	
	饰面板	外墙陶瓷面砖性能检测 后置埋件现场拉拔检测 外墙饰面砖样板件粘结强度检测 室内用花岗石放射性检测	
	饰面砖	外墙陶瓷面砖性能检测 后置埋件现场拉拔检测 人造木板甲醛含量检测 外墙饰面砖样板件粘结强度检测 室内用花岗石放射性检测	
	幕墙	玻璃性能检测 结构胶性能检测 石材用密封胶耐污染性试验 石材弯曲强度检测 室内用花岗石放射性检测 铝塑复合板剥离强度检测 双组份硅酮结构胶混匀性试验/拉断试验 防雷装置测试 硅酮结构胶相容性检测/剥离粘结性试验 后置埋件现场拉拔强度检测 幕墙抗风压性能/空气渗透性能/雨水渗漏性能/平面变形性能检测	
	细部	人造木板甲醛含量检测 花岗石放射性检测 材料燃烧性能检验	
	其他	室内环境污染物：氡、甲醛、苯、氨、TVOC	

续表

分部	子分部	检测项目	依据
建筑屋面	保温与隔热	淋水或蓄水试验	《屋面工程质量验收规范》GB 50207
	防水与密封	淋水或蓄水试验 雨后观察或淋水试验	
	细部构造	雨后观察或淋水、蓄水试验	
建筑给水排水及供暖	室内给水系统	室内给水管道水压试验 室内给水管道通水试验 室内给水管道冲洗及消毒记录/消毒检测 消火栓试射试验 敞口水箱满水试验 密闭水箱水压试验 阀门水压试验 水泵试运转	《建筑给水排水及采暖工程施工质量验收规范》GB 50242
	室内排水系统	室内排水管道灌水试验 室内排水管道通水试验 室内排水管道通球试验 雨水管道灌水试验 雨水管道通水试验	
	室内热水系统	室内热水供应管道水压试验 室内热水供应管道系统冲洗 太阳能集热器水压试验 热交换器水压试验 敞口水箱满水试验 密闭水箱（罐）水压试验 阀门水压试验 水泵试运转	
	卫生器具安装	卫生器具通水试验 卫生器具满水试验 地漏及地面清扫口排水试验	

续表

分部	子分部	检测项目	依据
建筑给水排水及供暖	室内采暖系统	阀门水压试验	《建筑给水排水及采暖工程施工质量验收规范》GB 50242
		安全阀动作测试	
		散热器水压试验	
		辐射板水压试验	
		低温热水地板辐射采暖系统盘管水压试验	
		室内采暖管道水压试验	
		室内采暖管道冲洗试验	
		室内采暖系统加热、试运行	
		室内采暖系统调试	
		密闭箱（罐）水压试验	
		水泵试运转	
	室外给水管网	室外给水管网水压试验	
		室外给水管道冲洗及消毒记录/消毒检测	
		阀门水压试验	
		消防系统管道冲洗	
		水泵试运转	
	室外排水管网	室外排水管道灌水试验	
		室外排水管道通水试验	
		沟基、井池底板混凝土强度试验	
		水泵试运转	
	建筑饮用水供应系统	室内给水管道水压试验	
		室内给水管道通水试验	
		设备水压试验	
		阀门水压试验	
	游泳池及公共浴池水系统	室内给水管道水压试验	
		室内给水管道通水试验	
		敞口水箱满水试验	
		阀门水压试验	
		设备水压试验	
		室内排水管道灌水试验	
		室内排水管道通水试验	
		室内排水管道通球试验	

续表

<table>
<tr><th>分部</th><th>子分部</th><th>检测项目</th><th>依据</th></tr>
<tr><td rowspan="2">建筑给水排水及供暖</td><td>水景喷泉系统</td><td>室内给水管道水压试验
室内给水管道通水试验
敞口水箱满水试验
阀门水压试验
室内排水管道灌水试验
室内排水管道通水试验
室内排水管道通球试验</td><td rowspan="2">《建筑给水排水及采暖工程施工质量验收规范》GB 50242</td></tr>
<tr><td>热源及辅助设备</td><td>锅炉水压试验
锅炉冷态运转试验
锅炉本体无损探伤检测
风机试运转
分汽缸（分水器、集水器）水压试验
敞口箱（罐）满水试验
密闭箱（罐）水压试验
阀门水压试验
安全阀及报警联动系统动作测试
地下直埋油罐气密性试验
连接锅炉辅助设备系统水压试验
水泵试运转
锅炉48h负荷试运行
机械炉排冷态运转试验
热交换器水压试验</td></tr>
<tr><td rowspan="3">通风与空调</td><td>送风系统</td><td rowspan="2">设备单机试运转及调试
系统无生产负荷联动试运转及调试
管道强度试验
管道严密性试验
管道漏风量测试
防火风管、密封垫材料及不燃绝热材料的点燃试验</td><td rowspan="3">《通风与空调工程施工质量验收规范》GB 50243</td></tr>
<tr><td>排风系统</td></tr>
<tr><td>防排烟系统</td><td>设备单机试运转及调试
系统无生产负荷联动试运转及调试
管道强度试验
管道严密性试验</td></tr>
</table>

续表

分部	子分部	检测项目	依据
通风与空调	防排烟系统	管道漏风量测试 防火风管、密封垫材料及不燃绝热材料的点燃试验 电控防火、防排烟阀动作试验	《通风与空调工程施工质量验收规范》GB 50243
	除尘系统	设备单机试运转及调试 系统无生产负荷联动试运转及调试 管道强度试验 管道严密性试验 管道漏风量测试 防火风管、密封垫材料及不燃绝热材料的点燃试验	
	舒适性空调系统 恒温恒湿空调系统	设备单机试运转及调试 系统无生产负荷联动试运转及调试 管道强度试验 管道严密性试验 管道漏风量测试	
	净化空调系统	设备单机试运转及调试 系统无生产负荷联动试运转及调试 管道强度试验 管道严密性试验 管道漏风量测试 防火风管、密封垫材料及不燃绝热材料的点燃试验 室内噪声测试 加热器外壳接地电阻测试 洁净度检测 洁净室各项指标测试	
	地下人防通风系统	设备单机试运转及调试 系统无生产负荷联动试运转及调试 管道强度试验 管道严密性试验 管道漏风量测试 消防加压送风系统测试	
	冷凝水系统	设备单机试运转及调试 系统无生产负荷联动试运转及调试	

续表

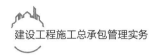

分部	子分部	检测项目	依据
通风与空调	冷凝水系统	管道强度试验 管道严密性试验 管道漏风量测试	《通风与空调工程施工质量验收规范》GB 50243
	空调水系统	设备单机试运转及调试 系统无生产负荷联动试运转及调试 不燃绝热材料的点燃试验 补偿器的预拉伸或预压缩 阀门强度和严密性试验 系统与设备贯通前冲洗、排污 系统强度和严密性试验	
建筑电气	室外电气	建筑物照明通电试运行 大型灯具牢固性试验 电气绝缘电阻测试 高压电气装置交接试验 漏电保护器模拟漏电测试 电气接地电阻测试	《建筑电气工程施工质量验收规范》GB 50303
	变配电室	大型灯具牢固性试验 电气绝缘电阻测试 高压电气装置交接试验 漏电保护器模拟漏电测试 电气接地电阻测试	
	供电干线	电气绝缘电阻测试 高压电气装置交接试验 漏电保护器模拟漏电测试 电气接地电阻测试	
	电气动力	电气绝缘电阻测试	
	电气照明	建筑物照明通电试运行 大型灯具牢固性试验 电气绝缘电阻测试	
	备用和不间断电源	建筑物照明通电试运行 大型灯具牢固性试验 电气绝缘电阻测试 高压电气装置交接试验 漏电保护器模拟漏电测试	

续表

分部	子分部	检测项目	依据
建筑电气	备用和不间断电源	电气接地电阻测试	《建筑电气工程施工质量验收规范》GB 50303
	防雷及接地	电气接地电阻测试	
智能建筑工程	智能化集成系统 信息接入系统 用户电话交换系统 信息网络系统 综合布线系统 移动通信室内信号覆盖系统 卫星通信系统 有线电视及卫星电视接收系统 公共广播系统 会议系统 信息导引及发布系统 时钟系统 信息化应用系统 建筑设备监控系统 火灾自动报警系统 安全技术防范系统 应急响应系统 机房 防雷与接地	系统功能测定及设备调试 系统检测 系统试运行 系统接地检测 系统电源及接地检测	《智能建筑工程质量验收规范》GB 50339
建筑节能	围护系统节能	外墙、外窗节能检测	《建筑节能工程施工质量验收规范》GB 50411
		外墙节能构造检查记录或热工性能检测	
	供暖空调设备及管网节能 电气动力节能 监控系统节能 可再生能源	设备系统节能性能检查、设备系统节能检测： 室内温度 供热系统室外管网的水力平衡度 供热系统的补水率 室外管网的热输送效率 各风口的风量 通风与空调系统的总风量 空调机组的水流量 空调系统冷热水 冷却水总流量 平均照度与照明功率密度	

续表

分部	子分部	检测项目	依据
电梯	电力驱动曳引式（强制式）电梯	接地、绝缘电阻测试 电梯试运行 限速器安全钳联动试验 层门与轿门试验 曳引式电梯曳引能力试验 其他安全装置检测 轿厢平层准确度测量	《电梯工程施工质量验收规范》GB 50310
	液压电梯安装	接地、绝缘电阻测试 电梯试运行 限速器（安全绳）安全钳联动 层门与轿门试验 轿厢平层准确度测量 超载试验 其他安全装置检测 电梯运行速度检验 额定载重量沉降量试验 超压静载试验 液压泵站溢流阀压力检查	
	自动扶梯、自动人行道安装	接地、绝缘电阻测试 试运行 安全装置检测 性能试验 制动试验	

8.2 工程试验、检验流程

工程所用材料、设备的性能指标对于确保工程质量至关重要，因此，材料、设备必须按照有关国家、行业标准进行相关试验、检验，进行试验检验的材料、设备必须在总包、监理等单位见证下取样、送检，以确保结果客观真实。其管理流程如图8-1所示。

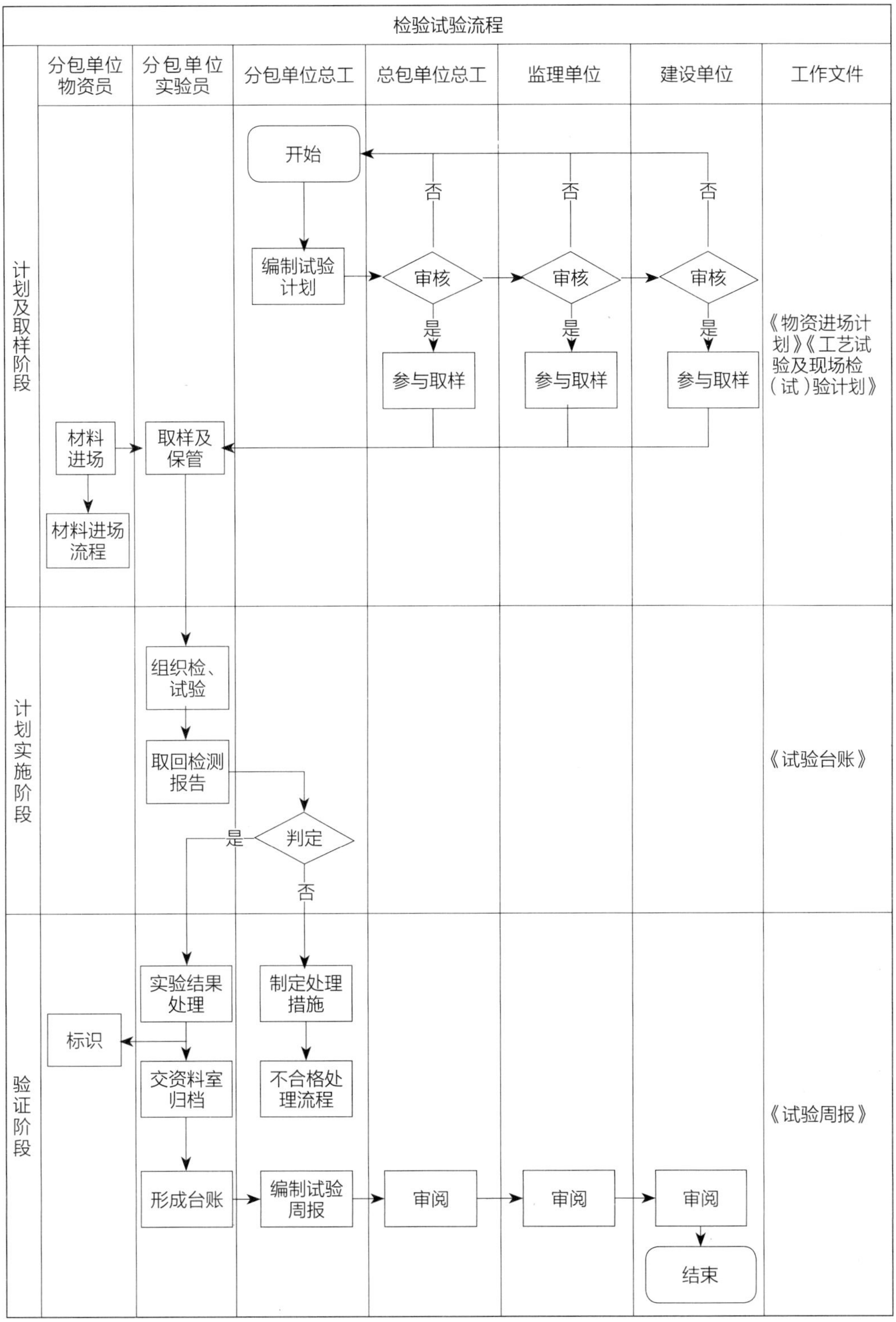

图8-1　工程试验、检验管理流程

8.3 工程试验、检验要求

工程试验、检验有关管理要求见表8-2。

工程试验、检验管理要求　表8-2

序号	关键活动	管理要求	时间要求	工作文件
1	编制试验计划	分包单位根据项目施工计划、物资（设备）需用计划编制试验计划	施工前	《物资（设备）进场验收计划》《工艺试验及现场检（试）验计划》
2	试验计划审批	分包单位试验计划必须报总包单位审核其合理性、合规性	施工前	
3	材料设备进场验收	分包单位物资（设备）进场时分包单位质量总监组织总包专业工程师、质量工程师（总监）、监理单位、建设单位进行质量、数量和随货技术资料（合格证、检验报告）等验证，如存在问题总包将应下令整改或予以拒收处理	材料进场前	《物资（设备）进场验收记录》
4	取样及保管	分包单位试验工程师根据物资进场验收记录，按照相关规范要求的数量、规格、部位等进行取样标识及养护，并建立试验台账	接到取样通知1小时内	
5	送检及分析试验报告	分包单位要及时送检并取回试验报告，由分包总工分析。试验合格情况应及时通知总包单位、监理、建设单位	拿到试验报告当天	
6	不合格试验处理	不合格由分包单位总工程师制定处置措施，可双倍复检的按规定再次复检。复试样品的试件编号应与初试时相同，但应后缀“复试”加以区别。无法复检或复检仍不合格时，转入《不合格品处置流程》。检测试验结果不合格的报告严禁抽撤、替换或修改，初试与复试报告均应进入工程档案	当天	
7	试验情况上报	分包单位应以试验周报的形式报总包检查,同时附上检测报告原件报总包质量部、工程技术部审核，审核通过后原件提交总包资料室存档	周一18：00	《试验周报》

第九章　文档资料管理

9.1　文档资料管理内容

工程资料管理是为工程资料的填写、编制、审批、收集、整理、组卷、移交及归档等相关工作。主要是对文字材料、图纸、图表、声像材料等。工程档案资料可以分为三类：工程管理资料、工程质保资料、工程验收资料。这里的资料不包括安全管理、合同管理等其他非工程技术资料。

表9-1

序号	管理内容	管理要点	备注
1	管理资料	企业资质、监理整改通知单、建管部门文件、公司文件及制度	工程管理资料
2	往来函件	工程洽商单、工程联系函	工程管理资料
3	图纸管理	施工图、深化设计图、设计变更、图纸会审记录	工程管理资料
4	施工组织及方案	各专业施工组织设计及施工方案	工程管理资料
5		工程前期法定文件资料	工程管理资料
6		材料、设备试验、检验资料	工程质保资料
7	工程技术资料	竣工验收资料	工程验收资料
8		分部分项工程验收资料	工程验收资料
9		材料及设备进场验收资料	工程验收资料

9.2　文档资料管理流程

9.2.1　工程管理资料管理流程

工程企业内部管理资料由总包资料室统一接收、编号、下发，由总包项目经理批阅后，各系统部门负责人会签并落实文件要求。其管理流程如图9-1所示。

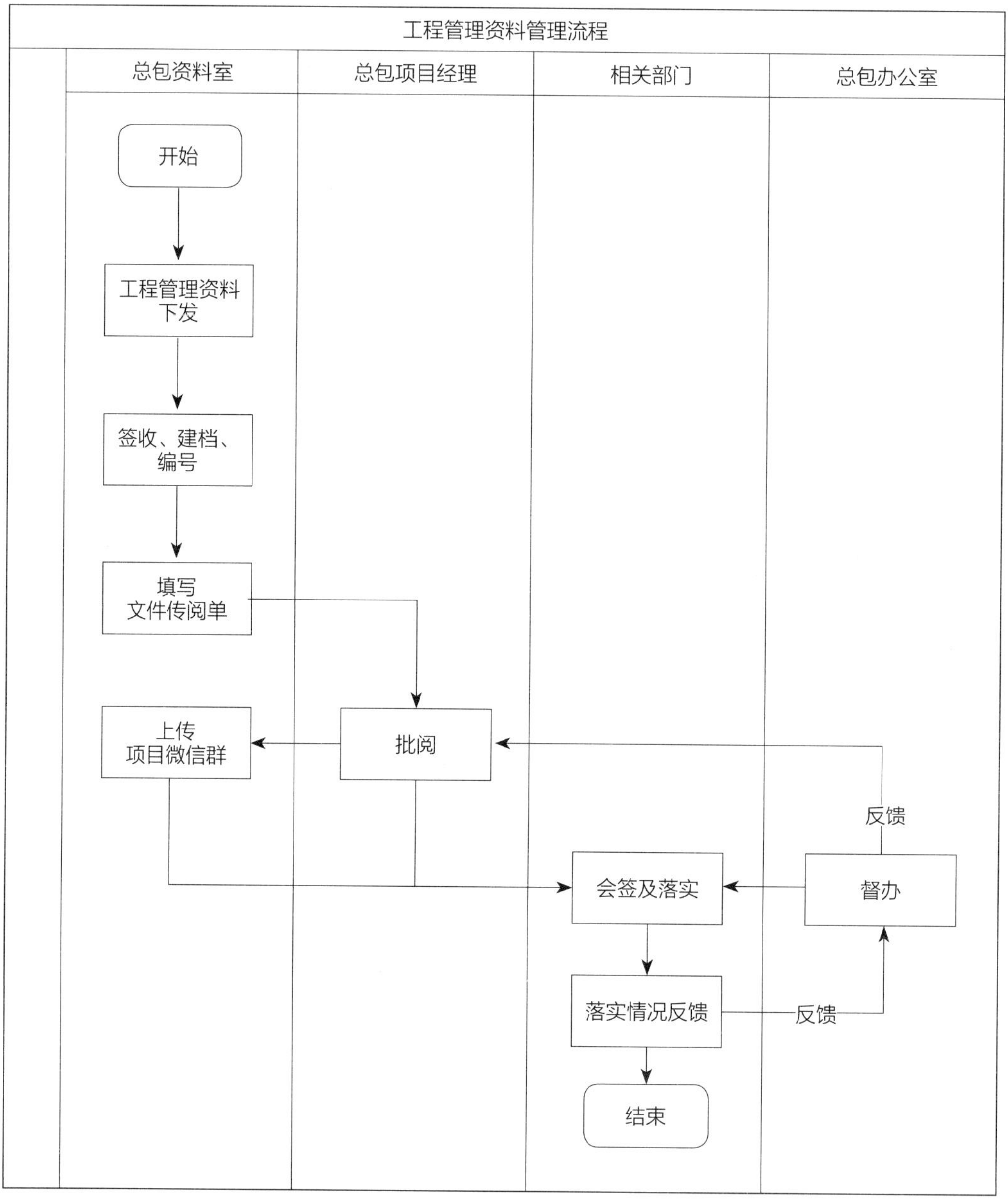

图9-1　工程管理资料管理流程

9.2.2　工程往来资料管理流程

接收项目外部的工程管理资料由总包资料室统一接收、编号、下发，由总包项目经理批阅后，各系统部门负责人会签并落实文件要求。其管理流程如图9-2所示。

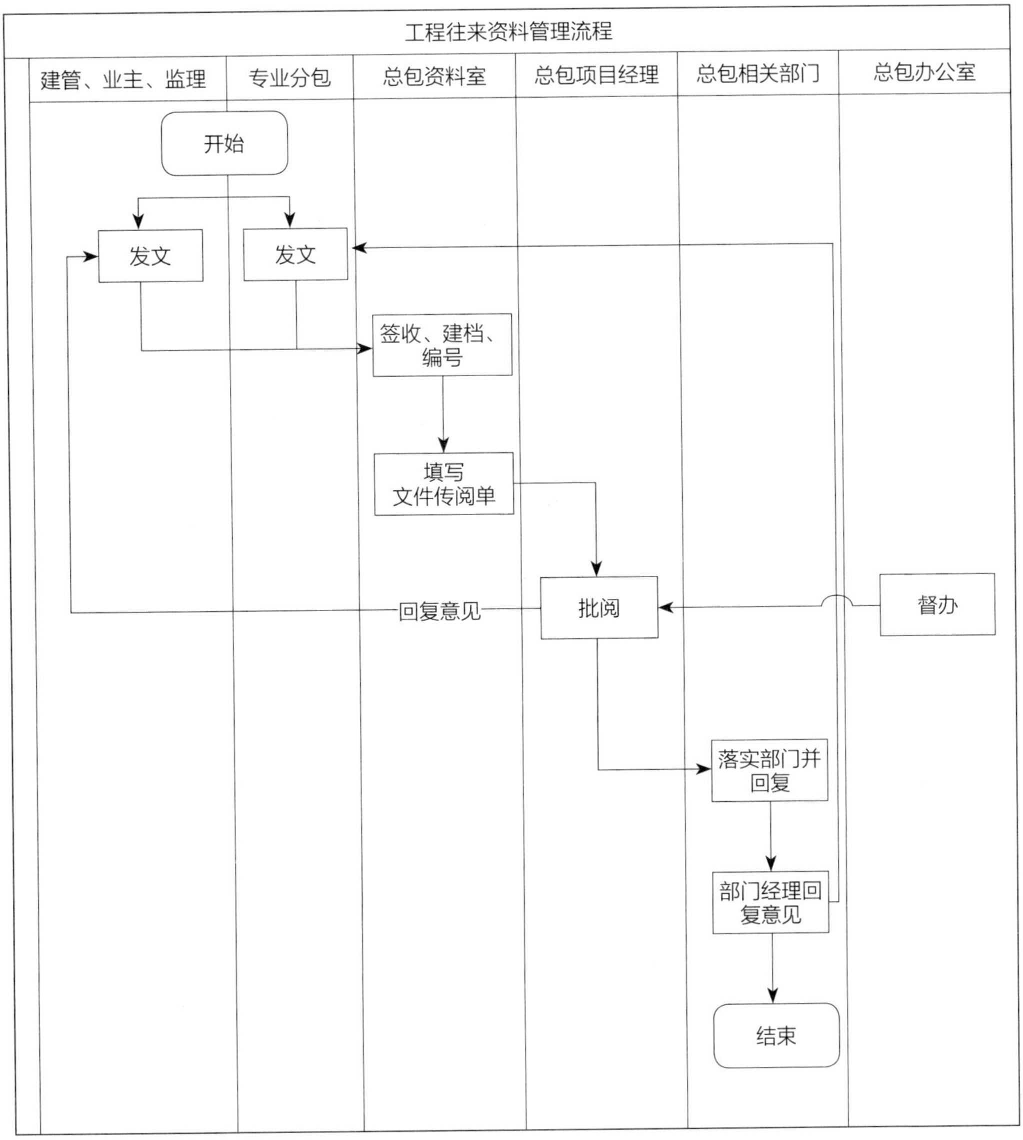

图9-2　工程往来资料管理流程

9.2.3　工程图纸管理流程

详见4.1.2图纸管理流程。

9.2.4　工程施工组织设计及方案管理流程

详见4.2.2施工方案管理流程。

9.2.5 工程技术资料管理流程

专业工程技术资料由各分包编写，报总包资料室统一签收，并负责完善签章手续。报总包质量部、工程技术部审批后报监理及建设单位。其管理流程如图9-3所示。

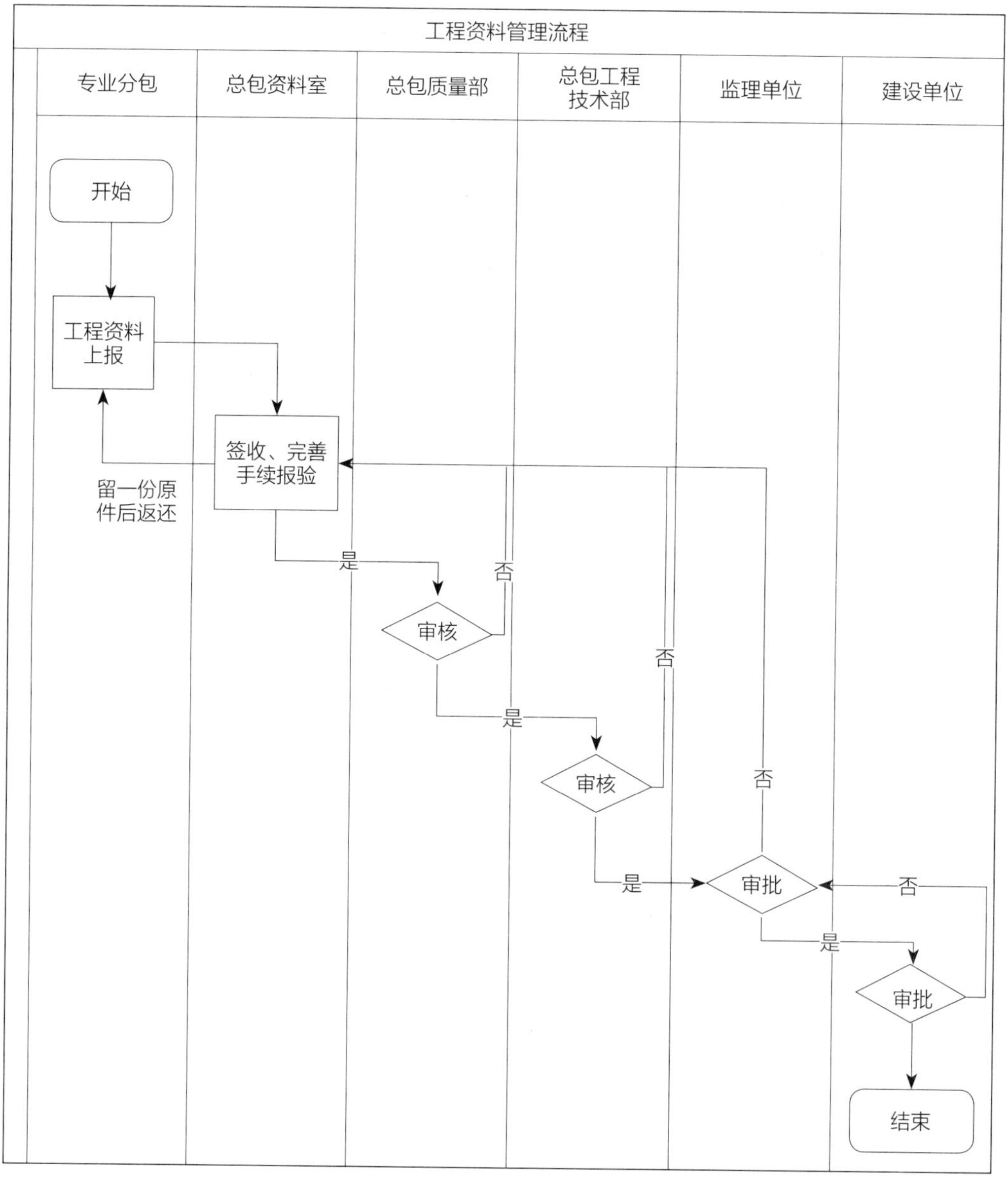

图9-3 工程技术资料管理流程

9.3 文档资料管理要求

1. 总包资料室负责的是工程管理资料、往来函件、图纸管理、施工组织设计及方案、工程资料的管理，非以上资料不能进入资料室，其他安全管理、现场管理、入场管理等资料根据进场须知与相应部门对接。

2. 资料室是项目部的重要场所之一，为了保证资料的安全性，各专业分包非指定人员不能进入资料室，项目部所有人员需要借阅资料，必须登记并限定归还时间，须经分管资料的总包副总工同意。

3. 总包资料室负责工程资料的及时性、完整性和有效性，每周由总包副总工牵头组织业主、监理和各专业单位审核所有资料的符合性，对未与工程同步的资料落实责任人并进行罚款，连续两周不能同步的资料由各专业分包项目经理亲自带队整改，按照工程节点滞后发黄牌警告处理。

4. 各专业分包资料必须经总包审核后才能上报监理和业主单位，工程往来函件须经总包相应项目领导班子审核后报总包项目经理处理，施工组织设计及方案（电子版）须提前3天报总包工程技术部审核后才能组织监理、业主单位会审，工程资料须报总包专业工程师审核后才能上报。

5. 各专业分包资料在业主、监理签章手续完善后，必须在总包资料室留底一份原件，该份原件不作为日常检查资料，由总包统一保管，作为创优备案资料。各专业分包资料员每两周整理与工程同步，未经总包项目经理同意，该部分资料不允许外借。

6. 资料填写的表格必须采用统表和指定资料软件，如统表内没有相应验收表格，应把表格形式提交总包工程技术部组织业主、监理会审验收流程、验收内容和验收标准，报市质监站同意后实施。

7. 各专业分包报指定资料签收人，经总包单位审核资格验证合格后，方可发文和接收总包单位文件，不具备收发文资格的，总包概不接待。未指定资料签收人的单位，总包默认为专业分包项目经理和项目技术负责人，除此两人外，其他人总包概不接待。

8. 根据工程进度，总包将组织各分部、分项工程验收，各专业分包单位应全力配合做好验收工作。竣工预验收前，各专业分包单位必须按规定做好验收资料准备，不允许有滞后现象，特别是功能性验收资料。在总包单位的带领下，根据合同配合业主完成竣工备案工作。

附表 9-1

<table>
<tr><td rowspan="3"></td><td colspan="3">× × 公司　管理表格</td></tr>
<tr><td colspan="2" rowspan="2">文件传阅单</td><td>表格编号</td></tr>
<tr><td></td></tr>
<tr><td colspan="2">收文日期：</td><td>来文单位：</td><td>文件编号：</td></tr>
<tr><td colspan="4">文件名称：</td></tr>
<tr><td colspan="4">事　　由：</td></tr>
<tr><td colspan="4">办公室（部门）拟办意见：</td></tr>
<tr><td colspan="4">主要领导意见：
□已阅　□结果反馈
□科技与设计部传阅　□商务管理部传阅　□工程管理部传阅
□安全生产管理部传阅　□物资设备部传阅　□项目各部门传阅
□办公室传阅　□党工团传阅
□其他
签字：</td></tr>
<tr><td colspan="4">处理结果：</td></tr>
</table>

注：文件处理单，阅办后交办公室留存。

附表 9-2

<table>
<tr><td rowspan="3"></td><td colspan="3">× ×公司　管理表格</td></tr>
<tr><td colspan="2" rowspan="2">施工组织设计报审表</td><td>表格编号</td></tr>
<tr><td></td></tr>
<tr><td>工程名称</td><td></td><td>报审表编号（审批部门填）</td><td></td></tr>
<tr><td>文件编号</td><td></td><td>方案名称</td><td></td></tr>
<tr><td>编制人员</td><td colspan="3"></td></tr>
<tr><td colspan="4">分包单位审核意见：

签字：　　　　　　　　年　　月　　日</td></tr>
<tr><td colspan="4">总包单位审核意见：

签字：　　　　　　　　年　　月　　日</td></tr>
</table>

施工组织设计 /（专项）施工方案报审表　　附表 9-3

工程名称：　　　　　　　　　　　　编号：

致：________________(项目监理机构) 我方已完成__________工程施工组织设计/（专项）施工方案的编制和审批，请予以审查。 附件：1. 施工组织设计 2. 专项施工方案 3. 施工方案 施工项目经理部（盖章） 项目经理（签字） 日　期　年　月　日
审查意见： 专业监理工程师（签字） 日　期　年　月　日
审核意见： 项目监理机构（盖章） 总监理工程师（签字、加盖执业印章） 日　期　年　月　日
审批意见： 建设单位（盖章） 建设单位代表（签字） 年　月　日

注：本表一式三份，项目监理机构、建设单位、施工单位各一份。

分包单位资格报审表　　　　附表 9-4

工程名称：　　　　　　　　　　　　编号：

致：________________(项目监理机构)

经考察，我方认为拟选择的________________（分包单位）具有承担下列工程的施工或安装资质和能力，可以保证本工程按施工合同第________条款的约定进行施工或安装。请予以审查。

分包工程名称（部位）	分包工程量	分包工程合同额
合　计		

附件：1. 分包单位资质材料
2. 分包单位业绩材料
3. 分包单位专职管理人员和特种作业人员的资格证书
4. 施工单位对分包单位的管理制度

施工项目经理部（盖章）
项目经理（签字）
日　期　　年　　月　　日

审查意见：

专业监理工程师（签字）
日　期　　年　　月　　日

审核意见：

项目监理机构（盖章）
总监理工程师（签字）
日　期　　年　　月　　日

注：本表一式三份，项目监理机构、建设单位、施工单位各一份。

工程材料、构配件、设备报审表　　附表 9-5

工程名称：　　编号：

致：________________________(项目监理机构) 于______年______月______日进场的拟用于工程______________部位的__________，经我方检验合格，现将相关资料报上，请予以审查。 附件：1. 工程材料、构配件或设备清单 2. 质量证明文件 3. 自检结果 施工项目经理部（盖章） 项目经理（签字） 日　期　年　月　日
审查意见： 项目监理机构（盖章） 专业监理工程师（签字） 日　期　年　月　日

注：本表一式二份，项目监理机构、施工单位各一份。

______报审、报验表　　　　附表 9-6

工程名称：　　　　　　　　　　　　编号：

<table>
<tr><td>致：________________(项目监理机构)

我方已完成______新验收部位1______工作，经自检合格，请予以审查或验收。

附件：隐蔽工程质量检验资料
检验批质量检验资料
分项工程质量检验资料
施工试验室证明资料
其他

施工项目经理部（盖章）
项目经理或项目技术负责人（签字）
日　　期　　年　　月　　日</td></tr>
<tr><td>审查或验收意见：

项目监理机构（盖章）
专业监理工程师（签字）
日　　期　　年　　月　　日</td></tr>
</table>

注：本表一式二份，项目监理机构、施工单位各一份。

第3篇

总承包计划协调管理

第十章　计划管理

10.1　计划管理内容

计划主要包含一级总进度控制计划、二级进度计划、衍生计划，具体内容见表10-1。

项目计划管理一览表　　表 10-1

序号	计划类型	编号
1	一级进度计划（总进度计划）	A
2	二级进度计划（专业计划和辅助计划）	B
3	衍生计划	C

一级进度计划为按照合同工期节点由总包编制的项目总进度计划；二级进度计划包括各专业按照总控计划编制的各专业总（年）计划和辅助计划，具体内容见表10-2。

二级进度计划一览表　　表 10-2

序号	计划类型	编号	序号	计划类型	编号
1	钢结构总计划	B1	12	智能化总计划	B12
2	幕墙总计划	B2	13	停车场管理系统总计划	B13
3	机电安装总计划	B3	14	酒店AV系统总计划	B14
4	土建进度总计划	B4	15	电梯安装总计划	B15
5	商业精装修总计划	B5	16	室内外标识总计划	B16
6	酒店精装修总计划	B6	17	擦窗机安装总计划	B17
7	写字楼精装修总计划	B7	18	酒店泳池设备安装总计划	B18
8	地库地面工程总计划	B8	19	防火卷帘总计划	B19
9	护栏总计划	B9	20	防火门总计划	B20
10	室外泛光照明总计划	B10	21	虹吸排水安装总计划	B21
11	室外工程总计划	B11	22	酒店后勤区装修总计划	B22

根据一级总控以及二级进度计划得出衍生计划，衍生计划可分为资源类、实施类及验收类三类计划，具体内容见表10-3。

项目衍生计划一览表　　表 10-3

序号	类别	计划名称	编号	序号	类别	计划名称	编号
1	资源类	项目人员配置计划	C1	14	实施类	安全管理计划	C14
2		工程款收（付）计划	C2	15		劳务进退场计划	C15
3		物资、设备采购计划	C3	16		物资、设备进退场计划	C16
4		资金使用计划	C4	17		项目平面管理计划	C17
5		垂直运输使用计划	C5	18		项目样板实施计划	C18
6		招投标计划	C6	19		项目BIM管理实施计划	C19
7	实施类	项目部实施计划	C7	20		项目环境管理计划	C20
8		设计深化管理计划	C8	21		项目绿色施工认证计划	C21
9		方案编制计划	C9	22		项目科技实施计划	C22
10		成本控制计划	C10	23	验收类	分部分项验收计划	C23
11		质量实施计划	C11	24		专项验收计划	C24
12		项目创优计划	C12	25		调试计划	C25
13		项目部实施计划	C13	26		竣工验收计划	C26

10.2　计划管理流程

10.2.1　计划编制审批流程

1. 一级进度计划编制审批流程

一级总体控制计划表述工程整体工期目标，形成项目总控计划由总承包单位项目经理组织编制，提供给业主和监理审核审批，同时按照要求报备二级单位工程部。总控计划在开工前需按管理要求生成网络计划图，明确各专业完成控制时间、里程碑事件进而确定关键线路，施工过程中以总进度计划作为控制基准线，各部门均要以此进度计划为主线，编制关于实施项目综合进度计划的各项管理计划，并在施工过程中进行监控和动态管理，总计划的编制审批流程如图10-1所示。

2. 二级进度计划编制审批流程

各专业分包在接到经业主监理审批后的总进度计划后三个工作日内编制本专业的总（年）进度计划并按照要求上报总包对应专业工程师，按照流程进行审批，审批流程如图10-2所示。

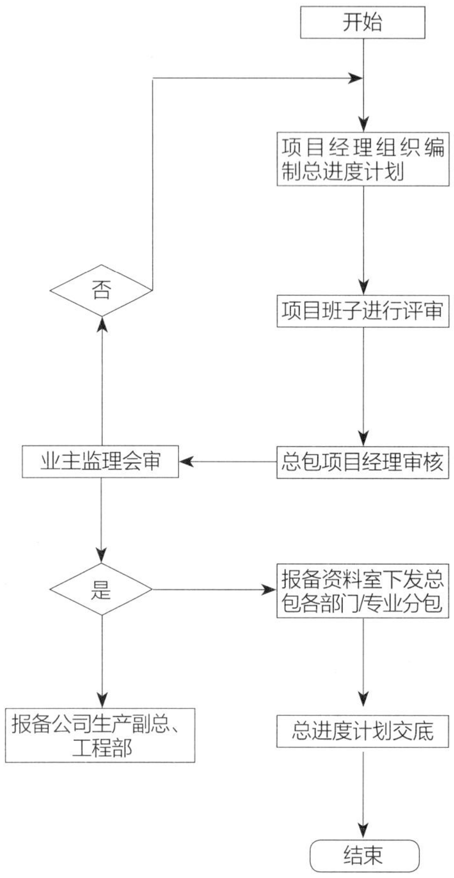

图10-1　一级进度计划编制审批流程

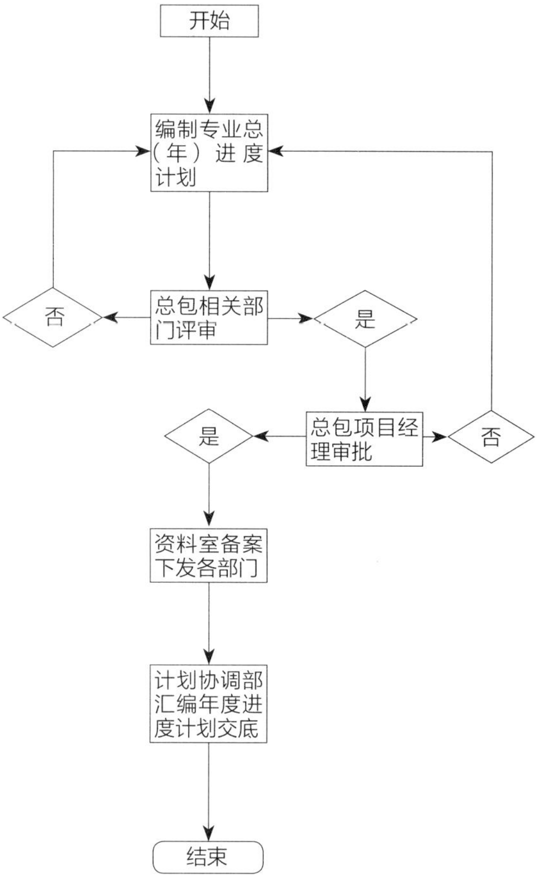

图10-2　二级进度计划编制审批流程图

3. 辅助进度计划编制审批流程

辅助进度计划主要包括月进度计划和周进度计划，由总包计划协调部组织进行辅助计划的总结协调，月进度计划在每个月的28日月进度报告（具体详见10.3 计划管理要求）下发后各专业根据报告情况进行汇编；周进度计划为每周计划协调会后进行汇编，按照编制审批流程执行，周进度计划不用经监理业主审批，辅助进度计划编制审批流程如图10-3所示。

4. 衍生计划的编制审批流程

衍生计划由各专业分包根据总进度计划进行，按照分类编制各专业衍生进度计划，衍生计划只进行各类计划的总计划编制和月计划编制，由总包专业工程师进行审核，并报备计划协调部进行备案管理，经总包项目经理审批下发各部门执行。衍生计划的月进度编制以及考核同辅助计划（月计划）。

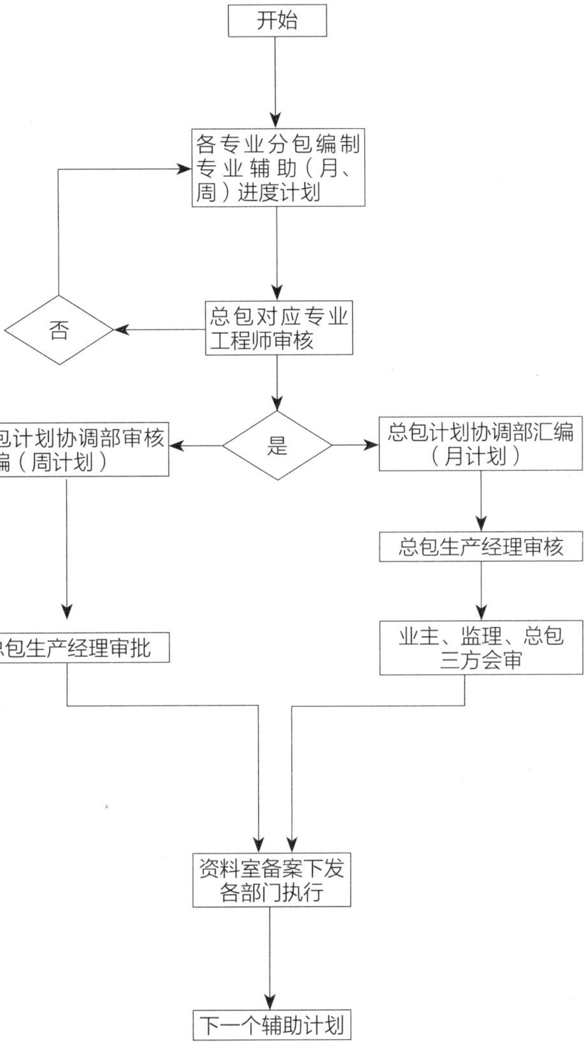

图10-3　辅助进度计划编制审批流程

10.2.2　计划考核管理流程

计划考核主要是对进度计划中的辅助计划进行考核，在计划的实施过程中由总包计划协调部通过每天对现场的巡查、监控、预警（如发工期预警函），通过BIM4D工期对计划进度与实际进度进行比对，并在每周协调会、月进度例会进行综合分析、调整；每周一进行计划协调分析会、每个月的25日进行月进度分析会，及时修正现场施工进度，对影响施工的问题及时进行汇总，并形成月进度报告，分析工期损失形成工期损失台账，必要时形成索赔文件，计划考核流程如图10-4所示。

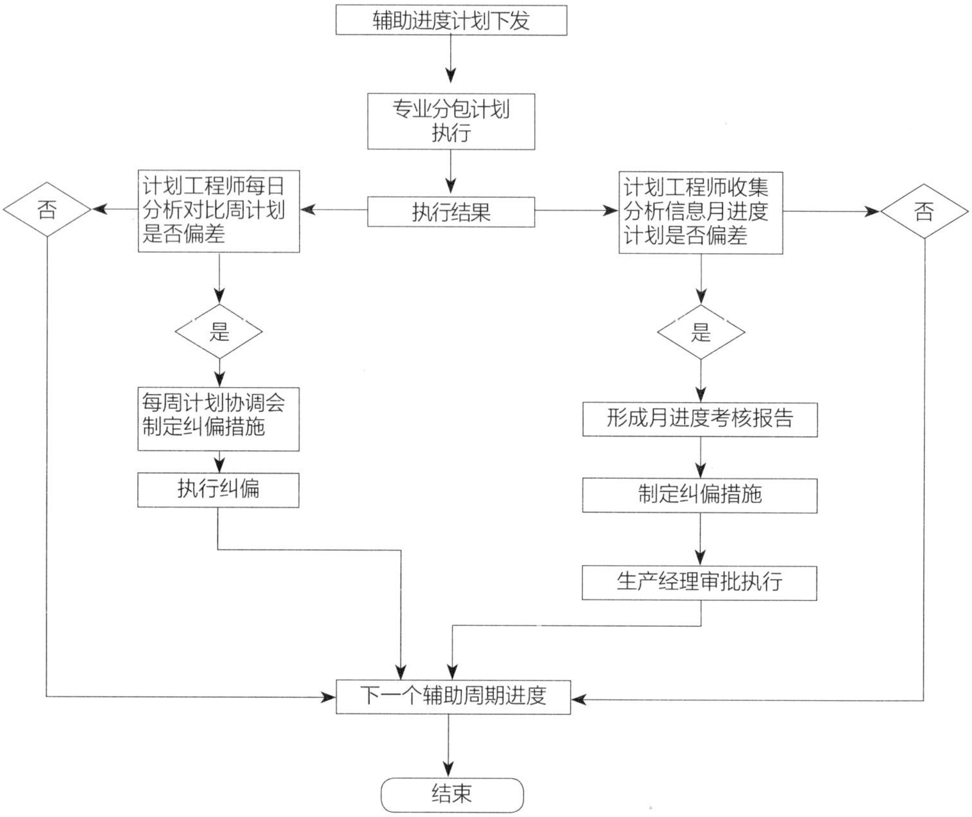

图10-4 计划考核流程

10.3 计划管理要求

10.3.1 计划编制要求

为了统一管理，一级进度计划、二级进度计划、衍生计划、辅助计划（月进度计划）均统一使用PROJECT进行编排，辅助计划（周进度计划）以电子表格的形式编排。计划的目的在于推进工程建设，推动相关工程建设所有单位为实现计划创造条件，编制原则：

（1）各级计划内容以及时间节点应符合合同约定。

（2）各级计划编制应涵盖各分部分项工程并符合逻辑、工序衔接关系。

（3）各级计划中应明确需建设方实现的深化设计、专业分包合同签订以及进场、材料设备等资源准备的起始时间。

（4）各专业分包以工期计划为主线，依据总进度计划为主线依次编制二级、辅助、衍生计划要求编制相应工作计划并实施。

（5）周计划必须包含计划内容、开始结束时间、投入资源（机械设备/人力资源）、计划执行的责任班组、责任人、必要的备注等。

总进度计划由总包编制审核下发以外，各专业的总进度计划、专业年度计划、辅助计划均由各专业分包根据总计划进行编排，由总包计划协调部进行汇编，计划包含准备计划、实体计划、验收计划三部分。

总包进场16个工作日内编制完成总进度计划，总进度计划在建设单位审批后7个工作日内下达各专业分包，对于后续进场的专业分包，在进场7个工作日内由总包下达并由对应总包专业工程师组织进行交底；总进度计划包含外部环境需求（如设计图纸、手续等）、重要节点、里程碑事件、关键线路确定、各专业起始控制节点。

在总进度计划由资料室备案后以收发文件形式下达后，各专业分包在7个工作日内完成专业的总进度计划，并报总包进行审核。由总包计划协调部组织各专业工程师于7个工作日内审核后汇编专业细化总进度计划，审批后备案资料室以收发文形式下达各专业分包。

二级进度计划于每年12月25日各专业分包根据各专业总进度计划进行编排上报总包审核，计划协调部汇编后以每年初下达各单位。

月计划在每月月度进度计划协调会后对月度计划进行纠偏，两个工作日内各专业分包上报专业分包月进度计划，由总包审核汇编后下发执行。周进度计划为每周进度计划协调会后对计划进行纠偏，当日内各专业分包上报专业分包周进度计划，由总包审核汇编后于次日下发执行。

计划的编制、审核、执行时间具有严肃性，各家分包必须按照时间点提交。

10.3.2　计划考核要求

1. 辅助计划（周进度计划）考核要求

（1）建立每日巡查制度，巡查包括每日上午由总包计划协调部计划工程师组织各分包对当日工作面进行巡查，巡查内容包括当日计划的内容、投入资源、劳动力是否和计划一致，并形成会签记录由施工内容责任人签字确认，及时发现存在问题（劳动力是否满足等）立即对分包进项督促。每日17时，各专业分包以微信图文的形式向总包专业工程师汇报当日施工完成情况，并同计划工程师分析该日进度是否受控，发出加班要求等措施并形成每日进度综合报告。

（2）建立每周计划协调会制度，每周一上午由总包计划协调部召开进度协调例会，由各分包单位汇报现场施工进度情况和存在的问题以及下一步的工作安排。进度例会的内容包括：现场施工的情况与施工计划进行对比，进行点评，并布置下阶段工作；对完成的进度进行检查，对开始情况、完成情况进行分析，提出纠偏措施；及时解决生产协调中的问题，及时解决影响进度的重大问题；掌握关键线路上的施工项目的资源配置情况，对于非关键线路上的施工项目分析其进度的合理性，避免非关键线路因延误变为关键线路，对于每周进度非客观原因计划完成率低于80%的专业分包进行经济处罚。进度例会应形成会议纪要，纪要包含上周完成情况、存在问题的解决措施（形成补救计划）、本周计划安排部署、蓝色预警通报。

（3）根据周进度考核按照情况进行预警下达预警通知书。

2. 辅助计划（月进度计划）考核要求

建立每月计划协调例会制度，月进度计划分析会各专业分包以月报的形式于每月23日下班前提交总包协调部汇报该月进度情况并上交下月进度计划，由总包协调部组织专业工程师进行月进度初步评审，通过4D工期进度模拟对比本月进度形象，得出各个专业该月工程进展的情况分析形成月进度报表。总包协调部于每月25日组织开展月进度协调例会，会上对各个专业的月进度进行通报、进度延误的专业采取的措施、下个月工作计划的部署，具体如下：

1）本月完成实物工程量及形象进度说明。

2）相应于计划的实物工程量完成比例。

3）各分包商劳动力投入情况。

4）材料、设备供应情况。

5）合同工期执行情况存在问题及处理措施（提醒、要求）。

6）本月红黄牌通报。

6）下月计划安排。

7）反映工程主要形象进度的工程照片。

8）月进度计划的工期延误采取措施按照相应的工期计划红黄牌制度执行。

9）由于业主、监理设计外部环境等原因造成的工期延误，必须由分包上报计划协调部审核审批以后才能在每周监理例会提出。

3. 二级进度计划考核要求

按照总包管理手册其他章节管理要求进行年终总结。

第十一章　公共资源管理

11.1　管理内容

项目公共资源主要内容见表11-1。

项目公共资源主要内容　　表 11-1

序号	类型	编号	序号	类型	编号
1	临时用水	A	5	场内道路/通道	E
2	临时用电	B	6	场外道路	F
3	塔吊	C	7	施工电梯	G
4	提前正式电梯	D			

公共资源管理的内容主要包括：

（1）公共资源的申请使用（分成垂直运输与道路、临时水电资源）；

（2）公共资源投入使用、过程维修保养；

（3）公共资源的使用考核管理、过程调整。

11.2　管理流程

1. 公共资源使用申请

由分包单位提交公共资源使用申请表，报总包专业工程师审核，总包计划协调部根据申请和现场情况统一安排和协调，编制当然排班表，在报总包生产经理审批，然后下发通知各分包单位及公共资料管理负责人实施。公共资源使用申请流程如图11-1所示。

2. 公共资源的投入使用、过程保养维修

项目公共资源由总包统一投入，验收合格后交付使用。过程中的保养维护也是确保资源正常使用的重要环节。其管理流程如图11-2所示。

3. 临时水电管理

项目临时水电由总包统一规划实施，临时用电布置到二级配电箱、三级配电箱及开关箱等由分包自行负责。临时用水铺设完主管路，支管及末端水管由分包自行负责。分包接驳须经过总包审批方可实施。临时水电的管理流程如图11-3所示。

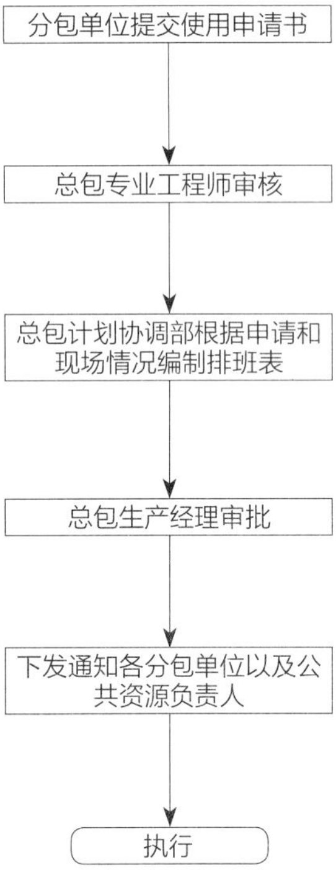

图11-1　公共资源申请使用流程图

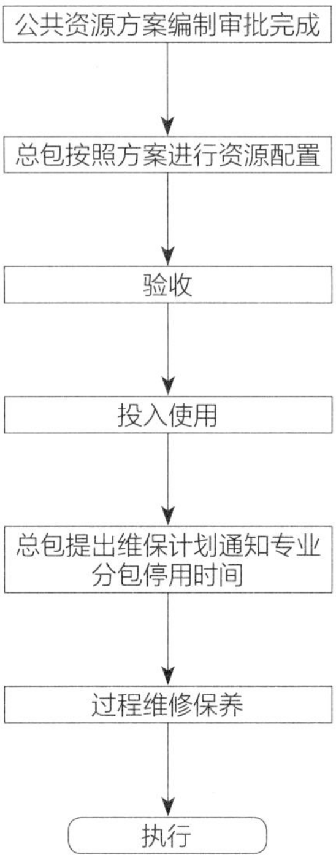

图11-2　公共资源的投入使用、过程保养维修流程

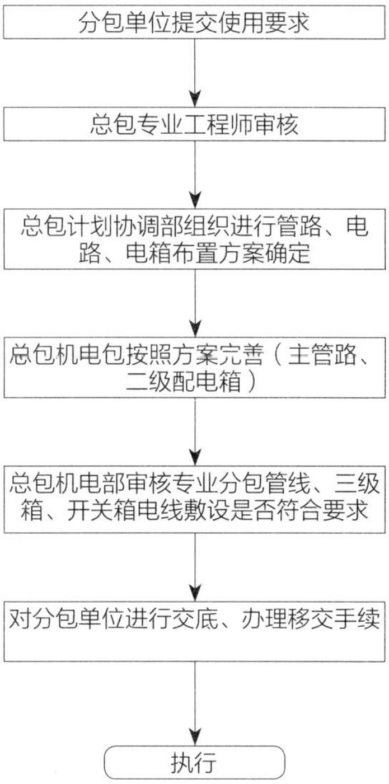

图11-3　临时水、电使用管理流程

4. 公共资源的使用调整和考核

公共资源为项目的投入性资源，合理的利用有利于工程进度的开展和成本的把控，无效的资源占用将造成连锁的反应导致资源浪费，因此有必要对使用公共资源的分包单位进行考核和监督。

11.3　管理要求

1. 公共资源的使用必须向总包提交使用计划，临水临电的使用需提前一周向总包计划管理部提交，由总包协调部和机电部对计划进行审核，办理移交手续移交后使用，具体安装总承包临水临电管理制度执行。

2. 塔吊、施工电梯、正式梯提前用的使用需提前一天提交申请使用（附表11-1），以总包批复排班表为最终使用依据，总包安排专人进行协调，具体安装总承包公共资源管理制度执行（附表11-2）。

3. 对于垂直运输资源，分包单位按照审批排班表严格执行，并做好使用前的相关准备工作，对于在申请使用时间内有超过30min以上的无效利用，总包协调部将进行相关处罚；对于过程中不可预见的急需使用的资源，总包现场工程师报备计划协调部公共资源管理协调人进行协调，并对涉及影响到的分包单位在第一时间进行解释和沟通、协调，并将情况说明在微信协调群进行通报。

4. 公共资源的完善原则上由总包完成，但过程中涉及使用损坏以及未在规定内的辅助材料由专业分包负责。

5. 分包使用临时水、电遵循总包机电管理的相关巡查、整改制度要求。

塔吊、施工电梯使用申请表　　附表 11-1

××项目 塔吊、施工电梯使用申请表						
日期：						
申请单位						
1	申请事由		申请使用设备型号		申请使用时间	
2	申请事由		申请使用设备型号		申请使用时间	
3	申请事由		申请使用设备型号		申请使用时间	
4	申请事由		申请使用设备型号		申请使用时间	
5	申请事由		申请使用设备型号		申请使用时间	
6	申请事由		申请使用设备型号		申请使用时间	
7	申请事由		申请使用设备型号		申请使用时间	
8	申请事由		申请使用设备型号		申请使用时间	
9	申请事由		申请使用设备型号		申请使用时间	
10	申请事由		申请使用设备型号		申请使用时间	
申请单位						
专业工程师						
计划协调部专业工程师						

注：各单位于每日12：00前交付计划协调部申请时间段为该日的18：00~次日18：00，申请批复时间以总包审批排班表为准，请各专业严格审核各分包申请时间，以达到塔吊使用率最大化，避免不必要的浪费，对不按总承包总平管理制度执行的，按《安全、环境、文明施工管理制度及奖罚规定》处罚。

施工电梯、塔吊使用排班表　　附表 11-2

××项目 施工电梯、塔吊使用排班表 排班时间段：					
序号	设备型号	使用时间	使用单位	用途	使用负责人
1					
2					
3					
申请单位签字					
计划协调部					
生产经理审批					

注：各单位塔吊使用申请表须经总包生产经理签字后递交总包机电部，实际塔吊使用时间以总包生产经理批复时间为准。各单位申请人于每日下午17：00在计划协调部进行排班碰头会落实排班表，确认后按照签字流程审批，未按时间进行排班总包有权不予排班。

第十二章　总平面及工作面管理

12.1　总平面管理

12.1.1　总平面管理内容

总平包括以下内容，根据不同阶段进一步完善，总平内容见表12-1。

总平面管理内容表　　表 12-1

序号	类型	编号	序号	类型	编号
1	材料堆场	A	5	办公室	E
2	加工场地	B	6	仓库	F
3	临时使用场地	C	7	样板区	G
4	道路、通道	D	8	宿舍	H

总平面管理内容主要包括：

（1）总平面布置编制；

（2）总平面使用申请；

（3）总平面巡检考核；

（4）机械设备、材料进场管理。

12.1.2　总平面管理流程

1. 总平面布置编制流程

由总包技术总工组织编制，总包内部评审后四方会审会签，对分包进行交底，下达专业分包执行，如图12-1所示。

2. 总平面（备用场地、道路、仓库等）使用流程

对于办公室、现场临时仓库、备用场地，分包单位因施工需要的需提交申请进行相关的审批工作后方可使用。场地使用申请表见附表12-1。具体流程如图12-2所示。

3. 总平面巡检考核流程

总平面巡检管理工作按照巡检（总包安全部联合），形成巡检记录，整改复查，奖罚/措施执行，每周形成总平巡检报告。

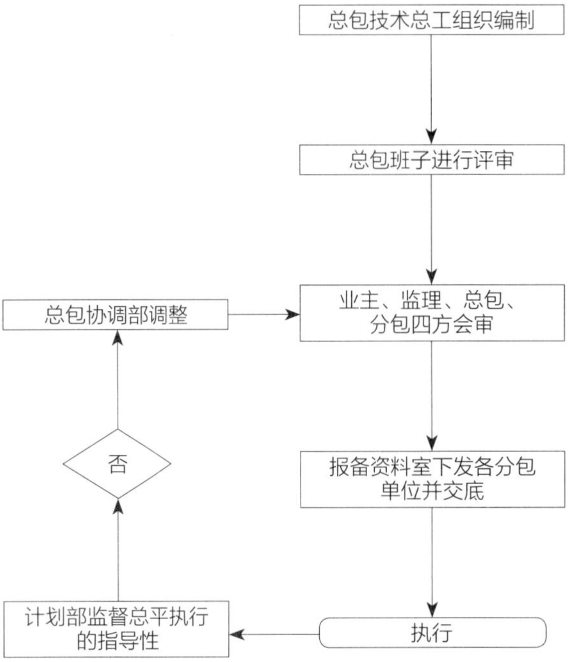

图12-1　总平面布置编制审批流程图

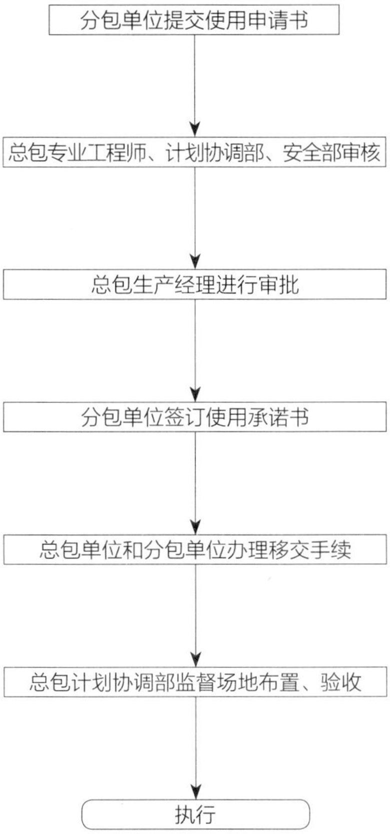

图12-2　备用场地申请使用流程

12.1.3　总平面管理要求

1. 总平面布置的编制应按照三阶段的要求，但不局限于三个阶段，总包应根据各个阶段的实际需求进行不同阶段的细化，并对现场安排有指导性。

2. 总平面设计根据不同施工阶段对现场有限空间进行合理规划，平面布置图应位置、尺寸明确、塔吊覆盖范围起重说明等，现场条件发生变化时应对平面布置图进行调整。

3. 各个专业分包应该严格按照总承包管理制度进行总平面管理。总平面场地布置有交底并向总包签署场地使用承诺书、办理移交完善移交资料、过程管理考核，并形成相应的管理资料。每个周期的考核进行公示并形成总平检查周报在周协调会上进行通报。

4. 新进专业分包进场后1周内进行总平面管理的交底，并按照要求进行移交签署移交单。

5. 总平面管理考核按照总承包总平面管理制度执行，制度包括机械设备、材料进场（大门）管理、场地管理。详见附件一总承包总平面管理制度。

12.2　工作面管理

12.2.1　工作面管理内容

工作面是指工人进行操作时提供的工作空间，工作面大小的确定要掌握一个适度的原则,以最大限度地提高工人工作效率为前提来确定工作面的大小。工作面是施工工序开展的基础条件，由于前后工序穿插、交接的需要，工作面存在移交和接受的过程，甚至存在多次移交、反复移交。工作面移交过程中需要进行质量、安全的检查、成品的保护，如果工作面移交时不进行有效的管理，将造成工作面混乱、安全管理失控、成品质量难以保护、责任划分不清、扯皮严重、导致施工受阻。

总包计划协调部负责工作面的移交管理。

移交单位、接收单位：作业面移交之前的名称主体，发生在移交申请开始。

作业面归属单位：指移交手续完成后，申请移交前的接收单位变成作业面归属单位，简称归属单位。

申请单位：指在楼层作业面已有明确责任主体的归属单位后，因施工需求需要进入该作业面进行次要施工的单位，发生在申请进入归属单位作业面之前，称为申请工作面单位，简称申请单位。

准入单位：指在楼层作业面已有明确责任主体的归属单位后，因施工需求需要进入该作业面进行次要施工的单位，发生在完成相关申请手续后的施工单位，称为准入工作面单位，简称准入单位。

12.2.2　工作面管理流程

1. 工作面移交流程

工作面移交发起人为移交单位，在自检合格后，移交单位通知对应总包专业工程师通知各方到作业面进行移交。移交参与方包含接收方、移交方、监理、总包分管移交单位专业工程师、总包分管接收单位专业工程师、总包安全部、总包质量部。按照移交单（附表12-3）办理移交手续。移交单确认签字后，移交方拍照公布于作业面移交微信群。同时将移交单贴在楼层工作面状态图牌上，并由总包分管接收单位的专业工程师将楼层状态图牌信息填写清楚，拍照公示于楼层作业面移交微信群。

2. 其他单位进入工作面申请流程

其他分包进入该作业面施工，准入需向作业面负责单位申请，填写作业面施工准入申请书（附表12-2），为确保效率，缩短流程申请单位和作业面负责单位可线下沟通申请，由作业面负责单位在计划协调微信群作为信息平台公布申请结果，申请表在需入方进入作业面时办理完成并拍照上传工作面微信群公示、同时施工期间张贴在作业层楼层状态图牌处后准入施工；施工完成后，申请单位向作业面归属单位申请完工验收，并在申请单上签字确认形成闭合，申请单位退出作业面。

12.2.3 工作面管理要求

1. 作业面移交签署移交单后接收方成为作业面归属单位（后简称归属单位），移交单一式四份——移交单位、接收单位、移交单位对应总包专业工程师、总包计划协调部各执一份。归属单位享有该作业面施工使用权、管理权利，其他分包进入该作业面施工，准入需向作业面负责单位申请，填写作业面施工准入申请书，按照流程办理。移交单一式三份——归属单位、申请单位、总包计划协调部。

2. 作业面移交单的标准为针对质量、安全的大标准原则，具体移交时各专业可补充增加具体标准条款在移交单补充说明处填写。

3. 作业面归属单位，对该作业面安全文明施工负主要责任，需（准）入单位向归属单位负责；为总包、监理、业主巡检该作业面的安全文明施工整改责任主体。存在整改、处罚行为的，归属单位落实监督，因归属单位责任的由归属单位负责承担，非归属单位责任的归属单位需向总包举证进入作业面施工违规单位证据（如图片影响资料等）。

4. 总包对作业面有移交监督权力、归属单位投诉处理权力，总包单位对应的总包专业、安全、质量工程师对归属单位、（需）准入单位有管理的权利，因需（准）入单位在归属单位作业面施工不遵守项目管理规定、违反安全管理行为、违反移交管理制度（本制度第四节）要求等情况，归属单位有权向对应的总包专业工程师举报，总包专业工程师按照制度要求做出处理、公示。

5. 作业面移交办理、准入申请各步骤要求见表12-2。

作业面移交办理、准入申请各步骤要求　　表 12-2

类别	步骤	责任人	条件	要求	监督人
作业面移交	移交发起	移交单位	对照移交标准作业面自检合格	发移交通知至微信群，各方确保接收到信息	移交单位对应总包专业工程
	现场移交	移交单位	移交各方人员到位	移交单确认签字（一式四份）2h内发到各执方，原件计划协调部存档	移交单位对应总包专业工程
				移交单确认签字确认后2h内移交方将移交单扫描件发至微信群公布	移交单位对应总包专业工程
				移交单确认签字确认后2h内移交方对应总包专业工程师拍照移交当时作业面影像资料建立电子文档并报备计划协调部存档，协调部建立电子档案、移交台账更新	总包协调部
	移交使用	归属单位	移交手续齐全	移交单签署12h内更新作业面状态图图形颜色（协调部每日更新检查）	归属单位对应总包专业工程、总包协调部
				移交单签署12h内张贴楼层作业面状态图牌并拍照公示微信群	归属单位对应总包专业工程师、总包协调部
作业面准入申请	申请发起	申请单位	具备工作面条件	填写作业面准入施工申请单发至微信群发起申请通知（可在微信群发起申请，并@归属单位、对应总包专业工程师、总包计划协调部）	归属单位、需入申请单位总包专业工程师
	申请审批	申请单位	现场确认可以进入施工	作业面准入申请单签字确认12h内发至微信群，一式三份报备总包计划协调部	归属单位、需入申请单位总包专业工程师
				申请表批准单签字后12h内张贴在楼层作业面状态图牌处并拍照公示于微信群	归属单位、需入申请单位总包专业工程师
	申请闭合	准入单位	准入单位施工完毕并报归属单位检验合格	归属单位、准入单位签署申请单闭合栏12h内，将申请单从楼层作业状态图牌拆除并公示微信群，需入、准入流程完毕	归属单位、需入申请单位总包专业工程师

注：（1）图片需带日期时间水印；（2）微信群指作业面移交管理微信群。

场地使用申请表　　附表 12-1

× × 项目
分包单位施工场地使用申请表

申请时间：

材料名称	占用时间	材料类型、数量；使用场地位置与面积	机械类型及需使用时间	机具、材料需堆放时间段	备注
分包负责人：	总包专业工程师：			总包计划工程师：	
如涉及占用通道或影响安全设施使用，需先给安全总监审核签字，再交计划部门签字	安全总监意见：				

分包单位施工准入申请表　　附表 12-2

<table>
<tr><td colspan="5">××项目
分包单位施工准入申请表
申请时间：</td></tr>
<tr><td>申请单位</td><td>使用作业面范围</td><td>拟施工时间</td><td>施工作业类型</td><td>备注</td></tr>
<tr><td></td><td></td><td></td><td></td><td></td></tr>
<tr><td colspan="5">详细描述：</td></tr>
<tr><td>批准意见</td><td colspan="4"></td></tr>
<tr><td colspan="2">归属单位：

签字：</td><td colspan="2">申请单位：

签字：</td><td>是否闭合退出：</td></tr>
<tr><td colspan="5">总包单位意见（专业工程师/专业主管、安全部）：</td></tr>
</table>

施工现场工作面移交单　　附表 12-3

<table>
<tr><td colspan="4">× × 项目
施工现场工作面移交单</td></tr>
<tr><td>移交单位名称</td><td></td><td>接收单位名称</td><td></td></tr>
<tr><td>移交部位</td><td colspan="3"></td></tr>
<tr><td colspan="2">移交说明</td><td colspan="2">存在问题描述</td></tr>
<tr><td colspan="2">安全文明情况：
1. 移交场地材料清理完成、归堆到位；
2. 移交场地临边防护、洞口防护齐全
质量情况：
1. 移交场地上一道工序完成；
2. 移交场地成品保护措施到位
说明：
场地移交方责任：
1. 负责完成该道工序工完场清；
2. 负责场地安全措施齐全
场地接收方权利、责任：
1. 负责所接收场地的安全文明施工；
2. 其他单位需进入该场地需向场地接收方申请，场地接收方享有该移交部位管理权
补充要求：</td><td colspan="2"></td></tr>
<tr><td colspan="4">备注：
1. 任何单位进行场地移交需向总包对应管理工程师提起申请，总包工程师确定场地具备移交条件后，通知相关方到场见证办理移交；
2. 本移交表一式三份，接收单位、移交单位、总包单位各执一份备忘；
3. 移交手续办理齐全后负责办理移交的总包工程师应第一时间公示至总包计划协调群、微信工作群公示；
4. 总包工程技术部负责每周更新工作面负责单位状态图，于每周一公示至以上工作群</td></tr>
<tr><td>移交结论</td><td colspan="3"></td></tr>
<tr><td>移交单位负责人</td><td></td><td>日期</td><td></td></tr>
<tr><td>接收单位负责人</td><td></td><td>日期</td><td></td></tr>
<tr><td>总包工程技术部</td><td></td><td>日期</td><td></td></tr>
<tr><td>总包质量部</td><td></td><td>日期</td><td></td></tr>
<tr><td>总包安全部</td><td></td><td>日期</td><td></td></tr>
<tr><td>监理工程师</td><td></td><td>日期</td><td></td></tr>
</table>

第十三章　绿色施工及绿色认证管理

13.1　绿色施工管理

13.1.1　绿色施工管理内容

绿色施工管理内容主要包括：绿色施工方案管理、绿色施工实施管理、绿色施工评价管理、绿色施工资料收集管理，见表13-1。

绿色施工管理主要内容　　表 13-1

序号	内容	编号	序号	内容	编号
1	绿色施工方案	A	3	绿色施工评价	C
2	绿色施工实施	B	4	绿色施工资料	D

13.1.2　绿色施工管理流程

1. 绿色施工方案/技术措施审批流程

绿色施工方案包含编制本专业绿色施工方案/技术措施和总包单位绿色施工方案，按照如图13-1所示的流程进行审批编制，若过程中方案有所调整则由总包绿色施工专业工程师发起调整指令，由专业分包进行调整并重新报审。

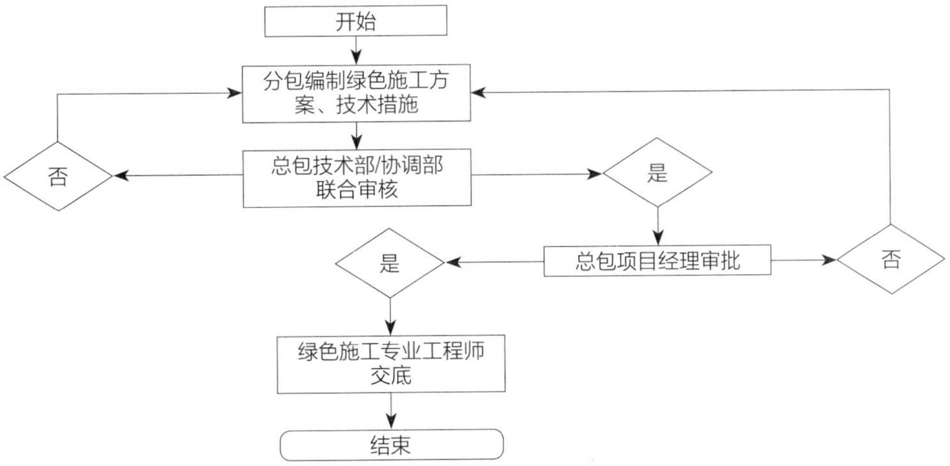

图13-1　绿色施工方案、技术措施审批流程图

2. 绿色施工实施

总包单位绿色施工专业工程师对专业分包以及实施绿色施工技术的专业工程师、班组进行技术交底、各部门分工，并形成该部门负责的该项绿色施工制度，并在现场实施中进行监督指导，已完成的绿色施工技术由总包绿色施工专业工程师组织验收，对于更新类的实施进行督促实施。

3. 绿色施工评价流程

（1）由总包单位或者分包单位组织要素以及批次评价，填写要素评价表、批次评价表，其流程如图13-2所示。

（2）由监理单位发起对绿色施工的阶段评价的项目自查，由总包单位填写，收集分包以及填写阶段评价表，得出评价结果经监理、业主确认签字后收集整理，如图13-3所示。

（3）单位工程评价由建设单位发起，施工单位填写单位工程评价表得出单位工程评价结果，经业主、监理单位签字确认，收集、整理单位工程评价表，如图13-4所示。

（4）绿色施工资料收集流程

分包单位向总包单位提供分包单位实施绿色施工部分的管理资料，绿色施工管理资料由总包绿色施工专业工程师进行统一的收集汇总，分类装订并设立台账。

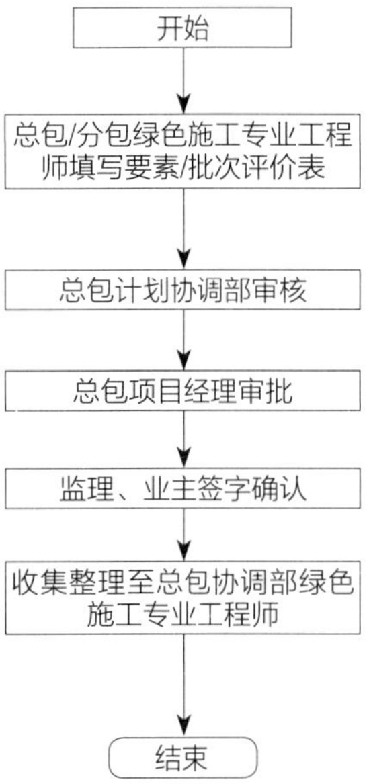

图13-2　绿色施工评价要素、批次评价流程图

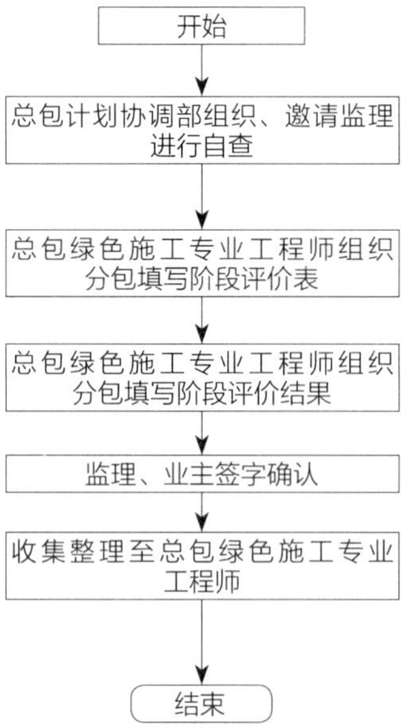

图13-3　绿色施工阶段评价流程图

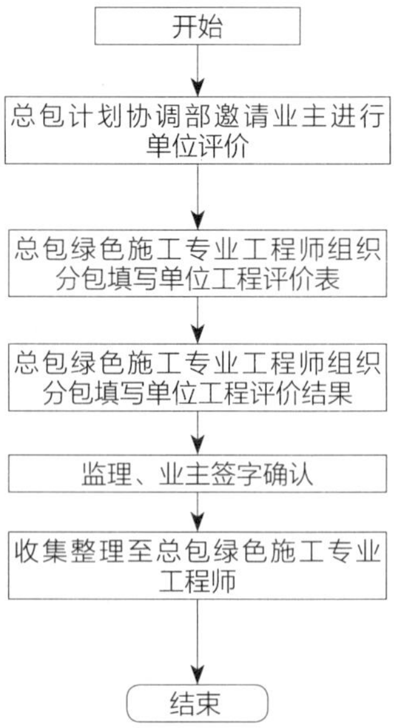

图13-4　绿色施工单位工程评价流程图

13.1.3　绿色施工管理要求

1. 绿色施工管理内容必须包含工程概况、绿色施工目标、组织机构（体系）、实施措施、技术措施（主要指四新）、管理制度（教育培训、检查评估、资源消耗统计制度、奖惩制度、书面记录表格）等。

2. 绿色施工实施过程中由各分包单位做好各项技术措施的综合效益分析并进行效益分析表的填报。绿色施工要素、批次评价每月30日进行一次评价。评价结束后由总包绿色施工专业工程师进行每月批次汇总总结，得出评价结论、整理、归档。

3. 由监理单位组织实施的阶段评价为分部工程验收完成后7个工作日内开始，包括三阶段评价：地基与基础阶段、主体结构阶段、装饰装修和机电安装阶段。

4. 由业主单位组织实施的单位工程为单位工程验收后10个工作日内开始。

5. 绿色施工过程检查每月一次，主要检查评价是否更新、全面，过程管理中分工的各部门的关于绿色施工的制度是否执行并更新记录、资料是否满足要求并形成考核通报。

6. 资料收集包括：技术交底以及实施记录（每个工序交底内容应包含绿色施工内容）、绿色施工要素评价表、绿色施工批次评价表、绿色施工阶段评价汇总表、单位工程绿色施工评价汇总表、反映绿色施工要求的图纸会审记录、单位工程绿色施工总体情况总结、单位工程绿色施工相关法验收和确认表、反映评价要素水平的图片或者影像资料。资料收集由总包绿色施工管理工程师进行一次检查，并得出检查结果、整改措施。

7. 绿色施工评价资料应按照规定进行存档。

8. 所由的评价表编号均应按照时间顺序的流水号排列。

13.2　绿色认证管理

13.2.1　绿色认证管理

项目绿色认证管理目标主要为：

（1）全国建筑业绿色施工示范工程；

（2）美国LEED CS认证；

（3）绿色建筑设计运营星级认证。

管理内容：绿色施工总结、绿色施工创优管理。

13.2.2 绿色认证管理流程

全国建筑业绿色施工示范工程管理流程如图13-5所示。

绿色施工总结管理流程如图13-6所示。

LEED认证由设计院发起LEED认证，和GBCI(绿色建筑认证协会）机构对接，进行认证，总包单位配合进行论证的资料准备和收集工作，认证流程如图13-7所示。

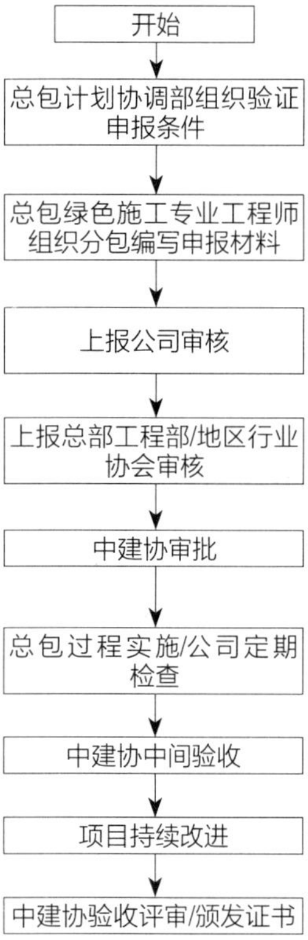

图13-5 全国建筑业绿色施工示范工程申报流程

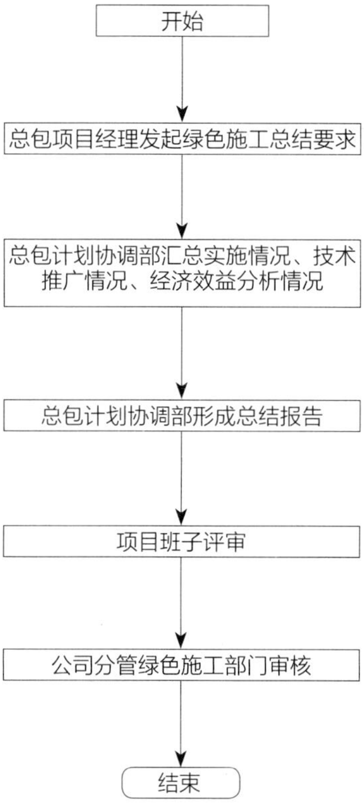

图13-6 绿色施工总结管理流程图

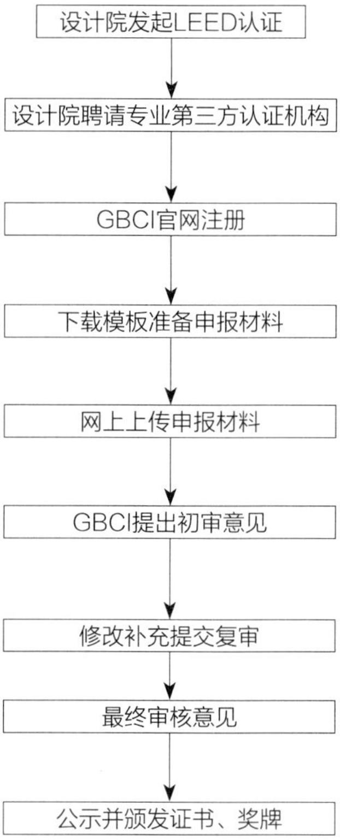

图13-7 LEED认证流程图

13.2.3 绿色认证管理要求

1. LEED认证管理要求

（1）申请LEED认证，项目团队必须填写项目登记表并在GBCI网站上进行注册，然后缴纳注册费，从而获得相关软件工具、勘误表以及其他关键信息。项目注册之后被列入LEED Online的数据库。

（2）申请认证的项目必须完全满足LEED评分标准中规定的前提条件和最低得分。在准备申请文件过程中，根据每个评价指标的要求，项目团队必须收集有关信息并进行计算，分别按照各个指标的要求准备有关资料。

（3）在GBCI的认证系统所确定的最终日期之前，项目团队应将完整的申请文件上传，并交纳相应的认证费用，然后启动审查程序。

（4）根据不同的认证体系和审核路径，申请文件的审核过程也不相同。一般包括文件审查和技术审查。GBCI在收到申请书的一个星期之内会完成对申请书的文件审查，主要是根据检查表中的要求，审查文件是否合格并且完整，如果提交的文件不充分，那么项目组会被告知欠缺哪些资料。文件审查合格后，便可以开始技术审查。GBCI在文件审查通过后的两个星期之内，会向项目团队出具一份LEED初审文件。项目团队有30天的时间对申请书进行修正和补充，并再度提交给GBCI。GBCI在30天内对修正过的申请书进行最终评审，然后向LEED指导委员会建议一个最终分数。指导委员会将在两个星期之内对这个最终得分做出表态(接受或拒绝)，并通知项目团队认证结果。

（5）在接到LEED认证通知后一定时间内，项目团队可以对认证结果有所回应，如无异议，认证过程结束。该项目被列为LEED认证的绿色建筑，USG-BC会向项目组颁发证书和LEED金属牌匾，注明获得的认国际经济合作××年第××期证级别。

2. 绿色示范工程申报管理要求

（1）全国建筑业绿色施工工程的申报条件，以中国建筑业协会当年发出的《关于申报第XX批“全国建筑业绿色施工示范工程”的通知》为准。

（2）申报单位填写《全国建筑业绿色施工示范工程申报表》，连同“绿色施工方案”，一式两份，按照隶属关系由各地区各有关行业协会、中央管理的建筑业企业汇总报中国建筑业协会。

（3）企业自查由中建协发文要求情况进行，内容应包含：方案完善，措施得当，有关数据的采集，主要指标是否落实。分包和总包应及时填写总结和记录绿色施工阶段成果量化数据，按照《全国建筑业绿色施工示范工程验收评价主要指标》的要求，按地基与基础工程、结构工程、装饰装修与机电安装工程进行企业自查评价，并将评价结果列入自查报告。承建单位的主管部门要选派熟悉绿色施工情况的工程技术人员协助自查，并对本单位绿色施工实施情况进行阶段总结。总结报告应凸显“四节一环保”的内容及量化统计数据，由承建单位主管领导签字和盖公章，并按申报时的隶属关系，经各地区、各有关行业协会、中央管理的建筑业企业核实盖章后以书面形式上报中国建筑业协会。

（4）实施过程检查的资料准备：

1）书面资料：以书面图文形式撰写工程绿色施工实施情况。主要内容应包括：组织机构，工程概况，工程进展情况，工程实施要点和难点，按“四节一环保”介绍绿色施工的实施措施，工程主要技术措施，绿色施工数据统计以及与方案目标值比较，绿色施工亮点和特点，企业自查报告，存在问题及改进措施等。

2）影像资料：可采用多媒体或幻灯片的形式，主要用于会议介绍情况时使用。

3）证明资料：包括绿色施工方案，根据绿色施工要求进行的图纸会审和深化设计文件，绿色施工相关管理制度及组织机构等专项责任制度，绿色施工培训制度，绿色施工相关原始耗用台账及统计分析资料，采集和保存的过程管理资料、见证资料、典型图片或影像资料，有关宣传、培训、教育、奖惩记录，企业自评记录，通过绿色施工总结出的技术规范、工艺、工法等成果。

（5）验收评审申请应包含以下资料：

1）《全国建筑业绿色施工示范工程申报表》及立项与开竣工文件。

2）《全国建筑业绿色施工示范工程成果量化统计表》及与绿色施工方案的数据对比分析。

3）相关的施工组织设计和绿色施工方案。

4）绿色施工综合总结报告（扼要叙述绿色施工组织和管理措施，综合分析施工过程中的关键技术、方法、创新点和“四节一环保”的成效以及体会与建议）。

5）工程质量情况（监理、建设单位出具地基与基础和主体结构两个分部工程质量验收的证明）。

6）综合效益情况（有条件的可以由财务部门出具绿色施工产生的直接经济效益和社会效益）。

7）工程项目的概况，绿色施工实施过程采用的新技术、新工艺、新材料、新设备及“四节一环保”创新点等相关内容。

8）相关绿色施工过程的证明资料。

上述文字性的书面资料一式五份并刻光盘一份。

（6）其他不详之处，按照《全国建筑业绿色施工示范工程申报与验收指南》和《全国建筑业绿色施工示范工程实施细则（试行）》建协绿〔2015〕12号、《绿色施工实施指南》要求进行。

第十四章　劳务管理

14.1　劳务管理内容

劳务管理内容主要包括：分包进场管理、现场用工管理、考勤与工资发放管理、工人教育培训管理、门禁与实名制管理、分包商考核与退场管理。见表14-1。

劳务管理内容　　表 14-1

序号	类型	编号	序号	专业	编号
1	分包进场	A	4	工人教育培训	D
2	现场用工	B	5	门禁与实名制	E
3	考勤与工资发放	C	6	分包商考核与退场	F

14.2　劳务管理流程

14.2.1　进场管理流程

分包单位分总包自行施工内容下的劳务公司、专业分包和建设方指定的专业分包，分包单位必须与总包办理进场手续后方可进场进行相关工作的开展与施工，分包单位进场管理流程如图14-1所示。

14.2.2　现场用工管理流程

分包提供工人相关资料（花名册、劳动合同签订情况、身份证、上岗证、特种作业证、体检报告等），培训项目制度等办理三级安全教育，并通过安全部进场考试，由总包计划协调部劳务管理工程师办理门禁卡，下发工人，批准入场。现场用工管理流程如图14-2所示。

14.2.3　考勤与工资发放管理流程

由专业工程师汇报每周劳动力统计，分包单位每周末上报考勤记录表，总包劳务管理工程师导出门禁考勤统计进行三数核准，在每个月25日由分包单位上报工资表至总包劳务管理工程师，由总包劳务管理工程师进行核对并监督下发工资留档资料。

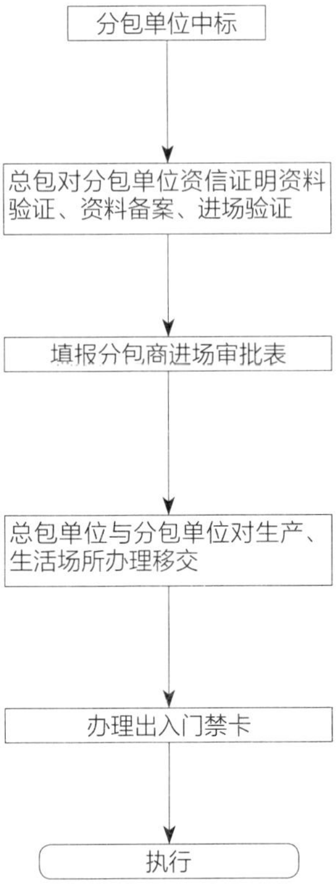

图14-1　分包单位进场流程图

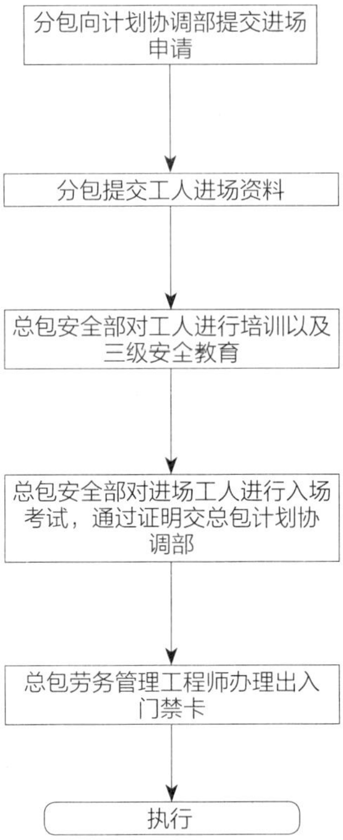

图14-2　现场用工管理流程

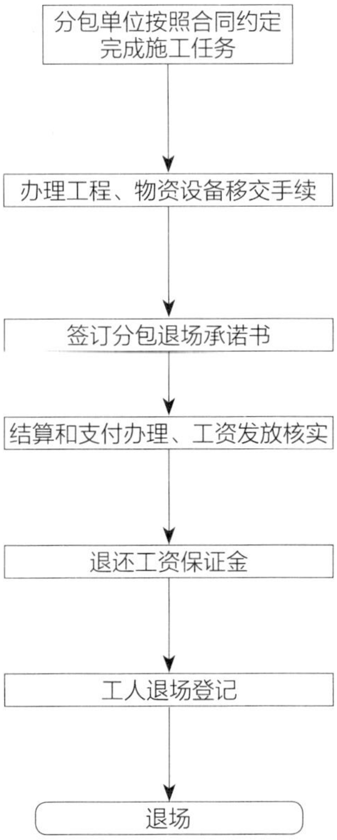

图14-3　分包单位考核与退场管理流程图

14.2.4　门禁与实名制管理流程

门禁与实名制管理与用工管理要求和流程一致。

14.2.5　分包单位考核与退场管理

分包单位考核与退场流程如图14-3所示。

14.2.6　全国建筑工人实名制管理平台应用流程

为强化项目劳务工人信息化管理水平，项目采用较为成熟的全国建筑工人实名制管理平台。全国建筑工人实名制管理平台是以实名制一卡通为核心，由“云、网、端”三部分构成，涵盖承包企业、作业企业、监管机构、建筑工人四个层面，以实现工人职业化、作业现代化、管理标准化、监管数字化、服务社会化为目标，构建和谐生态圈，创新发展建筑劳务产业。其应用流程如图14-4所示。

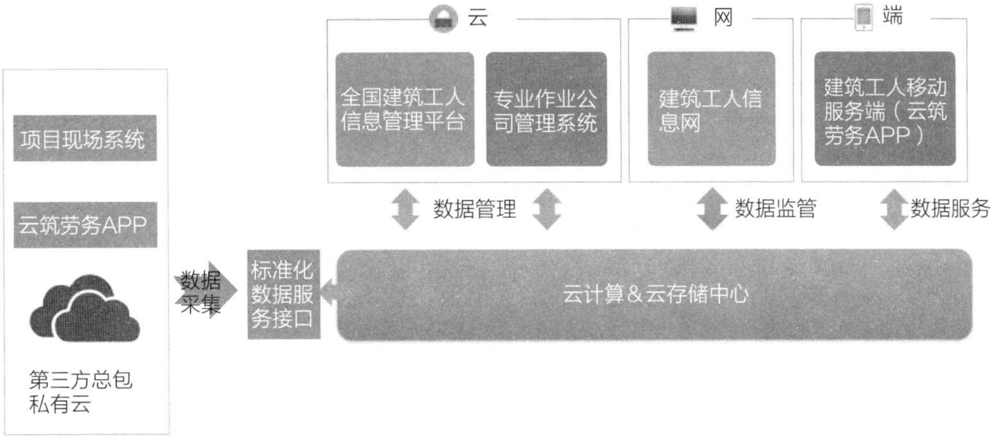

图14-4　全国建筑工人实名制管理平台应用流程

14.3　劳务管理要求

14.3.1　劳务进场管理要求

1. 项目上所有人员都必须打卡出入工地现场，各分包单位、甲指分包必须督促所属施工人员、劳务工人遵照执行；对于未打卡进入工地现场人员（各分包单位管理人员、各分包单位作业人员等），处以罚款。所罚款项从工程进度款中扣除或以现金的形式进行处罚。

2. 分包劳务管理员应如实、准确、规范在有效时间内上报劳务管理资料至总承包劳务管理处，如若逾期未报，经总承包劳务管理工程师多次口头通知催交资料的，分包单位以种种理由推托、敷衍了事的，将下发整改通知单，责限定日期整改，逾期未整改的将进行经济处罚。

3. 总承包项目部按分包合同约定向分包商提和材料堆放加工场所。工程相关部门对分包进场人员、设备、器械进行验证，确定是否符合合同规定，不符合则不给予放行进入生活场所及施工现场。

4. 必须遵守业主、总包单位、监理单位及项目部所制定的各项规章制度。务工人员进入现场后，不得有偷盗、打架、酒后上班、违章作业等行为。如出现此类情况，所造成的后果或罚款由劳务分包企业负责。

14.3.2 现场用工管理要求

1. 现场劳务管理采用全国建筑劳务实名制管理平台。劳务单位提供实名制数据时，必须同时提交所有人工考勤明细，根据系统进行比对工作，要求劳务单位在工资发放时要做到人人签字并提交经主要负责人签字确认后的考勤表；确保所有数据有据可依、有证可查，保证数据的真实、准确和完整。对所有进场工人根据工种进行信息录入开展教育，提高系统资源运行效率，增强工作有效性。通过门卫做好日常监督门禁刷卡系统，并通过人员进出场刷卡记录、工人早班会教育比对，做到随时抽查，确保一致，保证持续性的跟踪，确保实名制工作完全落实，保障建筑人工工资最终全额发放。

2. 因现场施工生产需要增加临时人员的，须报总承包项目部审批，进场前，由分包队伍负责人（或班组）提交分包企业与工人方签订的劳动合同、三级安全教育、身份证复印件，花名册等资料，进场时，由班组负责人携带以上签订好的材料上交到计划协调部，经核实有效后，组织临时工统一进入现场，在保安处登记后方可进场作业，同时未签订以上材料的不予进场。出场时，由相应班组长负责人或者指定代班点好人数后统一组织出场。因现场需要延长临时用工期限的必须报计划协调部备案（临时用工一般不超3日），必要时为其办理门禁卡。若班组负责人及劳务公司未及时给临时工办理进场手续而组织其进场施工的，则造成的一切安全后果由班组长及劳务公司自负。

3. 计划协调部经理分管劳务管理工作，成立“劳务人员工资支付协调处理小组”，监督劳务人员工资支付、处理劳务纠纷及劳务诉讼案件。项目劳务管理工程师监督指导分包企业、甲指分包每月编制劳务人员花名册、出勤表、工资表、工资卡、建立各分包月、季度考核档案工作。劳务管理工程师汇总门禁刷卡记录劳务人员出勤情况、各分包企业报告班组出勤情况，综合形成劳务人员出勤记录，编制现场劳动力情况统计表。项目部对生活区统一规划和管理，为工人提供安全舒适的生活环境。根据局、公司规定制订并落实《工人生活区公寓化管理办法》等各项管理制度。《项目部门禁记录劳务人员出入资料》、《项目部劳务人员出勤记录表》、《现场劳动力情况统计表》等相关资料归档存放工程劳务管理处。

14.3.3　考勤与工资发放管理要求

1. 考勤是发放工资的依据之一，分包单位必须指定专人负责，务工人员的考勤应张贴在保安门禁公示处公开考勤；项目部每月月初公布各分包单位上月考勤情况，由各分包单位派专人递交考勤表，由项目部劳务管理工程师核对考勤。

2. 各作业班组务工人员的考勤，由现场责任人指定或委托班组长负责，务工人员互相监督核对，经责任人审查确认后，原件在次月3日前交分包单位劳务管理工程师留存且报总承包单位公示并供相关部门备查。

3. 务工人员必须严格遵守项目部的劳动纪律，工作时间不迟到、早退，不得无故缺勤。请病假、事假需提前办理请假手续，未经同意擅自休假按旷工处理，连续旷工七天或一年内累计旷工超过十五天的视为自行解除劳动合同处理。

4. 施工现场的务工人员必须按入场的时间，真实姓名按实考勤，不得弄虚作假，故意伪造考勤表，虚报多报人数冒领工资款，经查实严厉处罚。

5. 为了确保务工人员的工资发放，建立职工工资支付保证制度，按工程合同额的比例发放工资。

6. 务工人员的工资发放，要根据出勤及完成的工作量情况，由分包企业、甲指分包负责人负责编制工资发放表并报计划协调部审核。按月支付务工人员的工资，且月工资支付数额不得低于当地的最低工资标准。

7. 工资发放前三天在施工现场公示工资发放表，经确认双方无异议后，将工资发放到每个务工人员，务工人员须持有效证明签名领取，不得代领工资，工资发放时须拍照留存，照片上应附拍照日期。经务工人员签名的工资表，除财务入账外，复制一份公示，并保存两年。

8. 务工人员凭身份证、劳动合同及门禁卡领取工资。未签订劳动合同、门禁处未有刷卡记录和未持有效证件的人员，工资不予发放。

9. 实施劳务作业分包的，由劳务分包企业专（兼）职劳动管理员负责劳务工人员考勤和工资发放表的编制，工资发放表和完成的工作量报公司项目部审核并存档。经核实后支付约定劳务分包工程款，并督促劳务分包单位及时并按规定要求发放务工人员的工资。

14.3.4 门禁与实名制管理要求

1. 各分包单位必须在工人进场前一天向项目劳务管理工程师提供进场人员（包括管理人员在内）资料，办理门禁出入卡。总承包劳务管理工程师将不定期对现场工人进行抽查，在检查中发现有工人已进场，总承包劳务管理处无资料存档，责令无资料人员立即退场。

2. 闸机处由总承包项目24h配置保安人员。保安直接对门禁出入情况负责。如发现有人员不打门禁卡，工人代刷卡进出现场、在门禁处乱钻乱窜不制止、擅自给进出人员刷临时卡、没经项目部领导同意擅自开启门禁应急通道的，项目部有权对保安进行处罚，如再犯则上报项目经理更换保安。

3. 门禁卡由项目部劳务管理工程师统一发放，信息包括工人姓名、工种、身份证号、所属分包单位。分包企业管理人员及工人申请办理，办理时需交纳工本费和押金。

4. 门禁系统为一进一出制，即刷卡进入现场，刷卡出门，持卡人刷卡出入时应避免让他人跟随出入，否则刷卡人须为此引发的安全事故负责。

5. 门禁卡使用者要妥善保管，分包企业管理人员或工人退场，若门禁卡使用情况良好，退还押金，工本费不予退还。

6. 门禁卡如有遗失，应立即向项目部申请挂失；因挂失不及时造成不良后果的，由该持卡人及劳务公司承担相关责任。

7. 门禁卡挂失后，由项目部补发，并同时将原卡注销。补发时将收取门禁卡押金，工本费后，方予以办理补办手续。

8. 鉴于工人流动性较大，同一分包单位，若有人员中途退场、新入场的工人（分包劳务管理员）需持卡到项目劳务管理工程师处修改门禁卡相关信息，杜绝刷卡人与持卡人不符，一经发现，处以罚款。

9. 人员中途离开项目的，必须将门禁卡交回项目部，否则不予办理退场手续。

10. 门禁卡丢失者，办理挂失和注销，押金不予退还。

11. 工程施工完毕退场时交回门禁卡，退卡时退还押金。

12. 当门禁系统发生人为破坏时，破坏人按机器原价赔偿，并对破坏人及所在劳务公司处以门禁系统造价三倍以上的罚款。

13. 上级检查、外来参观人员进入施工现场时，经项目部相关领导批准、门卫登记备案后，可由放行通道通行；原则上本通道禁止刷卡临时务工人员进入。

14. 对拒不刷卡且态度蛮横的人员，项目将给予警告、罚款，情节严重的直至开除出场，永不再允许进入现场施工。

14.3.5　分包单位考核与退场管理要求

1. 符合退场手续

（1）包商完成约定范围内的工作后，可申请或由项目部通知办理退场手续。

（2）分包商违约或履约能力不能满足项目管理要求时，项目部按约定扣除履约保证金或保函，核定分包商按合同应承担的违约索赔，并令分包商中途退场。

（3）因工程停工可与分包商协商退场。

2. 退场签订《分包商退场承诺书》，明确分包工程收尾安排、工程及生活区、生产设施移交时间、方式，以及人员、器械、设备退场的安排，提供无拖欠劳务工人工资承诺书，办理相关退场手续，经项目部审批及验收，退还后方可退场。

第十五章　调试及试运行管理

15.1　综合调试管理

15.1.1　综合调试管理内容

机电安装工程综合调试的主要内容见表15-1。

机电安装工程综合调试的主要内容　　表 15-1

功能\系统	水暖系统调试	电气系统调试	消防系统调试	弱电系统调试
单机调试	水泵 冷却塔 制冷机 锅炉	变压器	消防水泵动能调试	机房工程
	热交换器 送、排风机 组合式/吊顶式空调风柜 风机盘管	柴油发电机		
系统调试	风量平衡及定风量系统	变配电系统	消火栓系统 喷淋系统	POS网络子系统 客流分析子系统
	一次泵水系统	送配电系统	大空间智能水炮系统 防护冷却水幕系统	信息发布子系统 背景音乐及紧急广播
	冷却水系统			
	空调热水系统	照明系统	气体灭火系统	视频监控系统
			火灾报警系统	门禁系统
	空调自控系统		防排烟系统	无线对讲系统
			ATSE双电源	报警系统

电梯专业调试由电梯专业供应商完成，机电分包负责配合调试所需条件。

15.1.2　综合调试管理程序

机电安装工程综合调试的管理流程如图15-1所示。

15.1.3　综合调试管理要求

1. 综合调试管理职责

本项目机电系统规模大且复杂，调试要求高。因此，本项目机电调试工作必须由

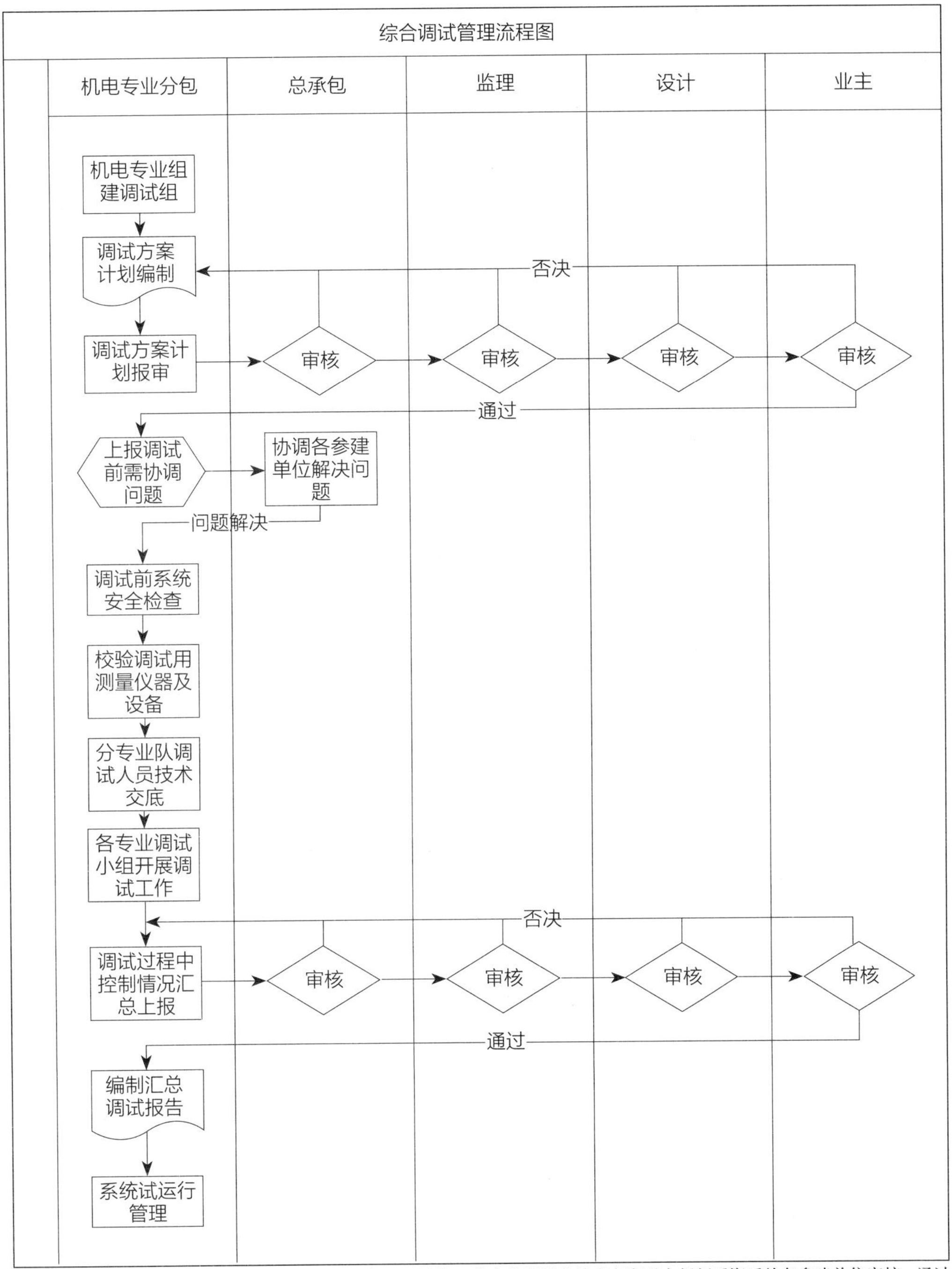

备注：1. 调试前系统安全检查、校验调试测量仪器及设备、分专业调试人技术交底需上报纸质资质给各参建单位审核，通过后方可进入下道调试工序。

2. 调试过程中控制情况包含设备启动、故障判断、应急预案、紧急处理、消除故障、模拟故障信号测试、检验并联设备动作情况等相关调试过程中情况。

图15-1　机电安装工程综合调试管理流程

机电分包单位统筹管理，各专业相互配合，按照规范的调试步骤合理的调试工序完成各机电专业的系统调试工作，然后进行消防联动调试。各专业的调试工作合格到位，才能保证下一步调试工作的顺利开展，才能最终确保机电系统整体运行正常。

2. 综合调试方案编制要求

（1）系统调试前，机电分包单位组织机电各专业承包商共同编制系统调试方案，报送总包、监理、业主单位审批后方可进行调试。调试方案应包括调试计划、调试方法、人员组织、日程安排、安全措施及应急预案等内容。

（2）消防系统调试方案由机电专业分包单位负责组织编制，报总包、监理、业主单位审批执行。

（3）调试工作涉及不同的施工单位、供应商，不可预见性因素较多，因此需制定合理可行的应急预案，发生紧急事故时，各单位必须无条件按照应急预案执行，不得因单位自身利益而不执行应急措施。

3. 机电联合调试管理要求

（1）机电系统联合调试前，机电分包单位协调组建调试小组，各专业承包商、设备供应商派技术人员参加。参与系统调试的人员必须具有丰富的调试经验，对各系统的工艺流程、控制原理非常熟悉，有较强的解决调试过程中出现问题和排除故障的能力。

（2）为使调试能有序并保质保量的完成，便于总包调试阶段综合管理，所有系统调试前必须向总包提出申请，申请内容包含用水、用电、设备房、控制间等一切涉及调试使用的调试需求及成品区域。调试过程中若发现未经允许直接进入调试工作的专业分包商、设备供应商，总包将有权参照调试管理办法进行相应处罚。未经允许投入调试工作的相关单位，过程中出现任何碰坏成品、造成使用功能存在安全、质量隐患的，均由责任单位承担，包含影响工期节点等相关连带责任。

（3）调试使用的仪器、仪表应有出厂合格证并严格执行计量法，不应在调试中使用无检定合格印、证或超过检定周期以及检定不合格的计量仪器、仪表。

（4）功能调试完毕后、机电分包单位组织各专业承包商、设备供应商共同整理设备运行工况记录表及各系统测定结果，向总包、监理、业主单位提交测定记录表，并得到确认。测定记录表应记入测定仪表名称、测定日期、时间及参加测定人员的名单，并附上表示测定点的简图。

4. 消防联合调试管理要求

（1）机电分包单位负责消防验收的组织，负责消防联动调试的组织应根据总控计划的消防验收节点完成联动调试，达到消防验收条件。

（2）消防联动调试之前，机电分包单位协调组建调试小组，相关各专业承包商、供应商安排有经验的专业人员参加调试小组。

5. 调试报告管理要求

（1）调试报告的定义：调试报告是反映机电系统调试完毕后真实运行情况的记录文件，以证明系统运行的合格程度。

（2）调试报告的编制目的：业主方接受系统的调试报告，即标志调试工作结束。

（3）调试成果应切实体现在以下方面：

1）系统参数设定完毕，可实现常规运行，并达到要求效果。

2）系统运行实际参数测定真实有效，系统问题暴露彻底并有处理方案。

3）物管对系统理解程度加深，获得系统运作所需的全部资料。

（4）调试报告审批流程

1）机电分包负责编制机电系统调试报告，并呈交总包、监理单位审批；监理上报业主审核，并转送物业管理方审阅。

2）审批合格的调试报告一式四份，一份由总承包资料存档，其余三份分别呈交监理、业主、物业管理方存档。

（5）调试报告内容要求

1）设计参数与实测参数对比：调试报告中个系统参数与图纸一致，实测参数由调试后测试数据整理得出，两者形成对比，对调试后参数偏差仍无法达到各专业规范限定范围的项目需标出，并给出原因分析及处理建议。

2）调试过程记录数据整理：调试过程原始记录数据表格，用整理归纳纳入调试报告中，对调试记录数据的真实客观性应有过程检查。

3）系统调试遗留项清单及后续调试工作安排，少数机电系统在项目整体调试阶段暂无调试前置条件的，调试组应记录明确，并给出调试前置条件要求及时间计划。

15.2 试运行管理

在机电联合调试完成后，应进行工程试运行，以检验建筑物使用效果。试运行由业主方组织，总承包协调配合，所有相关专业承包商应参加试运行，物业管理公司人员应参加试运行。

15.2.1 试运行管理内容

1. 检验建筑物机电系统不同运转状况下试运行

检验建筑物机电系统不同运转状况下试运行的主要内容见表15-2。

机电系统不同运转状况下试运行内容　　表 15-2

序号	项目	具体内容
1	正常运转状况	1. 模拟建筑物正常运转时的人流、物流等工作状况，检验各机电系统和各建筑配套设施协调运行能力，通过试运行使建筑物处于最佳的均衡工作状态。 2. 建筑物各系统按建筑物日常工作状况要求投入使用，并持续运行。对建筑物在正常工作日、节假日等不同工作状况下的运行情况进行模拟检查。 3. 检验建筑物各系统共同运行时的相互影响，对各种办公、商业设备投入正常工作时各设备房间的系统运行情况进行调节。 4. 检验建筑物各系统运行时对共用资源的合理分配。对建筑物水、电、气以及通信等资源在设计基础上进行调节，保证各系统正常运转
2	模拟各种极端状况	1. 模拟各种极端状况下的工况，检验建筑物各系统承受负荷的能力。对各系统在突发情况下的反应进行模拟检查，检验系统承受风险的能力。 2. 各机电设备共同投入使用，检验电气系统在最大可能负荷下的运行能力。 3. 各用水设备共同投入使用，检验给水排水系统在最大可能负荷下的运行能力。 4. 模拟建筑物各系统发生故障时，对本系统和其他系统的影响，备用设备的投入运行情况，应急措施的运行情况。 5. 模拟发生突发性停电停水时，各机电系统的应急反应，检验UPS电源的工作状况和柴油发电机组的自动投入运行状况。恢复供电时各机电系统的自复投入情况，不得发生不应自复投入的设备在恢复供电后自动投入的情况

2. 检验建筑物机电系统的控制和监控的有效性

（1）检查楼控中心对各机电系统的控制和监控的有效性，对各机电系统在自控情况下的工作状况进行调试，使各系统达到设计要求的工况。

（2）将业主要求的设备工作时间表输入控制系统，检查各系统满足时间表的运行状况。

（3）检查各系统共同运行时，数控系统的设备综合管理能力。

15.2.2 试运行管理要求

1. 试运行期间，总承包制定工地内物业管理与施工管理关系处理的专项方案，做好物流分流、场地分隔等工作。

2. 与物业部门共同制定安保制定，对所有进入试运行区域的施工人员进行挂牌管理。

3. 与物业部门共同制定试运行应急预案，发生紧急事故时，各单位必须无条件安装应急预案执行，不得因单位自身利益而不执行应急措施。

4. 总承包应与物业部门共同进行保安系统规章制度，以保证当有事故发生时，系统能发挥应对作用。各分包单位需按规章制度执行。

5. 总承包应于相关单位共同进行火灾报警演习，以保证在试运行阶段工地内物业管理与施工管理在发生火灾时能协调一致。

6. 对试运行中出现的故障，各专业负责单位应在第一时间内负责修复，各种易耗品发生损坏时各专业负责单位需在第一时间更换，由此产生的费用由业主、物业与总包组织相关单位进行判定，由责任方承担。

15.3　培训管理

在项目机电系统物业移交中，不仅将移交工程实体、图纸资料，而且还将移交对工程的理解，对系统运营优化的建议。这些理念除了在移交资料中表现，主要还将对物业运营人员有计划的系统培训。

15.3.1　培训管理内容

机电系统的培训管理内容见表15-3。

培训管理内容　　表15-3

序号	项目	内容
1	基础知识	通风空调系统简介、电气系统简介、给水排水系统简介、楼宇自控、电梯等简介
2	系统结构	空调系统、电气系统、给排水系统、楼宇自控系统、电梯的结构及其特点详述
3	系统操作使用方法	针对项目的使用要求，详述各个系统软件操作
4	现场设备维护及故障处理	项目培训小组将安排各个专业工程师及设备厂商技术人员讲解系统设备维护及故障处理的方法及应急措施

15.3.2　培训管理要求

1. 培训范围与形式

本项目培训范围包括总承包单位所涵盖项目。系统培训采用PPT 演示、现场实际操作演练等多种形式相结合，调试工程师须认真讲解，确保受训人员真正领会到培训的精髓。

2. 培训教材

（1）总承包在物业培训前将组织各专业分包和设备供应商编制培训教材，培训教材将提供解释有关设计资料、文件、图纸、模型、设备内部透视资料等并附DVD 光盘录像及其他需要的培训教材文件；培训工作完成后，有关装备和教材将提供给业主，以便日后业主自行对其他员工进行辅助性培训用。

（2）总承包将负责组织将各系统培训中关键内容结合项目BIM 竣工模型编制三维培训教材，并对节能运行模式提出建议。

3. 培训计划

（1）在运营培训前将编制培训计划，计划将包括所有总承包范围内专业分包和设备供应商。

（2）培训计划将在进行相应阶段培训前一个月提交业主、物业运营单位认可。

4. 培训实施

（1）总承包方将协调供应商和相关专业承包商，选派熟悉所供应设备的各种性能，且工作经验丰富、具有一定资格的技术人员在现场做技术指导，进行机电设备、设施及系统等的操作和维护的培训，以确保业主的工作人员和物业管理人员在工程投入使用后能独立进行必要的设备和系统操作、维护和故障排除。

（2）在征得业主同意的情况下，将利用已安装、测试和交工试运转的装置和设备对业主的工作人员进行培训，以加深其理解。

（3）组织各专业分包单位拟定一份包含操作和维修保养程序的《用户使用及维修手册》供业主工作人员和物业管理人员使用。

第4篇

总承包质量安全管理

第十六章　验收管理

16.1　验收内容

16.1.1　项目全过程验收内容

项目全过程验收内容见表16-1。

项目全过程验收内容　　表 16-1

序号	验收内容	序号	验收内容
1	材料进场验收	8	竣工验收
2	样品、样板验收	9	规划验收
3	工序的过程验收	10	防雷验收
4	检验批验收	11	消防验收
5	分项工程验收	12	环保验收
6	分部、子分部工程验收	13	人防验收
7	竣工预验收		

16.1.2　隐蔽验收内容

项目隐蔽验收内容见表16-2。

项目隐蔽验收内容　　表 16-2

序号	分部工程	验收内容
1	地基与基础	地基验槽、土方回填、基坑支护、钢筋混凝土灌注桩、地下防水工程、钢筋及预埋件等的隐蔽
2	主体结构	主体结构钢筋和预埋件、砌体结构拉结钢筋、预应力钢筋及预留孔道、钢结构焊接、预埋件及防火、防腐涂料等的隐蔽
3	建筑装饰装修	外墙（内）外保温构造节点、楼地面工程各基层、抹灰工程不同材料基体交接处、门窗工程预埋件、锚固件和缝隙处、吊顶工程吊顶龙骨及吊件、轻质隔墙工程预埋件、连接件和拉结筋、饰面板（砖）工程预埋件和防水层、护栏和扶手的预埋件、幕墙工程预埋件、连接节点和防火层构造等的隐蔽
4	建筑屋面	屋面各基层、各防水层、水落口、檐沟等细部构造等的隐蔽
5	建筑给水、排水及供暖	直埋于地下或结构中，暗敷设于沟槽内、管井不进入顶内的给水、排水、雨水、采暖、消防管道和相关设备，以及有防水要求的埋地的采暖、热水管道，在保温层、保护层完成后，所在部位进行回填之前，应进隐蔽验收
6	通风与空调	敷设于竖井内，不进人吊顶内的风道（包括各类附件、部件、设备等），有绝热、防腐要求的风管、空调水管及设备等的隐蔽

续表

序号	分部工程	验收内容
7	建筑电气	埋于结构内的各种电线导管、利用结构钢筋做法的避雷引下线、等电位及均压环暗埋、接地极装置埋设、外金属门窗、幕墙与避雷引下线的连接、不进入吊顶内的电线导管、不进入吊顶内的线槽、直埋电缆、不进人的电缆沟敷设电缆以及有防火要求时，桥架、电缆沟内部的防火处理等的隐蔽
8	智能建筑	电气安装隐蔽验收同“建筑电气”
9	建筑节能	建筑节能隐蔽同相关工程
10	电梯工程	电梯承重梁、起重吊环埋设的隐蔽，电梯的电气安装隐蔽验收同“建筑电气”

16.2　验收流程

项目物资进场验收流程如图16-1所示，项目过程、检验批验收流程如图16-2所示，项目单位、分部、分项工程验收流程如图16-3所示。

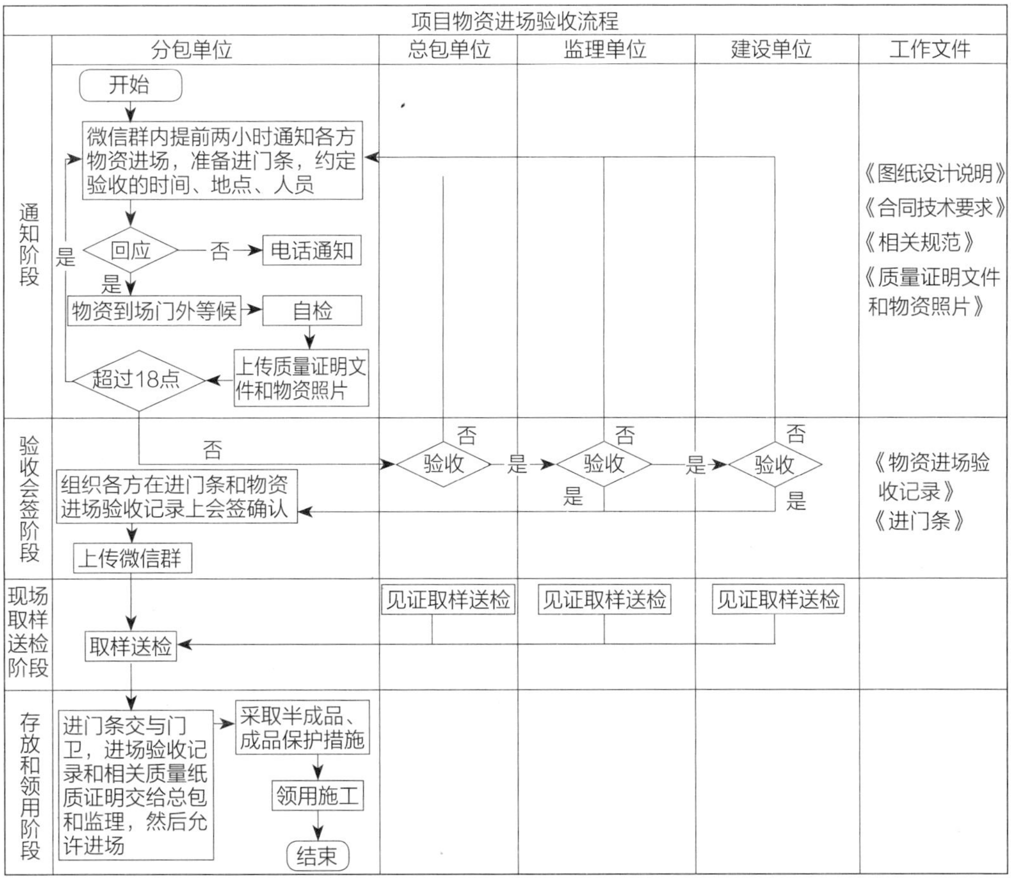

图16-1　项目物资进场验收流程

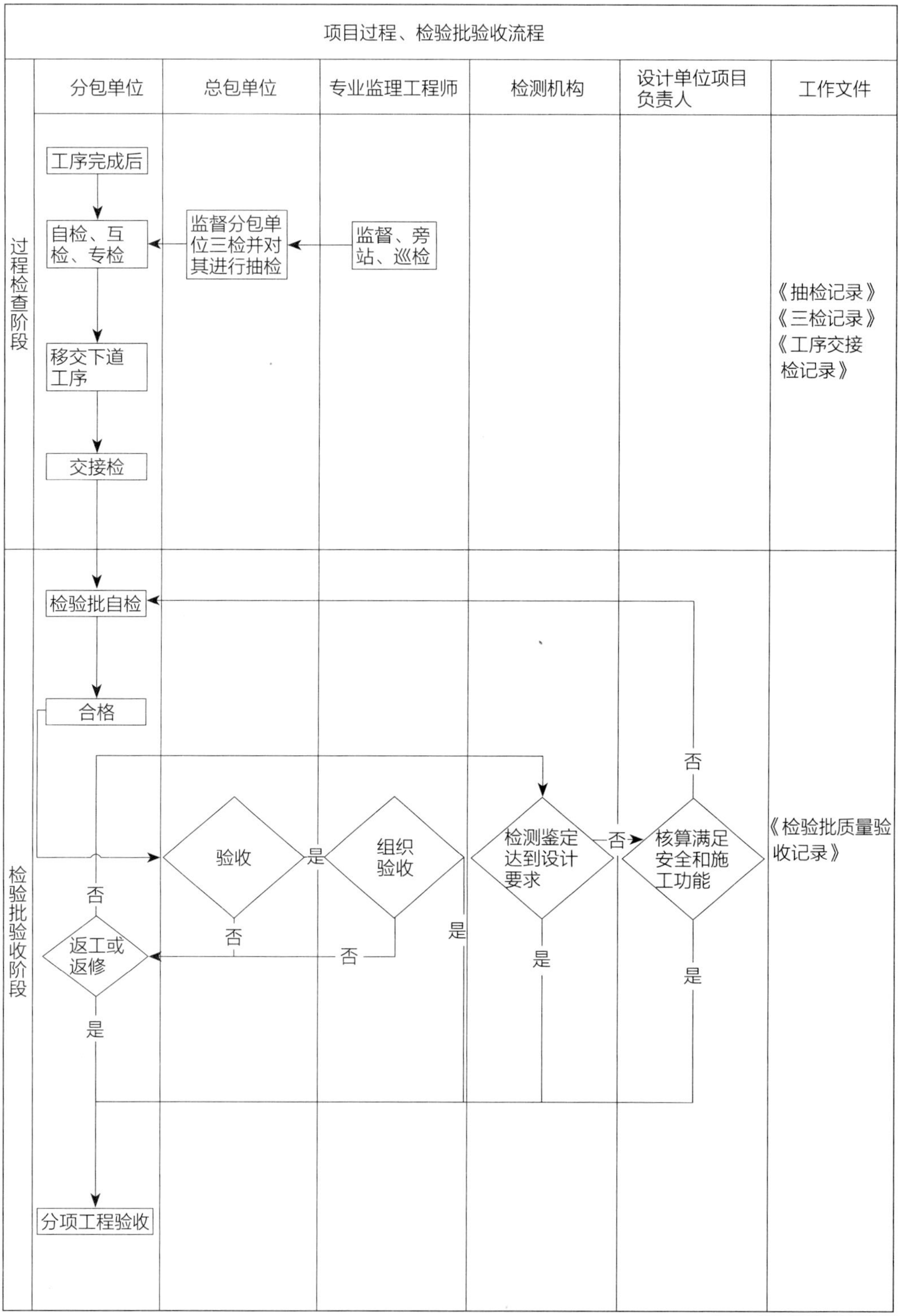

图16-2　项目过程、检验批验收流程

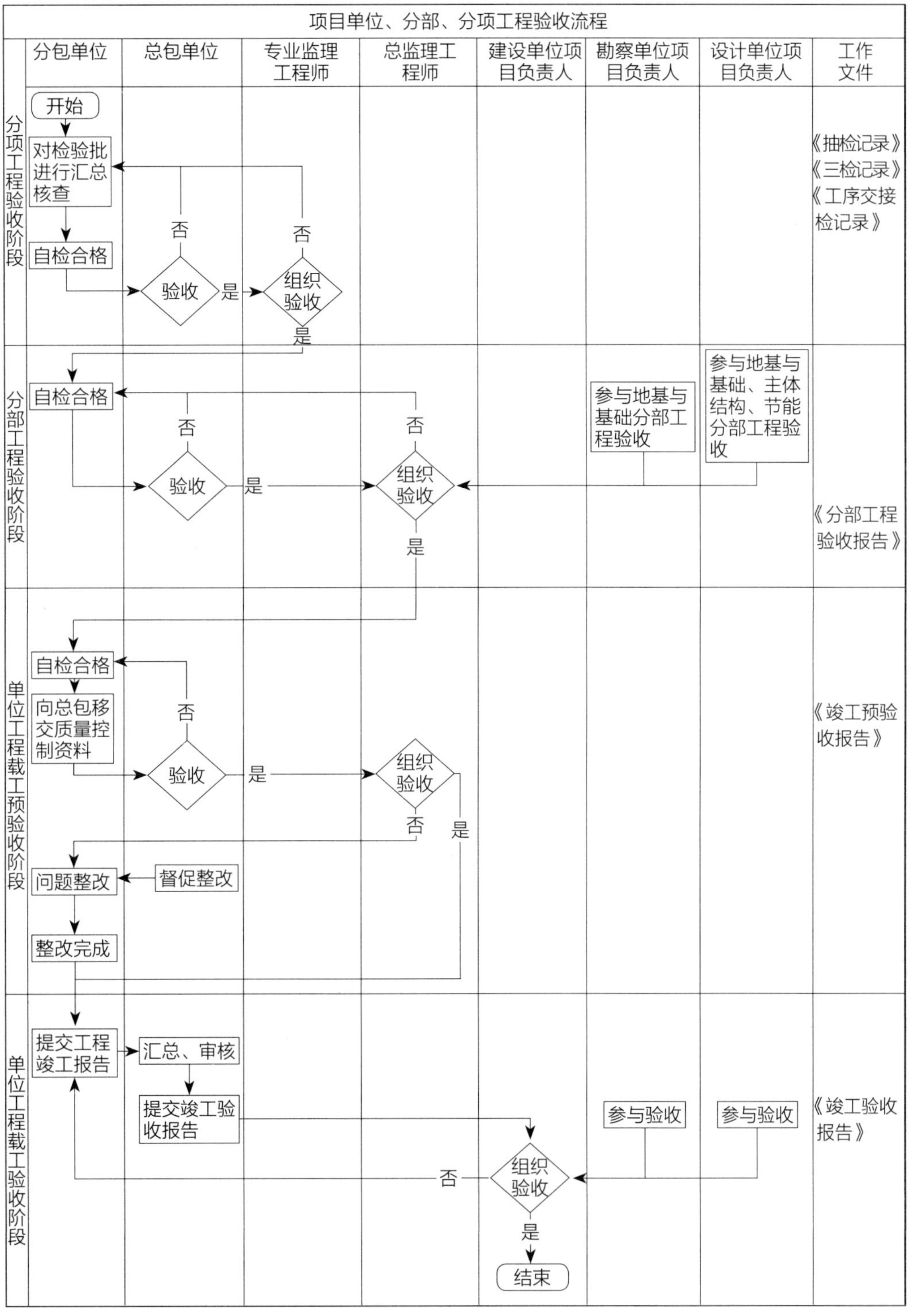

图16-3　项目单位、分部、分项工程验收流程

16.3 验收要求

材料进场验收、样板验收、过程验收、工程验收及隐蔽验收等要求见表16-3。

各类验收管理要求　　表16-3

序号	关键活动	管理要求	时间要求	工作文件
1	材料进场验收	物资进场前先向总包单位进行报验，总包单位验收合格后再由分包单位通知监理单位等进行验收。合格后填写进场验收记录，各方会签后方可进场，物资进场后及时见证取样送检，并形成相应的物资进场台账和试验检验台账	物资进场后	物资进场验收记录 物资进场台账
2	样板验收	分包单位总工程师编制样板制作计划，每个分项工程或工种均要制作样板。样板经业主、监理、设计和总包四方验收合格后，方可大面积施工	每道工序开展大面积施工前	样板实施计划表 样板验收记录表
3	过程检查	每道工序完成后，专业工程师组织进行自检、互检、专检、交接检并做好记录	工序完成后	自检、互检、专检及交接检记录
4	工程验收	检验批验收由专业工程师组织分包单位项目专业质量检查员、专业工长等进行验收	检验批完成后	检验批质量验收记录
		分项工程验收由专业工程师组织分包单位项目专业技术负责人等进行验收	分项工程完成后	分项工程验收记录
		分部工程验收由总监理工程师组织分包单位项目负责人项目技术负责人等进行验收。勘察、设计单位负责人和分包单位技术、质量部门负责人应参与地基与基础分部工程验收，设计单位负责人和分包单位技术、质量部门负责人应参加主体结构、节能分部工程验收	分部工程完成后	分部工程验收记录
		单位工程中的分包工程完成后，分包单位应对所承包的项目进行自检，并应按规定的流程进行验收。验收时，总包单位应派人参加，分包单位应将所分包工程的质量控制资料整理完整，并移交给总包单位	单位工程分包工程完成后	单位工程竣工预验收报告
		单位工程完成后，总包应组织分包单位进行自检，总监理工程师组织各监理工程师对工程质量进行竣工预验收，存在施工问题时，应由总包单位督促分包单位进行整改。整改完毕后，由总承包单位汇总各分包单位竣工验收报告后向建设单位提交工程竣工报告，申请竣工验收。建设单位收到工程竣工报告后，应由建设单位项目负责人组织监理、施工、设计、勘察等单位项目负责人进行单位工程验收	单位工程预验收完成后	单位工程竣工验收报告

续表

序号	关键活动	管理要求	时间要求	工作文件
5	隐蔽验收	隐蔽工程验收应在下一工序前进行。未经隐蔽的项目或隐蔽验收不合格时，均不得进行下一工序的施工 隐蔽工程验收前，项目总工程师组织质检员、施工员、监理工程师及时到场验收。监理验收合格后，应在记录表上签署意见 隐蔽工程验收发现问题时，施工员应积极组织班组限期整改，符合要求后重新验隐蔽工程中的重要部位整改时应摄影（拍照）备查	工程隐蔽验收前	隐蔽验收记录

第十七章　创优管理

17.1　创优内容

项目质量创优可分为企业、市级、省部级、国家级四个层级，具体见表17-1。

各层级创优目标　　表 17-1

序号	目标奖项		计划申报时间	责任单位
1	公司	总包单位优质工程奖		总包单位
2	市级	市建设工程优质结构奖		总包单位
3		市建筑工程优质奖		中建钢构
4	省部级	省级建设工程优质结构奖		总包单位
5		集团公司优秀项目管理奖		总包单位
6		省级优质工程金奖		总包单位
7	国家级	中国建筑工程钢结构金奖		总包单位/钢构单位
8		中国建筑工程装饰奖（公共建筑装饰类）		装饰单位
9		中国建筑工程装饰奖（建筑幕墙类）		幕墙单位
10		中国土木工程詹天佑奖		总包单位
11		中国建设工程鲁班奖（国家优质工程）		总包单位

17.2　创优流程

工程创优可分为三个阶段：创优策划阶段、创优过程实施阶段、创优申报验收阶段。管理流程如图17-1所示。

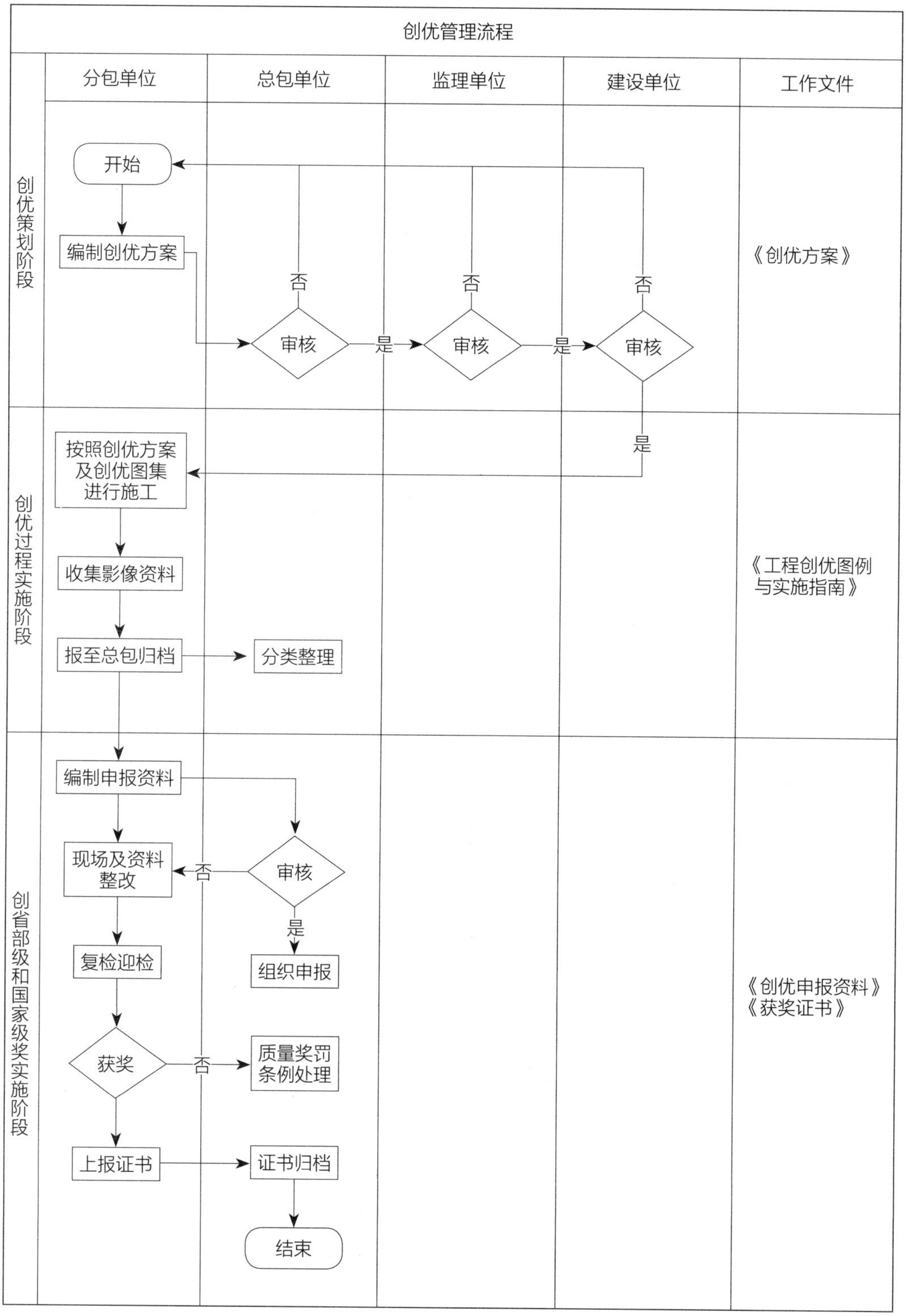

图17-1　工程创优管理流程

17.3 创优要求

工程创优是个长期的过程，贯穿整个项目的实施全过程。各个过程中的具体要求见表17-2。

工程创优管理要求 表17-2

序号	关键活动	管理要求	时间要求	工作文件
1	编制创优策划书	创优策划书由总包单位组织编制，分包单位应编制本专业创优策划方案交总包单位进行审核、汇总	施工前	创优策划书
2	创优过程管理	分包单位应按照创优策划方案及《工程创优图例与实施指南》进行施工	施工时	工程创优图例与实施指南
3	创优影像资料收集时间	分包单位拍摄的影像资料以邮件形式发至总包指定邮箱	每周一18：00	影像资料周报
4	创优影像资料收集质量	影像收集器材：应使用单反相机和专业摄像机进行影像收集。 影像拍摄质量：拍摄的照片或者视频应连续、完整，能记录整套工序，不得出现剧烈抖动、光线不足、不完整等问题。 影像保存方式：分包单位应根据《建筑工程施工质量验收统一标准》GB 50300—2013中附录B 建筑工程的分部工程、分项工程划分进行影像资料的收集，每个分部工程应建立一个文件夹，每个分部工程文件夹中建立分项工程文案夹，每个分项工程文件夹中建立工序文件夹，每张照片应进行命名并描述工序施工过程	施工时	创优影像资料
5	编制创优申报和汇报资料	申报单位应包含总包单位，创优申报和汇报资料编写完毕后，应交由总包单位进行审核，审核通过后，由总包单位组织进行申报	相关专业施工完成并通过验收	创优申报资料 创优汇报资料
6	整改及迎检	分包单位应设专业人员配合总包进行迎检工作，并就检查出的问题在复检前一个月整改完成	复检前一个月	
7	参评的具体组织	装饰奖、钢结构奖由专业单位具体实施，总包协助，监理、建设单位配合。其他奖项总包组织，其他专业参与，具体申报详细具体创优要求		
8	获奖证书归档	分包单位取得获奖证书后，应交由总包进行归档	获得证书当天	

第十八章　成品保护管理

18.1　成品保护内容

工程施工周期长、参建单位多、多层次多专业交叉流水作业多，给成品保护工作带来了更大的难度。施工过程中应坚持“谁施工、谁保护”“保护自己的成品、不破坏他人的成品”“谁破坏、谁赔偿”“谁施工，谁维修”的原则。项目成品保护的主要内容见表18-1。

成品保护的主要内容　　表18-1

序号	项目	内容
1	测量定位	定位桩破坏保护
		水准引测点、结构定位线破坏保护
2	模板工程	模板存放保护
		模板支设拆除保护
		模板清理保护
3	钢筋工程	钢筋存放保护
		成型钢筋、套丝破坏保护
		钢筋表面污染保护
		后浇带钢筋、施工缝处保护
4	混凝土工程	雨天浇筑覆盖保护
		护角保护
		开槽打洞，预埋件保护
5	砌体工程	墙面防污染保护
6	抹灰工程	雨天覆盖保护
		砂浆污染、堵塞其他物体保护
		开洞开槽破坏抹灰层保护
7	楼地面工程	雨天覆盖保护
		其他专业施工时破坏保护
		其他专业施工时污染保护

续表

序号	项目	内容
8	防水工程	防水层破坏保护
9	门窗工程	玻璃破坏保护
		扇料、五金配件损害
		门窗框划伤损害保护
10	钢结构工程	加工、运输、拼装、安装保护
		防火、防腐涂料破坏保护，摩擦面保护
		其他金属接触电化学保护
		防火喷漆施工前对其他专业的保护
		钢构与土建交接位置防止混凝土浇筑污染
11	精装修工程	与其他专业交叉施工污染和破坏保护
12	机电安装工程	重要设备（如风机盘管、风机、水泵、水箱、冷水机组、空调机组、冷却塔等）、所有面层装置（如阀门、灯具、开关、插座、风口等破坏保护；管道封口保护
13	幕墙工程	堆放保护
		垂直交叉作业保护
14	正式电梯工程	垂直运输保护
15	室外工程	室外铺装成品保护、景观园林成品保护、室外灯饰成品保护
16	屋面工程	土建与机电设备的交叉破坏
17	机房工程	与装修专业污染破坏

18.2　成品保护流程

项目成品保护的管理流程如图18-1。

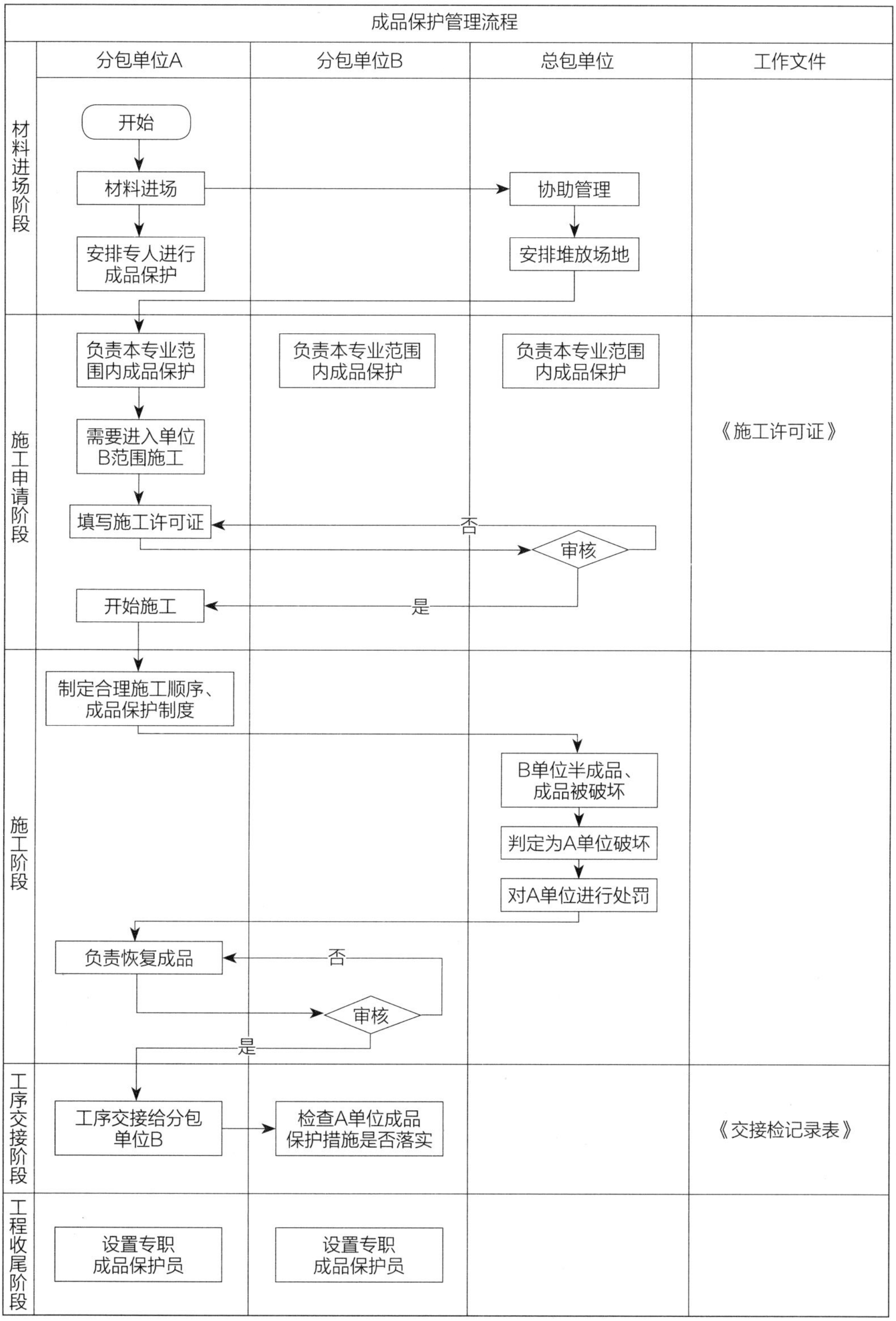

图18-1　项目成品保护的管理流程

18.3 成品保护要求

项目成品保护的管理要求见表18-2。

项目成品保护的管理要求　　表18-2

序号	项目		管理要求	工作文件
1	原则	责任制原则	为更好地落实成品保护及管理工作，依照“谁施工、谁保护”的原则，明确各单位的成品保护责任，执行成品保护。各施工单位施工范围内的成品保护由各单位负责实施。对甲供材料设备，由负责该专业工程施工的责任单位自行采取保护措施	
		施工保护原则	在施工作业交接时做好成品保护措施，根据不同的施工阶段、不同工艺特点、现场条件及管理要求实行相应的有针对性的保护。前一工序施工后及时采取保护措施，办理移交手续交后一道工序施工。后一工序施工方接收后应负责采取措施保障施工时前一工序成品不受破坏。即后一道工序保护前一道工序的原则	
		区域保护原则	各分包单位负责其自身施工区域的成品保护工作，其他施工单位进入该施工区域需向总承包申请施工许可单，填写施工许可单及各单位的移交单上交总包同意后，方可进入施工	施工许可单
2	基本方法		对成品和半成品的防护，形成工具化、制度化，并由专门负责人经常巡视检查。采取“防护、包裹、覆盖、封闭”的保护措施	
			成品保护采取的防护措施可分为硬防护（如门口易碰撞部位采用防护条保护）和柔性防护（如幕墙龙骨表面贴塑料薄膜），具体防护方式应针对被保护对象的特点来确定	
			对于表面易被划伤、污染的工程成品要包裹保护。采购物资须有包装保护，防止搬运、贮存过程中被损坏。在竣工交付时才能拆除的包装，在施工过程中必须对其包装予以保护	
			有特殊要求的项目（如防冻、防晒、保温等）采用覆盖的方法，防止工程成品、半成品受到破坏	
			某些通道或因施工需要封闭的部位，采取局部封闭的方法进行保护。如楼梯地面工程，施工后可在周边或楼梯口暂时封闭，待达到可上人强度时再开放	
			工程成品包裹保护主要是防止成品被损伤或污染。如浇筑楼板混凝土前，对钢柱脚部以上0.5m范围采用薄膜保护；大理石贴好后，用立板包裹捆扎；楼梯扶手易污染变色，刷油漆前应裹纸保护；电气开关、插座、灯具等也要包裹，防止施工过程中被污染	

续表

序号	项目		管理要求	工作文件
2	基本方法		采购物资的包装控制主要是防止物资在搬运、贮存至交付过程中受影响而导致质量下降。在竣工交付时才能拆除的包装，施工过程中应对物资的包装予以保护，保护方法列入成品保护措施	
2	基本方法		对楼地面成品、管道口主要采取覆盖措施，以防止成品损伤、堵塞	
2	基本方法		对于特殊部位混凝土结构、楼地面工程，施工后可在周边或楼梯口暂时封闭，待达到上人强度并采取保护措施后再开放；室内墙面、天棚、地面等房间内的装饰工程完成后，均应立即锁门以进行保护	
2	基本方法		对已完产品将实行全天候的巡逻看护，并实行"标色"管理，按重点、危险、已完工、一般等划分为若干区域，规定进入各个区域施工人员必须佩戴统一颁发的贴上不同颜色标记的胸卡，防止无关人员进入重点、危险区域和不法分子偷盗、破坏行为，确保工程产品的安全	
2	基本方法		对容易损坏、易燃、易爆、易变质和有毒的物资，以及有特殊要求的物资，物资的采购、使用单位负责人应指派人员制定专门的搬运措施，并明确搬运人员的职责	
2	基本方法		现场内的库房及材料堆场由使用单位负责管理。物资的贮存应按不同物资的性能特点分别对待，符合规范要求	
2	基本方法		对入库物资的验收，贮存品的堆放，贮存品的标识，贮存品的帐、物、卡管理和出库控制工作，应按规定要求执行	
3	基本制度	施工工艺顺序的协调	制定合理的施工顺序，预见工艺顺序对工程成品保护影响，防止因工艺顺序引起成品保护损坏。总体上按照墙、顶、地的先后顺序进行施工，贵重件和易损物最后安装	
3	基本制度	施工工艺顺序的协调	分包单位在进行本道工序施工时，如需要碰动其他专业的成品时，必须以书面形式上报总承包，计划协调部经理与其他相关专业协调后，由相关分包单位派人协助该分包单位，待施工完成后恢复其成品	成品碰动申请
3	基本制度	施工工艺顺序的协调	制定各项成品保护制度，成品检查制度、交叉施工管理制度、交接制度、考核制度、奖罚责任制度等，严格遵照制度进行成品保护工作	
3	基本制度	成品保护交接验收	工序交接时，上道工序与下道工序要办理交接手续，并进行交接验收。交接验收应包括检查成品保护措施是否落实，产品移交时的质量和数量、防护措施符合设计、规范及合同的要求	交接检记录表

续表

序号	项目		管理要求	工作文件
3	基本制度	现场材料设备成品保护	材料和设备进场计划与施工计划相协调，各分包单位材料进场前必须提前将材料进场计划提交给总承包合约采购部，合约采购部需考虑现场实际进度和现场可利用场地情况后，确定该材料和设备进场时间，从而防止易损坏昂贵材料和设备在现场堆放时间过长，导致成品保护工作困难加大	
			材料、半成品、设备进场后，由总承包进行协助管理，但具体成品保护的职责由各分包单位负责，尤其是贵重的材料、设备等各分包单位设专人看护	
		工程收尾阶段成品保护	在工程收尾阶段，各种设备、工程成品已经安装完毕，需要重点保护，需要分层、分区设置专职成品保护员。其他分包单位作业队施工时，要填写“施工许可证”，经总包质量部批准后，方准进入作业。施工完成后要经成品保护员检查确认没有损坏成品，签字后离开作业区域	施工许可证

第十九章　安全管理

19.1　安全管理内容

项目的安全生产管理内容见表19-1。

安全生产管理内容　　表19-1

序号	管理内容	序号	管理内容
1	进场前管理	8	月度教育管理
2	入场教育管理	9	培训教育管理
3	人员管理	10	安全验收管理
4	早班会管理	11	危险作业管理
5	日巡查管理	12	专业分包管理
6	专项检查管理	13	机械设备、临时用电管理
7	安全周、月检查管理		

19.2　安全管理程序

19.2.1　进场前管理

各专业分包单位在进场必须到总包单位的相关部门进行办理相应的手续，如图19-1所示。

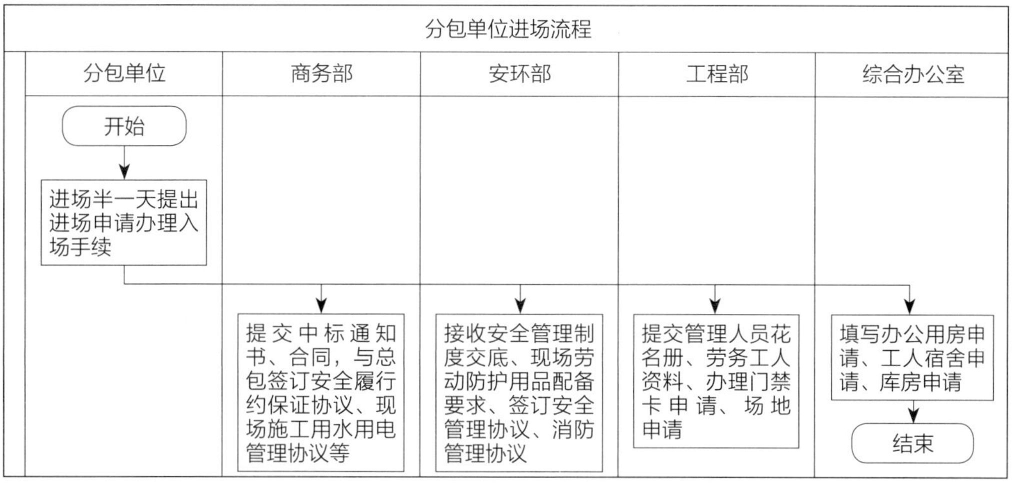

图19-1　各专业分包单位进场流程

19.2.2　入场教育管理

各专业单位人员入场教育管理流程如图19-2所示。

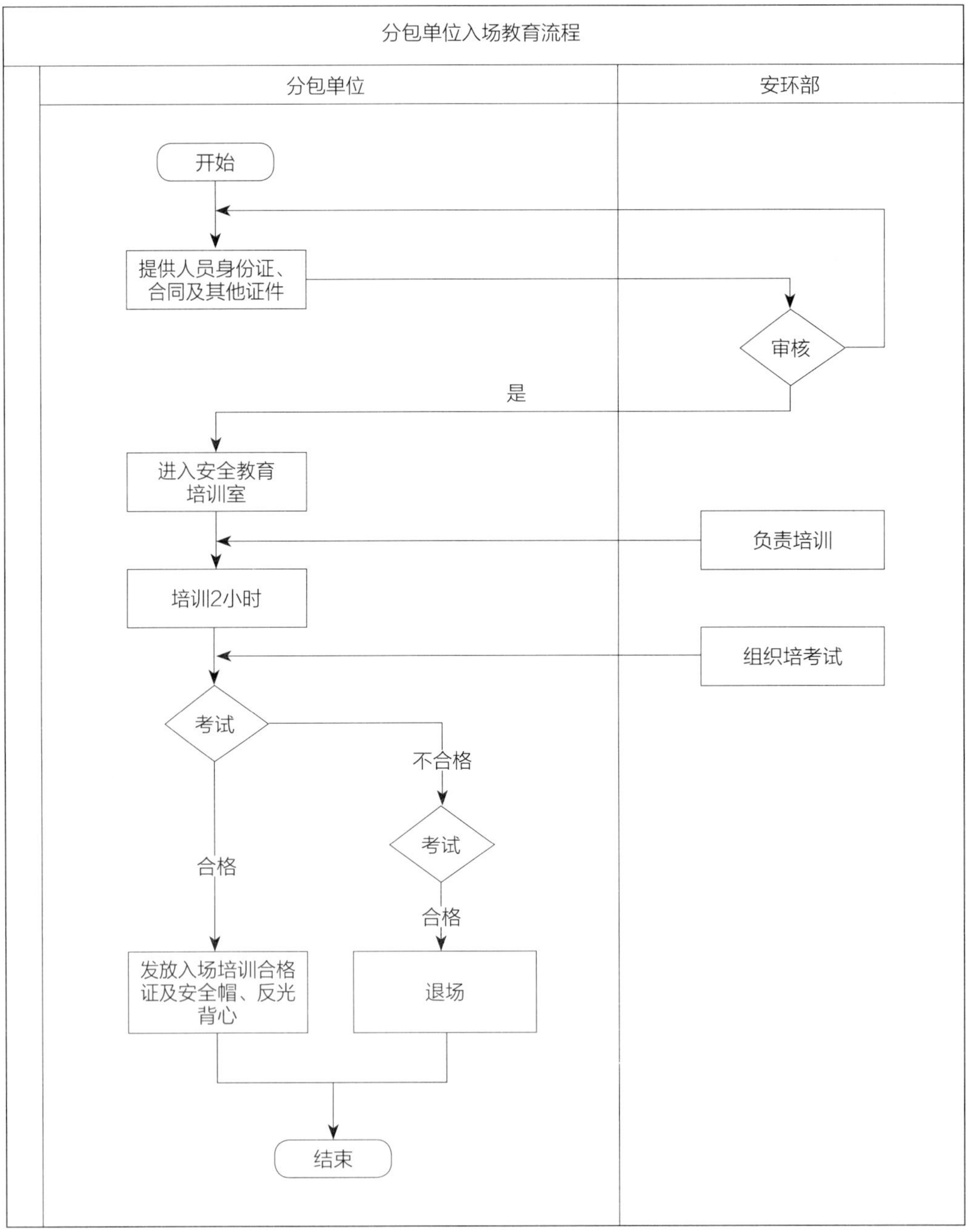

图19-2　各专业单位人员入场教育流程

19.2.3　人员管理

对于外来参观、学习、送货等人员及项目部管理人员入场管理必须严格按照图19-3执行。

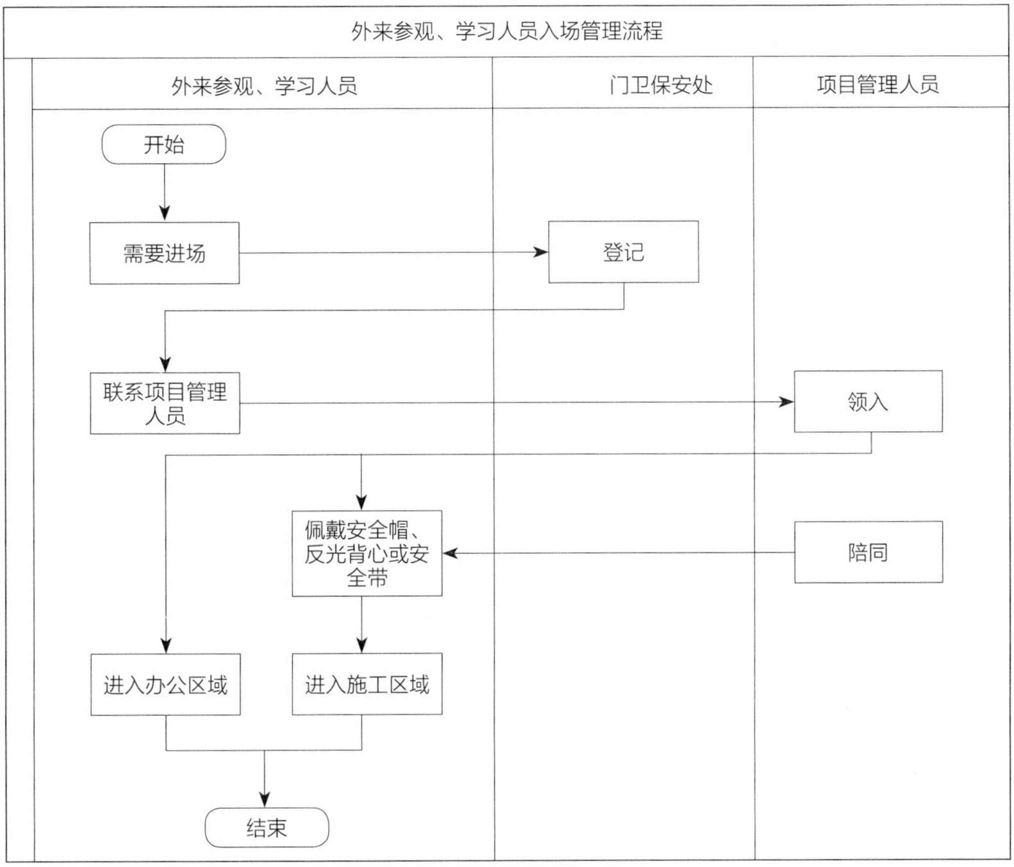

图19-3　外来参观、学习等人员入场管理流程

19.2.4　早班会管理

涉及专业分包单位多，上班时间不一致的情况，要求未能按照早班会制度开展早班会的单位或者班组，必须进行班前会的开展，具体流程与早班会一样。如图19-4所示。

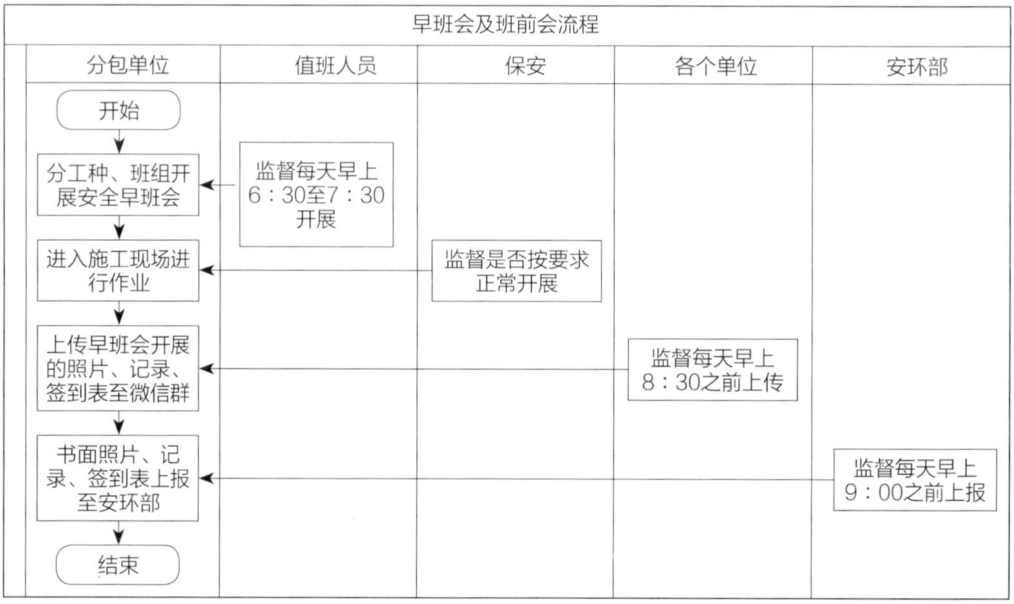

图19-4　早班会及班前会流程

19.2.5　日巡查管理

为了确保现场安全管理常态化，做到每天的安全隐患能得到有效落实，项目部与业主、监理制定了每日巡查制度要求。具体巡查项目及要求见表19-2。

日常安全专项巡查一览表　　表19-2

时间	**星期一**	**星期二**	**星期三**	**星期四**	**星期五**	**星期六**	**星期日**	**参加人员**
6：30-7：30	安全早班会	安全班会	安全早班会	安全早班会	安全早班会	安全早班会	安全早班会	值班人员
8：00-8：30	早巡检	早巡检	早巡检	早巡检	早巡检	早巡检	早巡检	监理、总包、分包
8：30-11：30	日巡检	日巡检	日巡检	日巡检	日巡检	日巡检	日巡检	安全总监组织
发现隐患至整改完成	隐患整改和验证	隐患整改和验证	隐患整改和验证	隐患整改和验证	隐患整改和验证	隐患整改和验证	隐患整改和验证	生产经理、土建、电气、机械工程师、安全监督人员
17：00-17：30	晚巡检	晚巡检	晚巡检	晚巡检	晚巡检	晚巡检	晚巡检	监理、总包、分包
19：00-6：00	夜间监控	夜间监控	夜间监控	夜间监控	夜间监控	夜间监控	夜间监控	值班人员

19.2.6　专项检查管理

项目部为了能够加强现场各项安全管理，做到日日巡查、周周检查，从而减少现场的安全隐患，杜绝安全生产事故发生，特制定了详细的周安全检查计划，见表19-3。

专项检查计划表　　表19-3

检查项目	时间	检查内容	参加人员
消防安全检查	每月开展一次	现场消防器材有效性、易燃易爆品管理、动火作业等	业主、监理、各专业施工单位项目负责人、安全总监、技术负责人、施工主管、安全员
机械设备检查	每季度开展一次	塔吊、顶模、施工电梯、小型机具等	业主、监理、各专业施工单位项目负责人、安全总监、技术负责人、施工主管、安全员
临时用电检查	每月开展一次	现场临时用电、线路、接地	业主、监理、各专业施工单位项目负责人、安全总监、技术负责人、施工主管、安全员
临边洞口防护检查	每月开展一次	现场临边洞口防护情况、验收情况	业主、监理、各专业施工单位项目负责人、安全总监、技术负责人、施工主管、安全员
高处坠落专项检查	每月开展一次	针对阶段性施工作业制定的预防高处坠落各项防范措施落实情况	业主、监理、各专业施工单位项目负责人、安全总监、技术负责人、施工主管、安全员

19.2.7　安全周检、月检管理

项目部定期组织现场管理人员开展安全周检、月检查等隐患排查专项治理活动，具体见表19-4。

安全周检、月检表　　表19-4

检查形式	时间	检查内容	参加人员
周检	每周一下午4点	现场消防安全、小型机具、塔吊、顶模、临时用电、临边洞口防护、高坠专项检查、文明施工	业主、监理、各专业施工单位项目负责人、安全总监、技术负责人、施工主管、安全员
月检	每月月底28日上午8点	现场消防安全、小型机具、塔吊、顶模、临时用电、临边洞口防护、高坠专项检查、文明施工、人员教育抽查	各专业施工单位负责人、安全总监、技术负责人、施工主管、安全员

19.2.8 月度安全教育管理

由总包单位组织要求每个月底进行开展项目部的安全教育大会，具体要求见表19–5。

月度安全教育计划表　　表 19–5

组织单位	参加单位	作业人员参加要求	开展时间
总包单位组织	各专业分包单位	所有现场作业人员	每月月底

19.2.9 培训教育管理

针对本项目的特点及实际情况，为保证达到人员管安全、全员管安全。因此项目部制定了一系列的安全教育培训计划，主要安全教育培训的内容包括《建筑施工安全检查标准》JGJ 59—2011、建筑施工安全小常识、用电安全知识、应急救援、特种作业人员的上岗培训等，见表19–6。

培训教育计划　　表 19–6

序号	教育内容	序号	教育内容
1	工人入场三级安全教育	10	施工电梯安全操作及维护培训
2	工人入场安全意识教育	11	机械设备操作安全培训
3	安全月(周)教育活动	12	施工现场脚手架安全防护培训
4	早班会活动	13	预防高处坠落事故安全教育
5	管理人员安全培训	14	施工现场临时用电与用电事故救护培训
6	建筑法律法规教育培训	15	施工现场应急与救护知识培训
7	违章工人的安全教育	16	消防安全教育
8	特种作业人员安全教育	17	施工现场节前节后安全教育
9	塔吊司机日常自查安全教育	18	应急准备和响应演练

19.2.10　安全验收管理

项目部所有的分部、分项工程及安全设备、设施必须严格执行安全验收制度，具体见表19–7。

安全验收实施表　　表19–7

序号	验收项目	验收内容	时间要求	验收人员	安全标签
1	安全帽、安全带、安全网	生产许可证在、产品合格证、检测报告	进场后及使用前	项目土建工程师组织安全工程师、材料工程师及分包单位安全工程师验收	/
2	开挖深度超过3m（含3m）的基坑支护工程 ·	《基坑支护验收表》	每段支护作业完成后	项目总工组织生产经理、安全总监、土建工程师、安全工程师及分包单位现场负责人验收	/
3	搭设高度5m及以上；搭设跨度10m及以上的混凝土模板支撑工程	《模板支撑工程验收表》	达到设计高度后	项目总工组织生产经理、安全总监、土建工程师、安全工程师及分包单位现场负责人、安全工程师验收	/
4	搭设高度24m及以上的落地式钢管脚手架工程	《落地式脚手架基础验收表》	基础完工后及脚手架搭设前	项目总工组织生产经理、安全总监、土建工程师、安全工程师及分包单位现场负责人验收	/
		《落地式脚手架基础验收表》	作业层上施加荷载前	项目土建工程师组织安全总监、安全工程师及分包单位现场负责人验收	√
5	悬挑脚手架工程	《悬挑脚手架支承结构验收表》	支承结构完工后及脚手架搭设前	项目总工组织生产经理、安全总监、土建工程师、安全工程师及分包单位现场负责人、安全工程师验收	/
		《悬挑脚手架验收表》	作业层上施加荷载前	项目土建工程师组织安全总监、安全工程师及分包单位现场负责人验收	√
6	附着式升降脚手架工程	《附着式升降脚手架安装完毕及使用前检查验收表》	首次安装完成后及投入使用前	项目总工组织生产经理、安全总监、土建工程师、安全工程师及租赁单位、安装单位现场负责人验收	/
		《附着式升降脚手架提升、下降作业前检查验收表》	提升或下降前		√
		《附着式升降脚手架安装完毕及使用前检查验收表》	升降到位，投入使用前	安全工程师及安装单位现场负责人验收	√

续表

序号	验收项目	验收内容	时间要求	验收人员	安全标签
7	塔式起重机	《塔式起重机基础验收表》	混凝土基础强度达到设计设计要求后	项目总工组织生产经理、安全总监、土建工程师、机械工程师、安全工程师及基础施工单位、安装单位现场负责人验收	/
		《塔式起重机安装自检表》	安装完毕	安装单位自行验收	√
		《塔式起重机安装验收表》	专业检测机构检测合格后	项目经理组织安全总监、机械工程师、安全工程师及租赁单位、安装单位现场负责人验收	√
8	施工升降机	《施工升降机基础验收表》	混凝土基础强度达到设计设计要求后	项目总工组织生产经理、安全总监、土建工程师、机械工程师、安全工程师及基础施工单位、安装单位现场负责人验收	/
		《施工升降机安装自检表》	安装完毕	安装单位自行验收	√
		《施工升降机安装验收表》	专业检测机构检测合格后	项目经理组织安全总监、机械工程师、安全工程师及租赁单位、安装单位现场负责人验收	√
9	物料提升机	《物料提升机基础验收表》	混凝土基础强度达到设计设计要求后	项目总工组织生产经理、安全总监、土建工程师、机械工程师、安全工程师及基础施工单位、安装单位现场负责人验收	/
		《物料提升机安装验收表》	安装完毕	项目经理组织安全总监、机械工程师、安全工程师及租赁单位、安装单位现场负责人验收	√
10	履带式起重机	《履带式起重机路基验收表》	地基处理完毕及投入使用前	项目总工组织生产经理、安全总监、土建工程师、机械工程师、安全工程师及基础施工单位、安装单位现场负责人验收	/
		《履带式起重机安装验收表》	安装完毕	项目生产经理组织安全总监、机械工程师、安全工程师及租赁单位、安装单位现场负责人验收	√
11	汽车式起重机	《汽车式起重机验收表》	投入使用前	项目生产经理组织安全总监、机械工程师、安全工程师及租赁单位、安装单位现场负责人验收	√
12	高处作业吊篮	《高处作业吊篮验收表》	安装完毕及投入使用前	项目机械工程师组织安全总监、安全工程师及租赁单位现场负责人验收	√

注：安全设备、设施在使用前，应在机械醒目位置张挂安全标签。绿色标签：符合相关规定，可以使用；红色标签：安装尚未完成或不符合规定，严禁使用。

19.2.11　危险作业管理

施工现场危险作业必须进行作业许可审批，并且要求现场配备消防器材、专人进行监督及施工作业后的隐患消除工作。具体申请流程如图19-5所示。

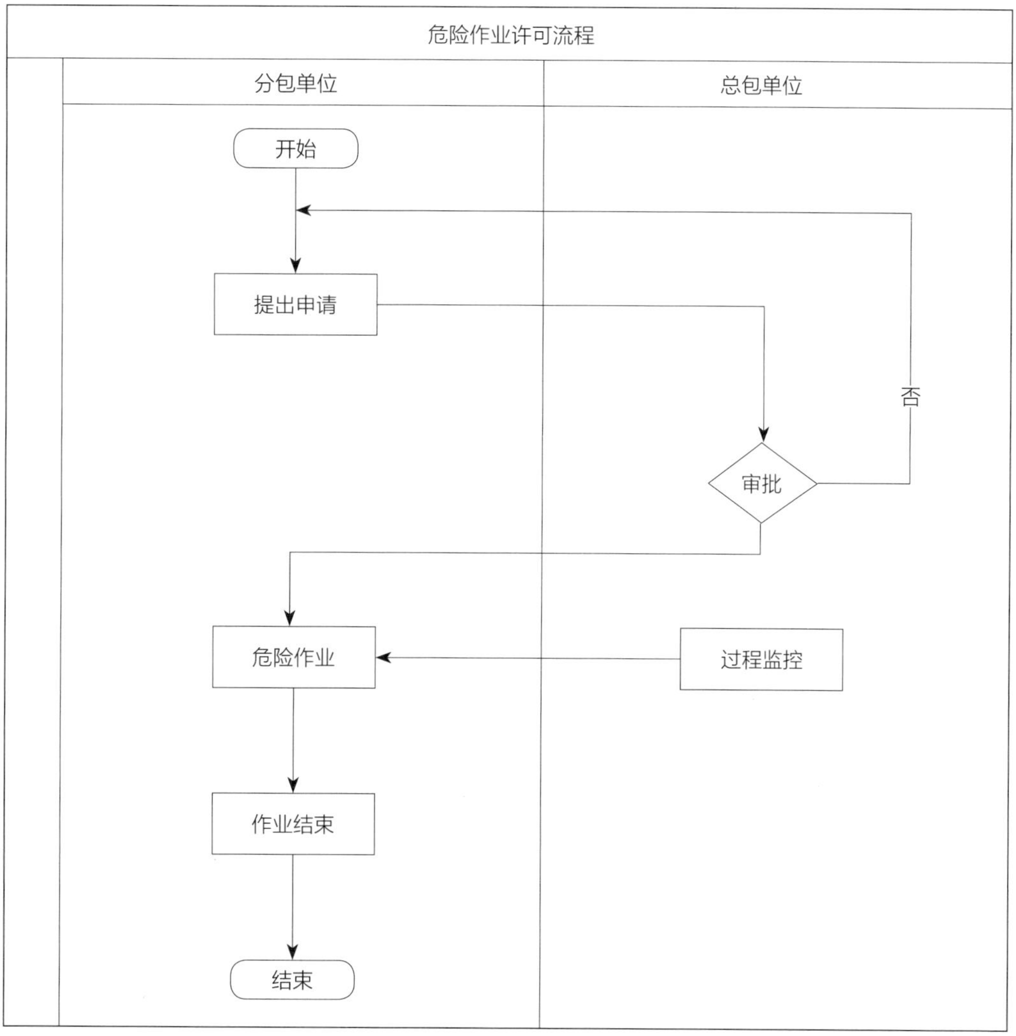

图19-5　危险作业申请流程

19.2.12　机械设备、临时用电管理

项目部要求所有进场的机械设备、临时用电材料等进场前必须进行申请审批手续，具体流程如图19-6所示。

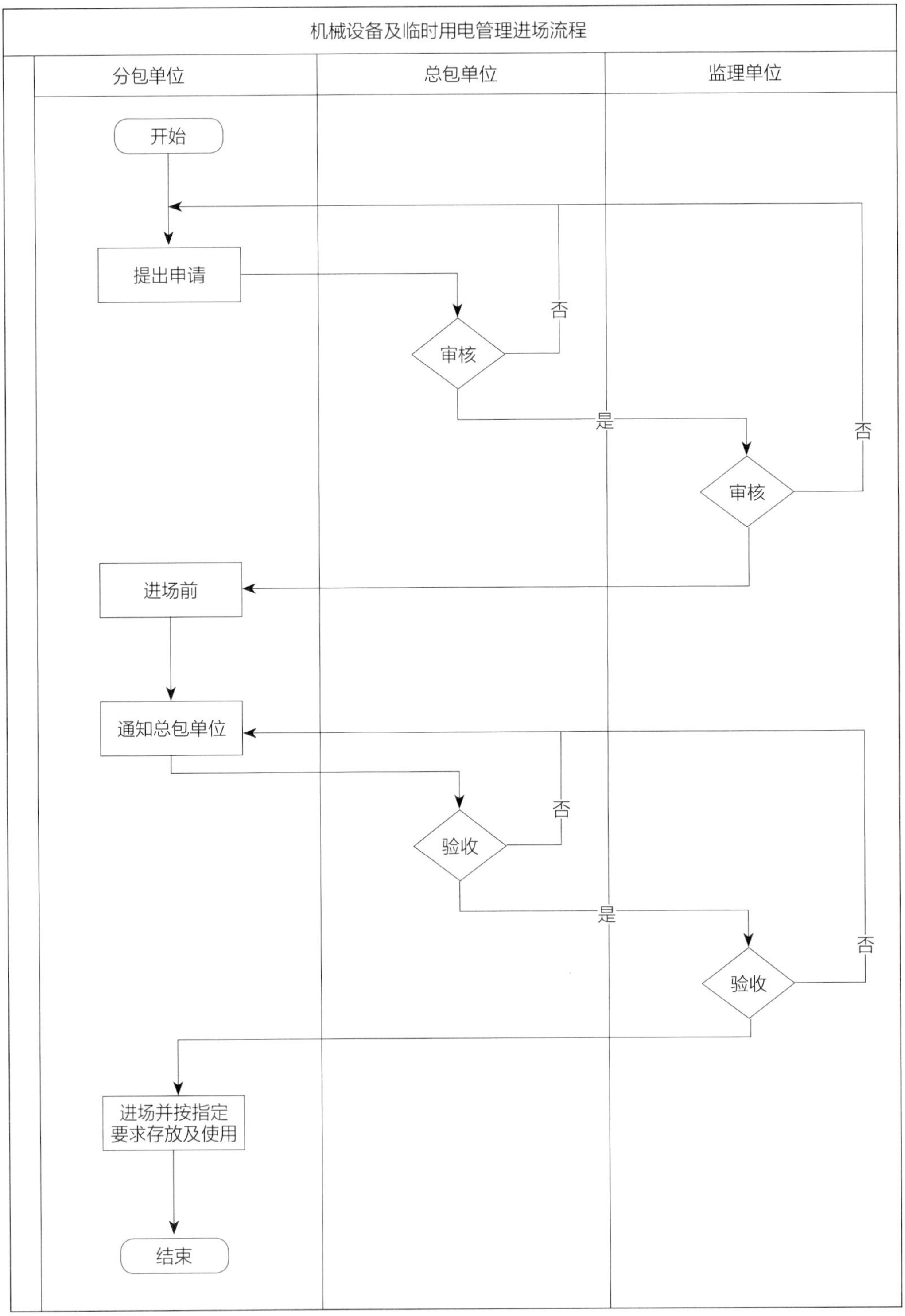

图19-6　机械设备及临时用电管理进场流程

19.2.13　专业分包的管理

总包单位将与分包人员签订安全管理协议，明确专业承包商的安全责任、义务、权利以及工作界面的划定等方面的内容。分包单位需要对承包范围内的安全生产督促检查和统一管理，并对承包范围的安全施工负直接责任。

19.3　安全管理要求

19.3.1　安全生产责任制及管理制度

为了做好项目总承包管理，项目部要求编制各项安全管理制度，具体见表19-8。

安全生产责任制度表　　　　表 19-8

序号	责任制度	序号	责任制度
1	安全生产责任制度	14	分包及分包队伍安全管理
2	安全生产责任考核制度	15	工人宿舍管理制度
3	安全检查制度	16	临时用电管理制度
4	安全技术交底制度	17	门禁管理制度
5	安全教育培训制度	18	负责人带班生产制度
6	消防管理制度	19	易燃易爆危险品管理制度
7	消防安全责任制	20	重大危险源辨识、监控管理制度
8	安全验收制度	21	伤亡事故报告制度
9	文明施工管理制度	22	安全生产例会管理制度
10	施工机械安全管理制度	23	微信管理制度
11	安全生产文明施工资金保障管理制度	24	奖励卡制度
12	劳保用品管理制度	25	安全早班会教育制度
13	特种作业管理制度		

19.3.2　进场前管理要求

1. 每个专业分包单位需要进行本项目进行施工作业，就必须严格按照本项目的进场须知要求，一项项的流程进行办理，未按照进场须知内容进行办理手续或者办理手续未完成，一律不允许进行本项目施工。

2. 各单位按照进场须知办理手续后，需要进场施工的作业人员还必须接受场前的安全教育培训，并且考试合格方可进入现场作业。

3. 各单位需要进场的设备材料，必须提前一天向总包单位进行申请，之后在进场前还需通知总包、监理单位在场外进行验收，验收合格后才能进入现场。

19.3.3 入场教育管理要求

1. 各专业分包单位的所有作业人员在进入施工现场作业之前，必须提前到总包单位安全生产管理部进行入场的2h安全教育培训，未经过安全教育培训的或者经培训部考试不合格的一律不允许进入施工现场进行作业。

2. 若在现场检查发现有某个单位的作业人员未经培训就进入现场作业，给予500元一次的处罚，并且清退未教育工人，同时给与此违纪单位记一次红牌。

19.3.4 人员管理要求

1. 管理人员要求

项目部所有管理人员（包括业主、监理、专业分包），全部必须按照总包项目统一标准样式进行配备安全帽、反光背心，施工、监理单位所有人员应穿本单位统一样式工作服、劳保鞋，如果没有按此配备到位不允许进入施工现场。防护用品由总包统一提供样品给予专业分包单位进行参考，专业分包单位必须以总包单位的样品为标准自行购买、配备，不允许购买与总包单位要求的样式有差别的安全防护用品，必须统一材质统一样式。各级领导及外访人员由总包统一配备，用后归还（除专业分包外来人员）。

2. 作业人员要求

项目部所有作业人员，全部必须按照总包项目的标准进行配备安全帽、反光背心等，施工人员应穿本单位统一样式工作服、劳保鞋，如果没有按此配备到位不允许进入施工现场。防护用品由总包统一提供样品给予专业分包单位进行参考，分包单位必须以总包单位的样品进行自行购买、配备,不允许购买与总包单位要求的样式有差别，必须统一材质统一个样式。高空作业人员必须配备五点式安全带才可进行高空作业。

19.3.5 早班会管理要求

1. 项目部每天早上安排项目管理人员参与早班会教育，要求每天总包管理人员1人参与，各专业分包及劳务公司的施工员负责组织（劳务安全员、班组长必须参加）。每天早班会必须进行签到登记填写班前活动记录。

2. 每天的早班会在工地大门口（门禁门口）前进行开展，未开展班前教育的班组、人员不允许进入施工现场。

3. 早班会主要内容为：

（1）了解当天作业施工的范围、情况、人数统计。

（2）施工范围的安全注意事项。

（3）个人安全防护用品的配备情况。

（4）特殊作业是否办理审批手续等。

（5）简单总结昨天的工作安全情况。时间控制在10～20min内。

4. 要求必须进行拍照、录像，留底。时间为：15s～1min。

5. 各专业分包单位所有当天的早班会必需于早上8点半之前以图文并茂的形式上传到微信群内，各专业分包单位或者劳务班组未按照要求开展早班会将会处罚500元/次。

19.3.6　日巡查管理要求

1. 每日两次巡查的整改内容必须在半天的时间内进行整改完成，并且把整改前后的照片以图文并茂的形式上传至微信群内进行公布及监督。

2. 总包安全管理部会对每日巡查的整改问题进行下载打印归档整理。

3. 对于未按时完成整改的分包单位由总包进行相应的处罚。

4. 由总包单位对每日巡查存在的问题写在隐患公告栏进行公布。

19.3.7　专项检查管理要求

1. 根据总包项目部制定的专项检查表对施工现场进行专项检查。

2. 所有检查中存在的问题都要求按照三定原则进行整改落实到位，并且总包安全管理部对每次检查存在的问题进行归档保存。

3. 对于不按照要求进场参加检查的人员，未经过请假的人员将处罚200元/次。

4. 对于未按时完成整改的分包单位由总包进行相应的处罚。

19.3.8　安全周检、月检管理要求

1. 对于不按时参加的人员进行每次200元的处罚。

2. 所有检查存在的安全问题，总包单位以图文并茂的形式下发各专业分包单位进行限期整改。

3. 对于未按时完成整改的分包单位由总包进行相应的处罚。

4. 由总包单位对每次检查整改情况进行汇总、通报。

19.3.9 月度安全教育管理要求

要求每个分包单位、班组人员必须全员参与，教育结束后分发帽贴，在开展过程中如果发现某分包、班组人员有人未参加周教育大会者（无帽贴），当天不允许进入现场作业，并需重新进行岗前2h培训。

月安全教育主要内容为：

（1）上一月安全工作的总结。

（2）本月安全需要注意的事项。

（3）针对上一月某个班组或者个人违章情况的通报以及表现好的工友予以物品奖励。

（4）安全隐患、事故案例的列举等。

（5）其他人员对安全方面的要求，时间控制1h。

19.3.10 培训教育管理要求

1. 根据项目部制定的培训计划，由安全生产管理部负责监督培训教育工作的开展。

2. 每次培训前，培训讲师要做好课件，要求通俗易懂，培训时间控制在1.5h内。

3. 每次培训后，参加人员要对培训的课程及讲师进行评价，建议。

19.3.11 安全验收管理要求

1. 对于所有外来的设备、物资、材料等，必须严格按照进场前的验收手续。由责任单位通知总包相关部门及监理进行场外验收合格后可进入施工现场。

2. 施工现场的各分部分项工程等的验收，必须由主管施工人员根据现场的进度要求，及时组织相关人员进行验收，验收合格后张挂验收合格标牌，验收不合格的张挂红色停用牌。

19.3.12　危险作业管理要求

1. 要求现场所有危险作业必须进行提前1天的申请（动火作业、密闭空间作业、登高作业、易燃易爆危险化学品的使用等）。

2. 所有危险作业实施前必须组织总包、监理单位的相关人员到场进行检查、核实安全防护用品及设施的配备情况。

3. 危险作业实施过程中必须严格按照《危险作业安全管理规范》要求执行（检测、检查、试验、监护等）。

4. 危险作业过后必须进行作业后的检查、复查工作，消除安全隐患。

19.3.13　机型设备及临时用电管理要求

1. 根据现场实际情况进行临电方案的布置，对于现场的二级箱、三级箱、开关箱，总包项目均采取统一标化的模式（以现场样板为准），要求各劳务及专业分包单位按照总包单位的标准进行配备，购买总包方的配电箱，进行统一管理，严禁施工班组、作业人员自购、自带临时用电设施设备入场使用。对进场所有临时用电设施、机械设备执行编号验收机制，验收合格的统一张贴或悬挂验收合格牌，未经验收合格的禁止使用。

2. 三相用电必须使用五芯电缆线，颜色为黄、绿、红、蓝及黄绿双色。动力设备使用四芯电缆线黄绿红及黄绿双色，单项用电包括照明使用三芯电缆线红蓝及红蓝双色。所有电缆线颜色合格、验收后方能进入工地。

3. 现场所有电缆线必须架空使用，二级、三级箱、开关箱按照2m高度进行架空。

4. 所有用电设备必须执行“一机一闸，一漏一箱”。

5. 现场所有的二级、三级箱全部上锁使用，若有需要进行使用的，必须联系总包电工开锁，严禁撬锁、砸箱。

19.3.14　总包对分包的安全管理要求

各专业分包单位，必须严格按照总包项目部管理的要求，同时专业分包单位也必须建立本单位的安全生产责任制和安全管理制度等其他措施。

19.3.15 应急预案

1. 应急救援小组

安全应急救援小组的组成的目的是为了保证项目施工事故应急处理措施的及时性和有效性，本着“预防为主、自救为主、统一指挥、分工负责”的原则，充分发挥项目部、分包单位在事故应急处理中的重要作用，使事故造成的损失和影响降至最低程度。应急领导组织架构如图19-7所示。

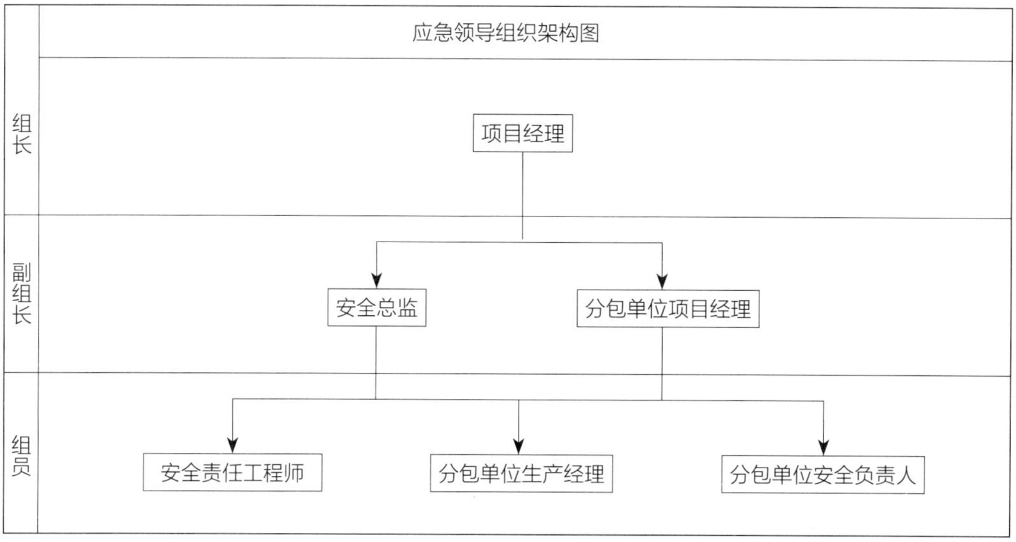

图19-7　应急领导组织架构

2. 应急事件的处理

项目应急事件主要包括基坑/土方坍塌、高处坠落事故、物体打击事故、火灾事故、大风、暴雨等自然灾害等若干类，其应该处理见表19-9。

应急事件的处理　　表 19-9

序号	类别	内容
1	基坑/土方坍塌	在施工过程中加强检查和监测，发现险情后应先停工撤离后采取补救措施。一旦这些坍塌事故发生后，施工现场指挥要有条不紊的按照既定的程序组织应急抢险，迅速组织人员对事发部位进行全面检查（在确保检查人员安全的前提下），观察坍塌范围是否有可能扩大，若还存有隐患，必须组织排险人员进行全面排除险兆，由项目物资管理部提供应急物质，在险兆排除后方可让抢救人员施救，施救人员必须穿戴好个人防护用品，抢救时首先要排除障碍或覆盖物

续表

序号	类别	内容
2	高处坠落事故	高处坠落事故发生后，施工现场指挥不要紧张，要有条不紊的组织应急抢险，第一步要抢救伤员；第二步停止所有高处作业，并实施警戒，设立警戒区，封闭现场，由项目应急组织实施警戒，以防闲杂人员进入事故现场，导致进一步的事故扩大；第三步迅速组织人员对事发部位进行全面检查（在确保检查人员安全的前提下）；若事故的严重程度已经超出项目部应急救援能力，必须紧急向社会应急组织求援，在实施抢救和救护的同时要保留音像资料图片，抢救和救护完毕，并报审相应审批机构后方可清理事故现场
3	物体打击事故	物体打击事故发生后，第一步迅速组织人员对事发部位进行全面检查（在确保检查人员安全的前提下），观看是否还有可能坠落物体，若还存有隐患，必须组织排险人员进行全面排除险兆，由项目物资管理员提供应急物质实施，当险兆排除后方可让抢救人员施救，施救人员必须穿戴好个人防护用品，抢救时首先要排除障碍或覆盖物，然后抢救伤员；第二步要停止作业，实施警戒，设立警戒区，封闭现场，由项目应急组织实施警戒，以防闲杂人员进入事故现场，导致进一步的事故扩大；第三步要安排人员紧急向上级报告；在实施抢救和救护的同时要保留音像资料图片，抢救和救护完毕，在事故调查组确认后方可清理事故现场
4	火灾事故	对于初起火灾，发现人员应大声呼救，并立即组织自救工作，力争在未蔓延扩大之前控制火势直至扑灭火灾。如果发现火情时过火面积较大，火势凶猛，凭借自身能力无法灭火时应一面大声呼救，一面迅速组织人员有序地撤离到临时避难层，同时通过电话（火警电话119）或高声呼救等方式求救，撤离出的人员应向火场指挥者报告火情，包括起火原因、受伤受困人员、过火部位等各方面情况，便于下一步的灭火工作，对于在火灾中受伤的人员现场急救方法处置
5	大风、暴雨等自然灾害	对于大风、暴雨等自然灾害应密切关注气象预报，预先配备必要的抗灾资源，做好防御工作，减少灾害损失。在听到台风警报后，所有的台风影响区域必须在台风到来之前，对可能导致坍塌的脚手架、施工电梯、塔吊等设施采取必要的加固防范措施；对于在高处作业的区域，全部停工，对于作业现场的施工用电全部拉闸停电，力争减少人员和财产的不必要损失

3. 应急救援程序

针对施工过程中的事故处理必须以保证人民生命安全为第一原则，在事故发生后由项目经理统一指挥协调，紧急、快捷、安全、及时地对现场进行抢救，确保人员生命安全、防止事故扩大。事故应急救援基本程序见表19-10。

应急救援程序　　表19-10

序号	内容
1	第一步要停止作业，实施警戒，设立警戒区，封闭现场，在项目经理的统一指挥协调下，由项目应急组织实施警戒，以防闲杂人员等进入事故现场，导致事故的进一步扩大，或者次生事故，严防二次伤害

续表

序号	内容
2	第二步迅速组织人员对事发部位进行全面检查（在确保检查人员安全的前提下），观察事故范围是否有可能扩大，若还存有隐患，必须组织排险人员进行全面排除险兆，由项目物资管理部提供应急物质，在险兆排除后方可让抢救人员施救，施救人员必须穿戴好个人防护用品，抢救时首先要排除障碍或覆盖物
3	第三步要紧急向上级报告，若事故的严重程度已经超出项目部救援能力的时候，还要紧急向社会应急组织求援，在实施抢救和救护的同时要保留音像资料图片，抢救和救护完毕，在得到事故调查小组确认后方可清理事故现场

第二十章 环境保护及文明施工管理

20.1 环境保护及文明施工管理内容

施工现场的环境保护、文明施工是整个项目的形象体现，因此必须严格按照制度及规定执行到位，本项目的环境保护及文明施工内容具体见表20-1。

环境保护及文明施工管理内容 表20-1

序号	分项	内容	状态/时态
1	噪声排放	挖掘机进行土方开挖、装载机土方运输、砂浆机搅拌抹灰砂浆、混凝土振动棒作业、风镐、切断机、弯曲机、电锯、压刨、切割机、对焊机等电动工具作业、脚手架安装拆卸、模板、钢管、钢筋等材料搬运、装卸、运输车辆进出	正常/现在
2	粉尘排放	砂浆搅拌机作业、水泥搬运、运输车辆车轮带尘土、运输车辆进出、木工锯末	正常/现在
3	生产、生活污水排放	施工中混凝土养护水、食堂、厕所、洗车池、浴室	正常/现在
4	运输遗撒	商品混凝土运输；施工、生活垃圾清运、现场土方外运	正常/现在
5	有毒、有害物排放	油漆桶、稀料桶、含油棉纱、棉布排放、机械维修、保养废油、旧温度计、办公室废复写纸、胶片、油墨盒、圆珠笔芯、色带、旧电池、废磁盘、废日光灯、塑料制品、防水材料、聚苯板、塑料布等废料	正常/现在
6	化学危险品泄漏挥发	油漆、稀料、油料贮存及作业、胶粘剂	正常/现在
7	光污染	夜间施工过程中的塔吊、作业面照明、车辆照明的光污染	正常/现在
8	工作区域防护	临边、洞口的防护情况，过程中的维护及移交工作面的手续等	正常/现在
9	材料堆放	现场各类材料的码放、清理等	正常/现在
10	垃圾回收运输	主体施工、装修施工过程中产生的垃圾、废料回收处理等	正常/现在
11	区域文明施工	各施工阶段、各专业分包单位的施工区域内的工完场清管理	正常/现在

20.2 环境保护及文明施工管理程序

所有的环境保护及文明施工管理内容在实施前，必须进行手续的申请，通过申请审核批准后方可进行现场的施工。具体流程如图20-1、图20-2所示。

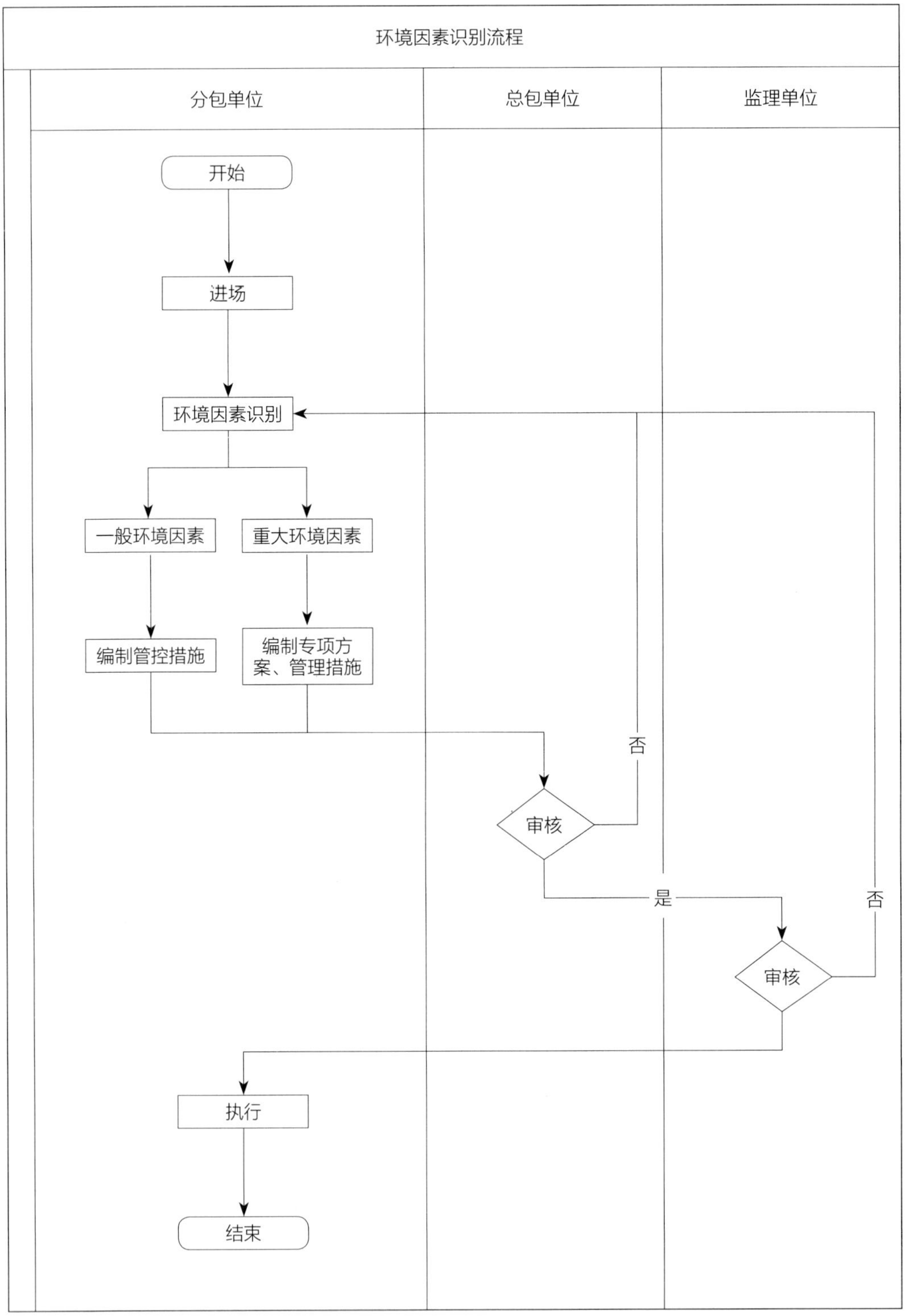

图20-1　环境因素识别流程

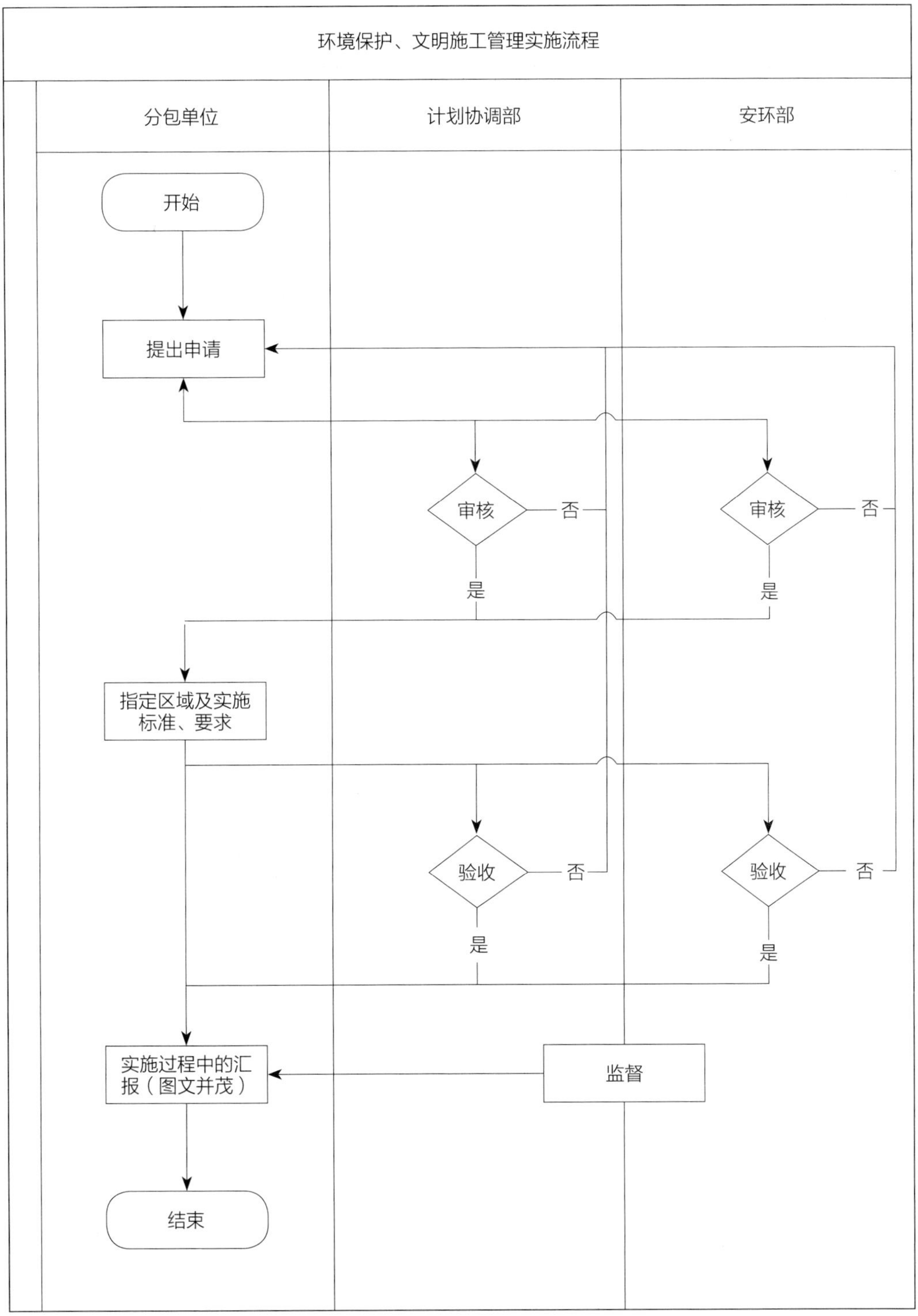

图20-2　环境保护、文明施工管理实施流程

20.3 环境保护及文明施工管理要求

20.3.1 噪声控制措施

对于施工现场各类机械、设备、施工等造成的噪声必须严格控制在排放标准以内，具体见表20-2。

噪声人员控制、过程控制及监测措施　　表20-2

环境因素	控制措施		监测要求
	人员控制	过程控制要求	
噪声	作业人员应熟悉机械操作流程，持证上岗；对作业人员进行交底	对设备的使用情况进行定期检查，发现异常情况及时进行检修，避免由于设施故障产生噪声 在固定地点的设置隔音房、若是临时的应禁止在夜间施工	在施工现场设置噪声监控检测，确保噪声排放的白天不超过75dB，夜间不超过55dB的限值

20.3.2 粉尘控制措施

对于施工现场施工等造成的粉尘排放必须严格控制在排放标准以内，具体见表20-3。

粉尘排放控制措施　　表20-3

环境因素	控制措施		监测要求
	人员控制	过程控制要求	
粉尘	作业人员应熟悉操作流程、施工规范要求，对作业人员进行交底，佩戴口罩	水泥应密闭储存，搬运过程严禁野蛮施工。建筑垃圾应装袋，打扫前应洒水。打磨作业应禁止连续作业，现场裸土应进行覆盖，出土时大门处应设置有冲洗平台，工地四周应设置降尘喷淋系统等	在施工现场设置噪声监控检测，确保粉尘排放符合城市排放标准

20.3.3 污水排放的控制措施

对于施工现场各类施工作业等造成的污水排放必须严格控制在排放标准以内，具体见表20-4。

污水排放控制措施　　表 20-4

环境因素	控制措施		监测要求
	人员控制	过程控制要求	
污水	作业人员应熟悉操作流程、施工规范要求，对作业人员进行交底	生产、生活污水排放的施工，严禁随意排放，必须排放到指定的沉淀池，进行三级沉淀过滤后进行排放。现场的各类维修、保养作业必须有防渗漏措施	每月定期进行污水排放的检测，做好记录，控制排放达标

20.3.4　车辆运输泄漏遗撒控制措施

对于施工现场各类车辆造成的泄漏、遗撒控制必须严格控制在排放标准以内，具体见表20-5。

运输泄漏、遗撒控制措施　　表 20-5

环境因素	控制措施		监测要求
	人员控制	过程控制要求	
泄漏遗撒	作业人员应熟悉操作流程、施工规范要求，对作业人员进行交底	所有车辆运输必须采取覆盖措施，车辆严禁超载运输。散装货物的车辆必须密封、包扎、覆盖，不得沿途泄漏、遗撒，运输时发现自身有泄漏、遗撒的，必须及时清扫干净	过程中定期进行检查

20.3.5　混凝土运输控制措施

对于施工现场混凝土施工等造成的污染、废弃排放必须严格控制在排放标准以内，具体见表20-6。

混凝土运输控制措施　　表 20-6

环境因素	控制措施		监测要求
	人员控制	过程控制要求	
污染、废气的排放、意外漏油	作业人员应熟悉操作流程、施工规范要求，对作业人员进行交底	运输车辆定时保养，运输前进行检测。设置沉淀池等进行定期清掏，避免沉淀池堵塞造成污水污染。运输时发现自身有泄漏、遗撒的，必须及时清扫干净	过程中定期进行检查

20.3.6 有毒、有害物排放措施

对于施工现场有毒、有害物排放必须严格控制在排放标准内，具体见表20-7。

有毒、有害物排放措施　　表20-7

环境因素	控制措施		监测要求
	人员控制	过程控制要求	
毒气、有害物	作业人员应熟悉操作流程、施工规范要求，对作业人员进行交底	有毒、有害物应做好相应的标识，有固定的存放仓库，专人管理。使用过程中应用容器装拿，用多少拿多少，做好记录，避免遗漏、丢弃。同时应在使用前上报总包、监理单位进行审批，现场做好防护措施	严格按照有毒、有害物的使用及处理标准进行监测

20.3.7 化学品和污染源控制措施

对于施工现场化学品和污染源的使用必须严格按照规范、标准使用，具体见表20-8。

化学品和污染源控制措施　　表20-8

环境因素	控制措施		监测要求
	人员控制	过程控制要求	
化学品污染、	作业人员应熟悉操作流程、施工规范要求，对作业人员进行交底	化学品应做好相应的标识，有固定的存放仓库，专人管理。使用过程中应用容器装拿，用多少拿多少，避免遗漏、丢弃。同时应在使用前上报总包、监理单位进行审批，现场做好防护措施	严格按照有化学品的使用及处理标准进行监测

20.3.8 光污染控制措施

对于施工现场照明的使用必须严格按照规范、标准使用，具体见表20-9。

光污染控制措施　　表 20-9

环境因素	控制措施		监测要求
	人员控制	过程控制要求	
光污染	作业人员应熟悉操作流程、施工规范要求，对作业人员进行交底	施工过程中使用LED节能照明措施。塔吊及其他照明严禁向居民区照射	过程中进行现场检查、控制

20.3.9　工作区域防护移交控制措施

对于施工现场工作区域防护移交，必须严格按照制度及规范要求落实，具体见表20-10。

防护移交控制措施　　表 20-10

项目	控制措施		监督要求
	人员控制	过程控制要求	
防护移交	作业人员应熟悉管理制度、施工规范要求，对作业人员进行交底	现场安全防护设施由责任单位进行负责搭设、维护。若需要移交时必须保证安全防护设施完好的前提下进行申请，并由总包单位进行监督两家单位进行移交。若有多家单位共同施工时安全防护设施由主责单位负责	总包单位过程中进行现场检查、监督、协调

20.3.10　材料堆放控制措施

对于施工现场工材料堆放控制要求，必须严格按照制度及总平布置要求落实，具体见表20-11。

材料堆放控制措施　　表 20-11

项目	控制措施		监督要求
	人员控制	过程控制要求	
材料堆放	作业人员应熟悉管理制度、标准要求，对作业人员进行交底	必须严格按照经批准的文明施工平面布置图规划现场施工区域、材料堆放区域，确保各生产设施布局整齐合理，材料分类整齐堆放，标识清晰，占用其他区域时必须办理相应的审批手续	总包单位过程中进行现场检查、监督、协调、考核

20.3.11 垃圾的回收运输控制措施

对于施工现场的垃圾处理，必须严格按照制度及总平布置要求落实，具体见表20-12。

垃圾处理控制　　表 20-12

项目	控制措施		监督要求
	人员控制	过程控制要求	
垃圾处理	作业人员应熟悉管理制度、要求，对作业人员进行交底	废料、垃圾分类堆放做好标识，每天进行清理、运输。高层垃圾、废料必须进行装袋运输，严禁高空倒运。各单位负责本区域内容的垃圾、废料的清理、运输	总包单位过程中进行现场检查、监督、协调、考核

20.3.12 区域文明施工控制措施

对于施工现场文明施工，必须严格按照制度及规范要求落实，具体见表20-13；

文明施工控制措施表　　表 20-13

项目	控制措施		监督要求
	人员控制	过程控制要求	
文明施工	作业人员应熟悉管理制度、标准要求，对作业人员进行交底	每天做好工完场清，垃圾、废料分类堆放，做好标识。 施工现场设置有移动厕所、固定厕所，并且每天有专人进行清理。施工作业人员应爱护设施，洁身自爱，保证厕所的卫生。现场其他地方严禁大小便	各单位过程中进行现场监督

第 5 篇

总承包商务管理

第二十一章 材料及设备管理

21.1 专业分包材料及设备品牌

21.1.1 专业分包材料及设备品牌管理内容

专业分包材料及设备品牌报审：专业分包材料及设备进场前，应提前依据合同技术要求完成材料品牌报审，经总承包单位、监理单位、设计单位、建设单位评审后，供一式三份作为封样用，分别存放在建设单位项目部、监理单位及总承包单位质量管理部；样板验收未通过的，总承包单位必须另行组织直到通过为止；验收合格后，必须填报《乙供材料设备送审表》(见附表21-1)。

根据合同约定，工程材料须在建设单位指定的品牌内选定，如选用其他品牌材料时，必须是同档次品牌，且事先报总承包单位、监理单位、设计单位、顾问单位、建设单位批准后方可定购、进场。

21.1.2 专业分包材料及设备管理流程

专业分包材料及设备管理报送、审批流程如图21-1所示。机械设备、材料进场申请见附表21-2。

21.1.3 材料及设备管理要求

专业分包材料及设备管理要求见表21-1。

专业分包材料及设备管理要求 表21-1

序号	关键活动	管理要求	时间要求	主责单位	工作文件
1	提交材料样板及相关资料	厂家四大证：营业执照、税务登记证、组织机构代码、产品合格证、产品参数说明书、类似项目业绩列举、材料样板等	材料及设备进场前	专业分包单位	《乙供材料设备送审表》
2	封样留存	材料样品经各方确认后，应封样留存（总承包单位、监理单位、建设单位各一份），作为过程材料进场检查验收、结算依据	综合评审合格后	专业分包单位	

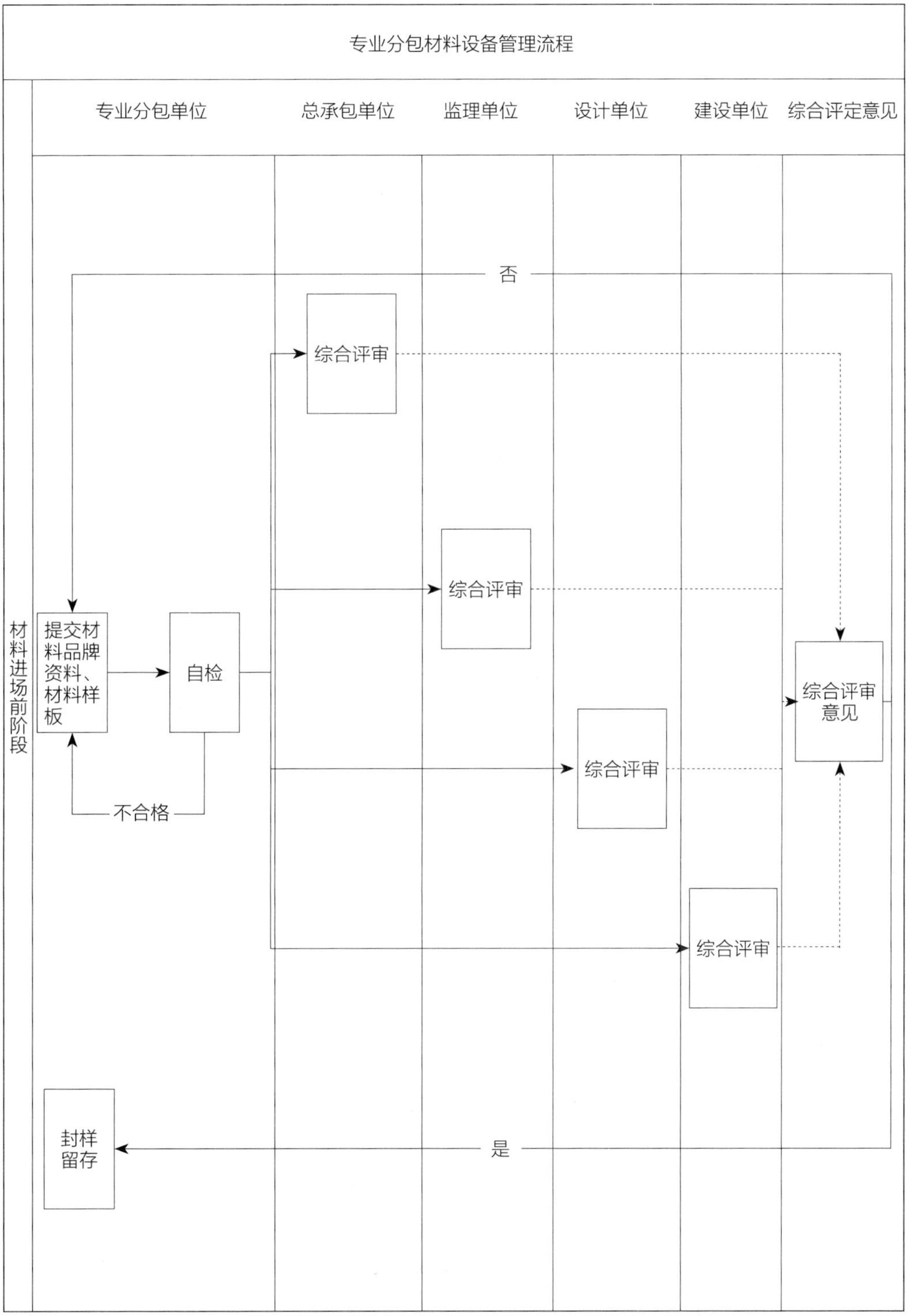

图21-1　专业分包材料及设备管理流程

21.2 专业分包材料及设备样板管理

详见第六章。

21.3 专业分包材料及设备进场验收管理

详见第六章。

乙供材料设备送审表　　附表 21-1

工程名称					日期	
现报上关于( )工程的物资选样文件，为满足工程进度要求，请在______年_____月_____日之前予以审批。						
序号	物资名称	主要规格型号	生产厂家	厂家联系人	联系电话	拟使用部位
施工单位意见：						
总承包单位意见：						
监理单位意见：						
业主单位意见：						

机械设备、材料进场申请表　　附表 21-2

工程名称：编号：

<table>
<tr><td colspan="4">至：
于____年____月____日进场的，拟用于工程________________部位的，经我方检验合格，现将相关资料报上，请予以审查。

申请单位：（盖章）
申请负责人签字：
日期：</td></tr>
<tr><td colspan="4">场地、道路安排　完成□　未完成□
垂直运输申请安排完成（若需要）　完成□　未完成□
机械设备验收是否合格　是□　否□
材料验收是否合格　是□　否□
其他需要补充说明：</td></tr>
<tr><td>总包专业工程师：

日期：</td><td>总包计划协调部：

日期：</td><td>总包安全部：

日期：</td><td>总包质量部：

日期：</td></tr>
</table>

备注：总包单位四部门审批完成的《机械设备、材料进场申请表》后交到保安处才可进场。

第二十二章　合同管理

22.1　专业分包招标管理

22.1.1　专业分包招标管理内容

编制专业分包招标建议计划，对建设单位招标文件及合同内容提出合理化建议，参与专业分包开标技术标评审。

专业分包一般包括：地库地面专业分包工程(环氧地坪、标识、划线)、防水专业分包工程、幕墙专业分包工程、护栏专业分包工程、室外泛光照明专业分包工程、防火卷帘专业分包工程、防火门专业分包工程、写字楼精装修专业分包工程、商业精装修专业分包工程、酒店标准客房样板精装修专业分包工程、酒店精装修专业分包工程、酒店后勤区装修专业分包工程、机电专业分包工程、虹吸排水安装专业分包工程、消防专业分包工程、智能化专业分包工程(楼宇自控、安全防范、通信自动化等)、停车场管理系统专业分包工程、酒店AV系统专业分包工程(会议视听、舞台灯光等)、电梯安装专业分包工程、电梯安装专业分包工程(写字楼及酒店)、室内外标识专业分包工程、擦窗机安装专业分包工程、酒店泳池设备安装专业分包工程、园林景观硬景专业分包工程、园林景观软景专业分包工程、水景系统安装专业分包工程、室外景观灯具安装专业分包工程。

22.1.2　专业分包招标管理流程图

由总承包单位根据项目总体施工进度计划要求，编制专业工程招标计划，提交业主审批。为确保工程顺利实施，强化过程管控，可在业主同意的情况下参与专业工程招标文件的编制，将项目对专业分包的管理要求、界面划分等要求纳入招标文件内。同时，参与专业工程技术标的评审工作，协助业主选择实力雄厚、业绩卓著的专业分包单位。其招标管理流程如图22-1所示。

22.1.3　专业分包招标管理要求

专业分包招标管理要求见表22-1。

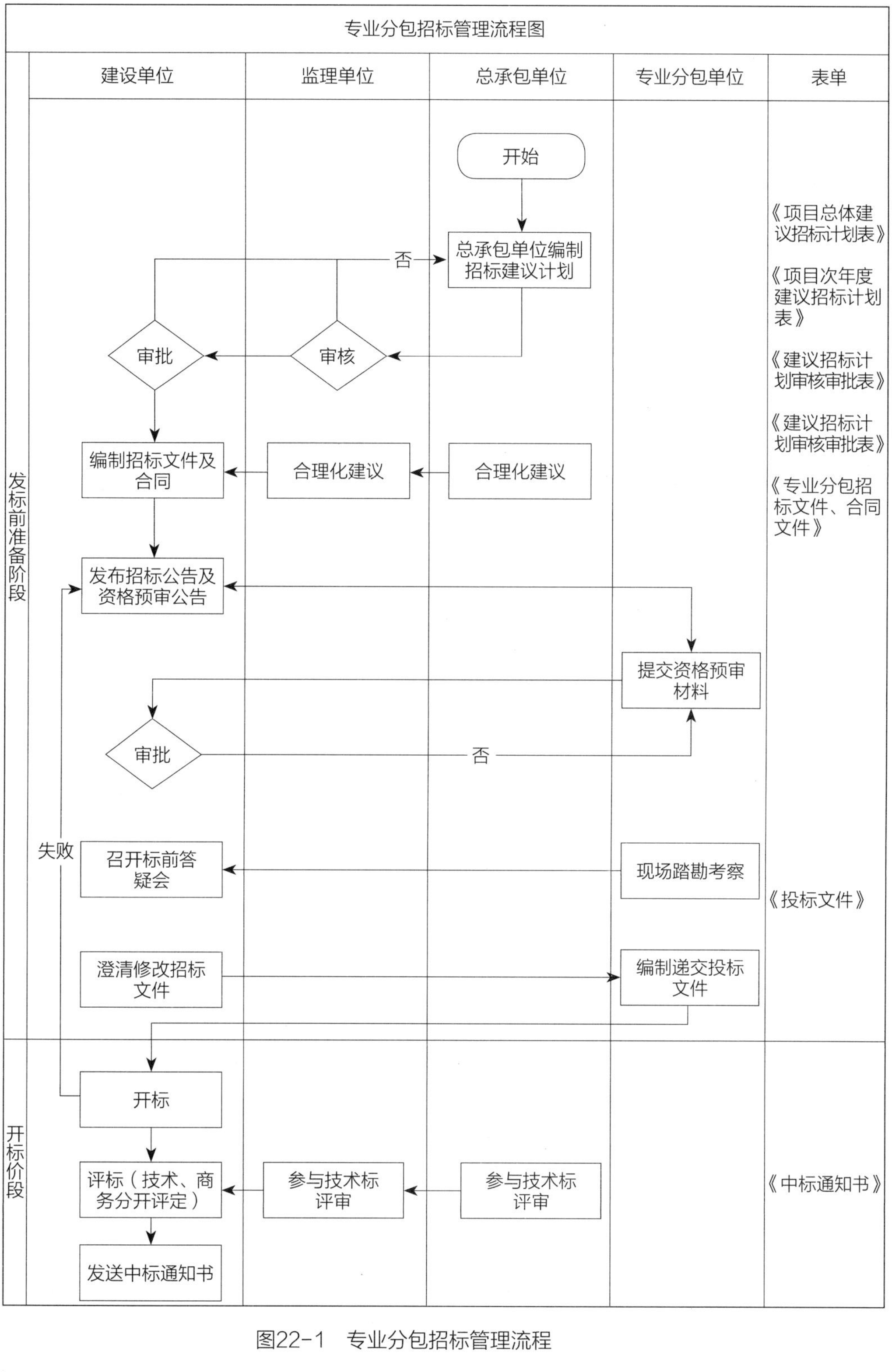

图22-1　专业分包招标管理流程

专业分包招标管理要求　　表 22-1

序号	关键活动	管理要求	时间要求	主责单位	工作文件
1	编制建议招标计划	总包商务部在项目施工总进度计划及年度计划基础上编制所有专业分包建议招标计划	项目开工后30天内完成项目总体建议招标计划编制；每年的12月25日之前完成项目次年度建议招标计划	总包商务部	《项目总体建议招标计划表》《项目次年度建议招标计划表》
2	建议招标计划审核	审核	3个工作日内	监理单位	《建议招标计划审核审批表》
3	建议招标计划审批	审批	3个工作日内	建设单位	《建议招标计划审核审批表》
4	招标文件及合同编制	建设单位负责专业分包招标文件及合同编写	招标时间控制时间点前3个月	建设单位	《专业分包招标文件、合同文件》
5	招标文件及合同编制提出建议	监理单位、总承包单位负责提出合理化建议	按建设单位要求时间内	监理单位、总承包单位	
6	专业分包编制递交投标文件	按建设单位招标文件要求编制投标文件	招标文件约定时间内	专业分包单位	《投标文件》
7	技术标评审	技术标是否有针对性，是否响应招标文件技术要求	建设单位规定时间内	建设单位	
8	发送中标通知书	按建设单位内部体系要求	招标文件约定时间内	建设单位	《中标通知书》

22.2　资信管理

22.2.1　专业分包商资信管理内容

1. 证件及项目管理机构

专业分包应提供营业执照、组织机构代码、税务登记证、安全生产许可证、资质证书（以下简称“五大证”，缺一不可）复印件一式十份并加盖公章；法人证明一式两份、授权委托书一式两份、项目管理机构成立文件、主要管理人员须与招标文件相吻合。

2. 主要人员资格和注册情况

施工现场项目管理机构的主要管理人员（包括项目负责人、技术负责人、预算负责人、质量负责人以及专职安全生产管理人员）所持有的注册执业资格证书、安全生产考核合格证书中载明的单位与施工总承包合同中的总承包单位名称须一致，且须与本单位建立社会保险关系，须与本单位建立劳动工资或社会养老保险，特种作业人员须经考核合格取得《建筑施工特种作业操作资格证书》。

22.2.2　专业分包商资信管理流程图

专业分包商凭中标通知书到总承包单位领取《进场须知》《安全管理须知》及《总承包管理要求》，了解总承包单位对分包的相关管理规定，按照总包要求申报资信材料，经总包商务合约部审核通过后，签订《安全管理协议》《临时水电管理协议》《质量管理协议》《建筑劳务企业规范用工承诺书》及《质量终身承诺书》，最后与总承包单位签订分包合同。

专业分包商资信管理流程如图22-2所示。

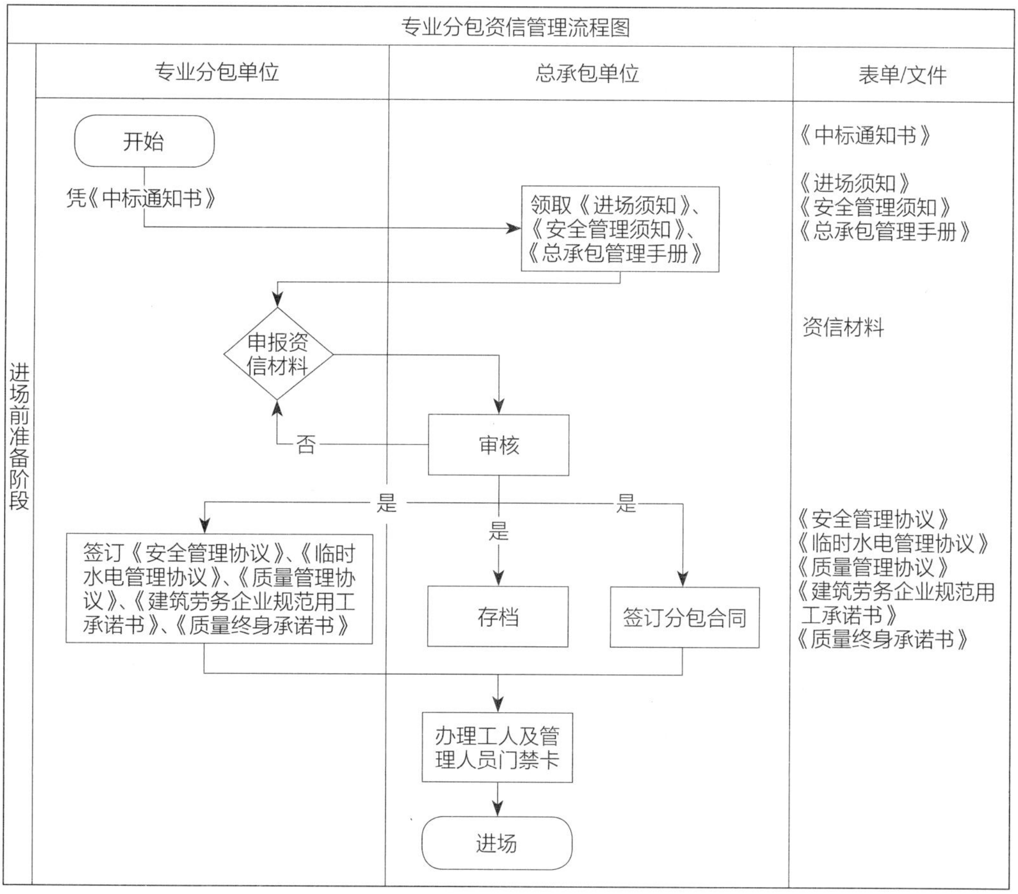

图22-2　专业分包商资信管理流程

22.2.3 专业分包商资信管理要求

专业分包商资信管理要求见表22-2。

专业分包商资信管理要求　　表 22-2

序号	关键活动	管理要求	时间要求	主责部门	工作文件
1	领取《进场须知》、《安全管理须知》、《总承包管理手册》	分包获取中标通知书后，凭此文件向总承包单位申领	进场前至少提前30天	专业分包单位	《中标通知书》 《进场须知》 《安全管理须知》 《总承包管理手册》
2	申报资信材料	资料真实、全面、合法、合规	进场前至少提前25天	专业分包单位	"五大证" 《法人证明》 项目管理机构图 机构主要管理人员主要管理人员劳动合同 社保证明 工资发放证明 持有的注册执业资格证书
3	资信材料审核	审核所有资料有效性、合规性	提交资料后3个工作日内	总承包单位	
4	资信材料归档	所有资信材料统一由总包商务部归档	进场前	总承包单位	
5	签订管理协议	及时签订现场各类管理协议	计划进场时间前完成签订	专业分包单位	《安全管理协议》 《临时水电管理协议》 《质量管理协议》 《建筑劳务企业规范用工承诺书》 《质量终身承诺书》
6	签订分包合同	详见"22.4专业分包合同管理"			
7	门禁卡办理	详见"第十四章劳务管理"			

22.3　合同备案管理

22.3.1　专业分包备案合同管理内容

专业分包单位在签订专业分包合同后及时报建设行政主管部门备案，否则总承包单位不予首次进度款审批。具体内容如下:

（1）建设单位同意总承包单位进行专业分包的证明文件；

（2）已备案的总承包合同（总合同原件1份及总合同备案表复印件1份，备案后退还总合同）；

（3）总承包中标通知书或发包审核通知书（原件1份，复印件1份）；

（4）专业分包合同原件（至少3份，留1份，其余退还）；

（5）专业分包单位营业执照、资质证书、安全生产许可证、建造师证（复印件各1份）；

（6）专业分包合同预算清单；

（7）经办人须具有申请人出具的授权委托书（原件1份）及经办人身份证复印件1份。

22.3.2　专业分包备案合同管理流程

专业分包备案合同管理流程如图22-3。

22.3.3　专业分包备案合同管理要求

专业分包备案合同管理要求见表22-3。

专业分包备案合同管理要求　　表22-3

序号	关键活动	管理要求	时间要求	主责部门	工作文件
1	递交专业分包合同备案申请表	专业分包必须按照备案要求提交资料合格、齐全	专业分包合同签订后3个工作日内	专业分包单位	专业分包合同备案申请表
2	报核发的施工分包合同备案表到总承包单位备案	及时领会报总承包单位存档备案	核发备案表后一个工作日内	专业分包单位	施工分包合同备案表（复印件）加盖专业分包单位公章

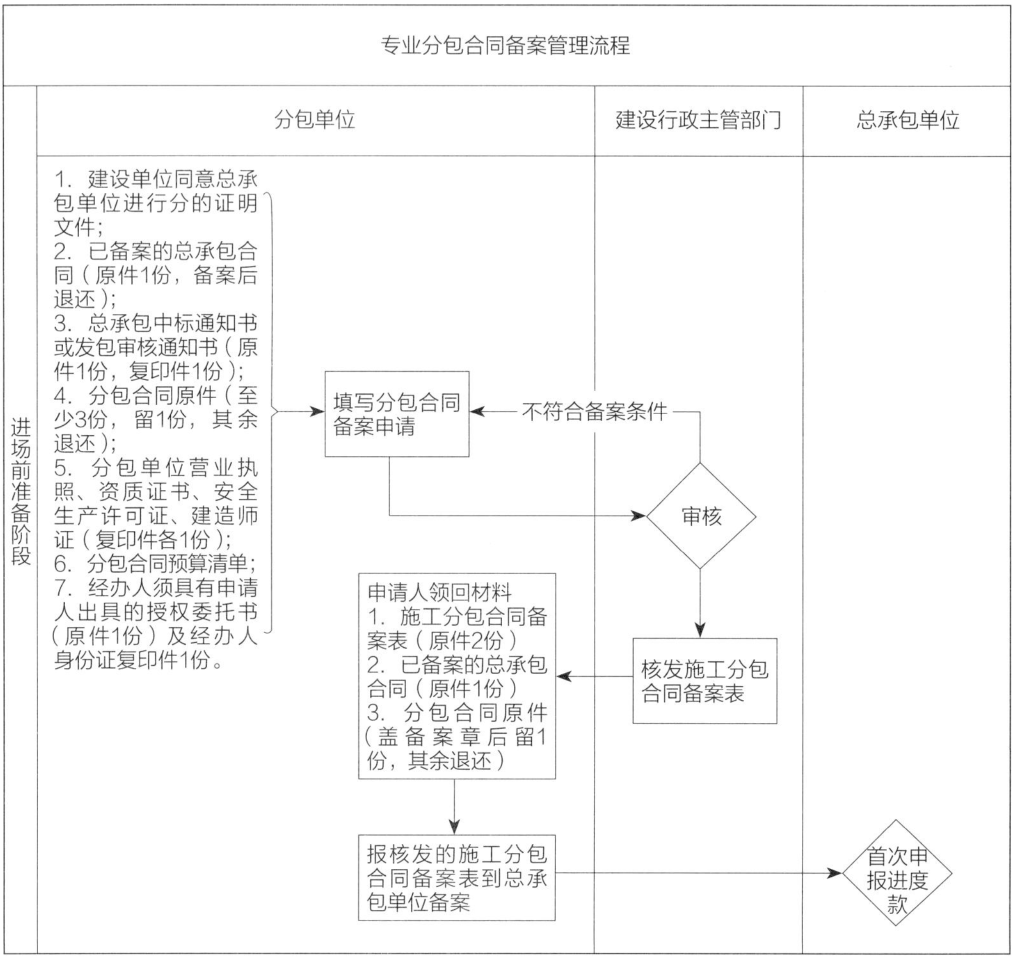

图22-3 专业分包备案合同管理流程

22.4 专业分包合同签订管理

22.4.1 专业分包合同签订管理内容

1. 专业分包须向总承包单位提交中标通知书。

2. 专业分包须向总承包单位提交业分包单位的完整资信资料（资信资料不符合专业分包要求的不得进入后续流程）。

3. 总承包单位将拟签订的专业分包合同电子版上传公司平台进入评审流程，同时要求上传的附件应包括第1、2步已收集资料的扫描件。

4. 合同评审流程完成后即可寄往公司合约法务部签订合同（专业分包单位先行

签字盖章），需同时提交的资料：

（1）非法人签字的需提供有效的授权委托书；

（2）合同评审阶段的评审意见采纳表（项目领导签字确认）；

（3）合同专用章使用申请表。

5. 合同存档。

22.4.2　专业分包合同签订管理流程

专业分包合同签订管理流程如图22-4所示。

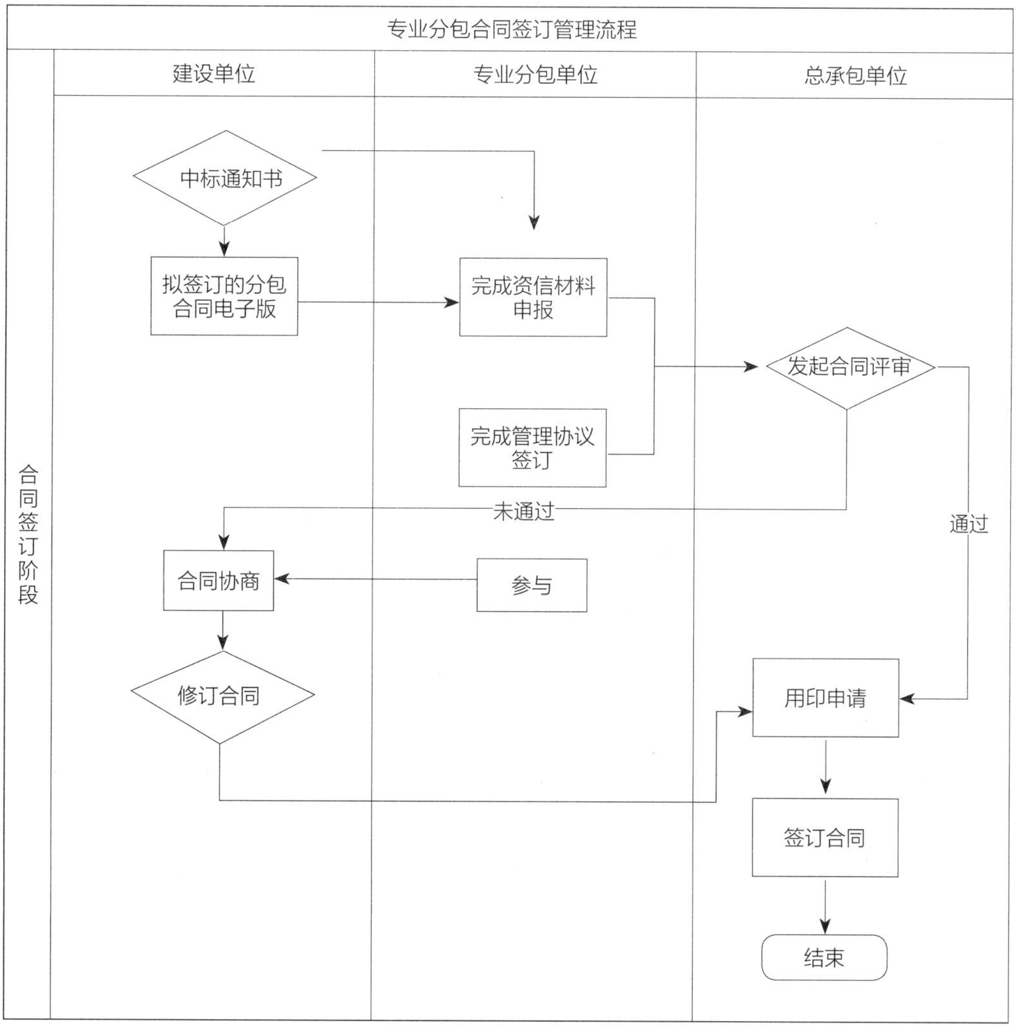

图22-4　专业分包合同签订管理流程

22.4.3 专业分包合同签订管理要求

专业分包合同签订管理要求见表22-4。

专业分包合同签订管理要求 表22-4

序号	关键活动	管理要求	时间要求	主责部门	相关部门
1	完成资信材料申报	详见“22.2资信管理”	进场前至少提前25天	专业分包单位	总承包单位
2	完成管理协议签订	详见“22.2资信管理”	进场前完成签订	专业分包单位	总承包单位

22.5 合同履约管理

22.5.1 履约管理内容

专业分包合同交底：专业分包合同签订后，由总承包单位对专业分包主要管理人员进行专业分包合同交底，建设单位、监理单位相关人员共同参与，提醒专业分包合同中重要履约事项，提高专业分包履约力。

履约评价以及对违约事件处理：合同全周期内总承包单位须从安全、质量、进度、技术、商务、综合管理等方面进行月度履约综合评价，过程涉及专业分包单位违约事件，将进展动态及时通报，针对违约事件将依据管理协议条款进行经济处罚。考核评比结果施行红黄牌警告制度，连续两次获黄牌或一次红牌，总承包单位将予专业分包单位总部发送履约警示函，暂停审核工程款以及变更签证费用审批，约谈专业分包法人或者区域生产副总。连续获得两次红牌并要求专业分包专业分包法人或者区域生产副总进驻现场蹲点，直至违约情况改变。

22.5.2 履约管理流程

专业分包履约管理流程如图22-5。

22.5.3 履约管理要求

专业分包履约管理要求见表22-5。

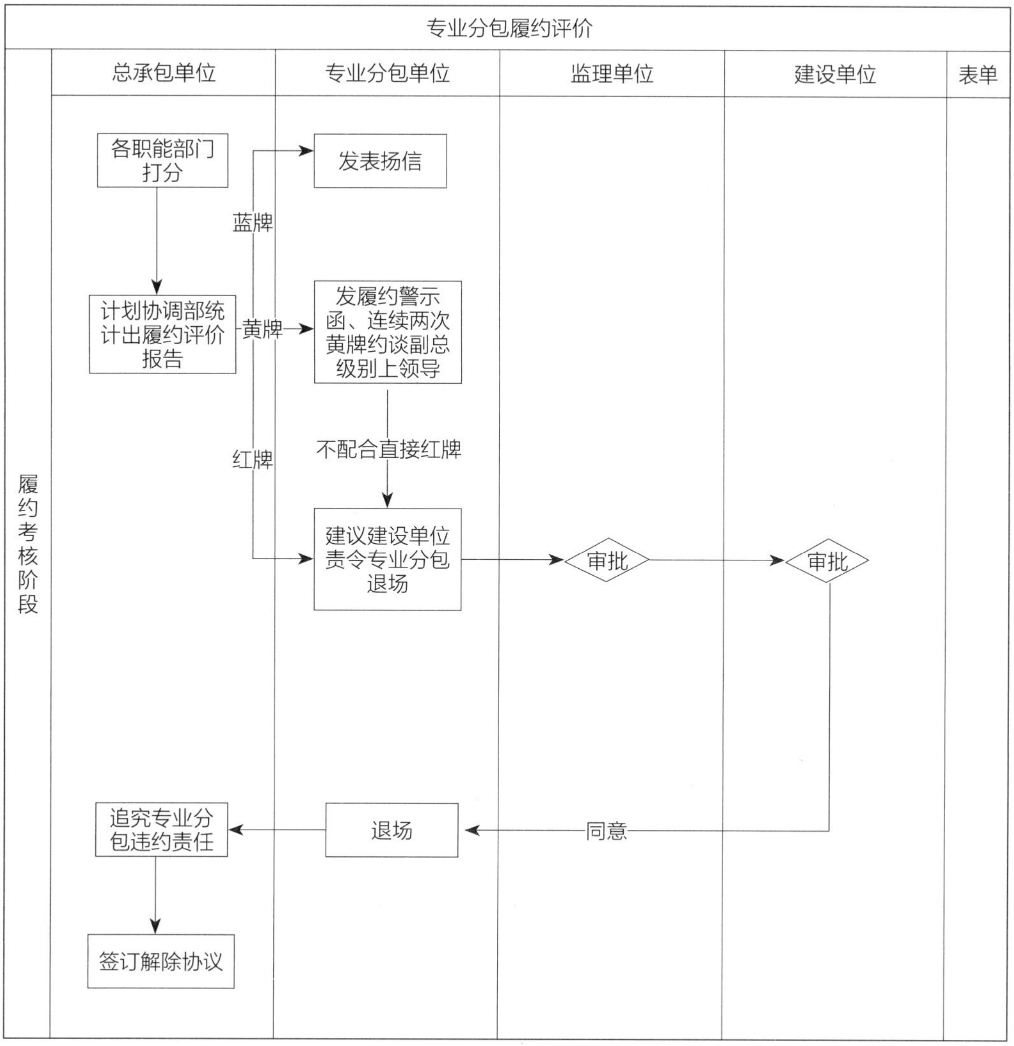

图22-5　专业分包履约管理流程

专业分包履约管理要求　　表22-5

序号	关键活动	管理要求	时间要求	主责部门	相关部门	工作文件
1	专业分包合同交底	合同责任分解应细化至一般管理人员，须责任人签字，过程动态更新	专业分包合同签订后7个工作日内	总承包商务部	总承包单位项目各部门	《专业分包合同交底纪要》
2	合同风险责任分解	合同责任分解应细化至一般管理人员，须责任人签字	专业分包合同签订后7个工作日内	总承包单位商务部	总承包单位项目各部门	《合同责任分解表》

续表

序号	关键活动	管理要求	时间要求	主责部门	相关部门	工作文件
3	过程违约事件处理与监控	专业分包违约事件全程记录、建立专业分包违约事件动态监控台账；相关质量、安全事故记录（项目管理人员签字，相关劳务、专业专业分包分供现场代表签字）	每月填报相关表格	总承包单位各部门/监理单位	建设单位	《在施工程专业分包合同履约情况一览表》《风险监控台账（季报）》
4	履约评价	针对施工全周期质量、工期、文明施工、其他进行综合评定	每季度季度进行评价	建设单位/总承包单位	监理单位	《专业分包履约评价表（季度）》

第二十三章　商务及资金管理

23.1　商务及资金管理内容

1. 施工图预算及资金计划

专业分包合同签订后，收到施工图纸后须1个月内完成工程施工图预算书、资金使用计划编制。总承包单位审核完毕后提交监理单位、建设单位，建设单位审批后报总承包单位备案。

2. 变更预算及签证

工程变更指令如未引致现场签证，在该指令发出后14个日历天内（从工程部发出变更指令起计至总承包单位审核《工程变更造价申报表》，监理单位审核《工程变更造价申报表》止），监理单位审核后向建设单位报送审批；工程变更指令如引致现场签证，在《现场签证确认单》完成审批流程后的14个日历天内（从建设单位工程部签发《现场签证确认单》起计，总承包单位审核《工程变更造价申报表》，监理单位审核止），监理单位审核后向甲方报送审批。

3. 工程款申请及资金支付

总承包单位须在申请工程进度付款证明7日前通知专业分包单位，专业分包单位须在每月25日前内向总承包方提交上述已完成专业分包工程等总值及详细资料。总承包方需对专业分包单位提交之付款申请进行审核。总承包单位须将各个专业分包总值及资料都包括在工程进度付款证书之申请内。按合同条支付专业分包单位的任何款项，在付款前专业分包单位必须于到期付款日之15个日历天前提交在工程所在地指定的税务局开具专业分包增值税发票并向承包人提交，并且要求开具的发票能抵扣税点。专业分包单位收取工程款必须开具与专业分包单位相符的正式发票，必须提供与专业分包单位名称相符的收款账号：专业分包单位的账号、开户名、开户行。如因专业分包单位不能及时开具该发票影响工程承包人支付工程款，相关责任由专业分包单位自行承担。

4. 结算

专业分包在竣工结算在全部工程实际完工前一个月提交合格结算书及相关资料，总承包方须将结算所需的所有资料，包括有关指定专业分包单位及指定供货单位的结算文件，由总承包方初审和合格后汇编汇总呈交建设单位。

23.2　商务及资金管理流程

1. 施工图预算管理流程

施工图预算管理流程如图23-1所示。

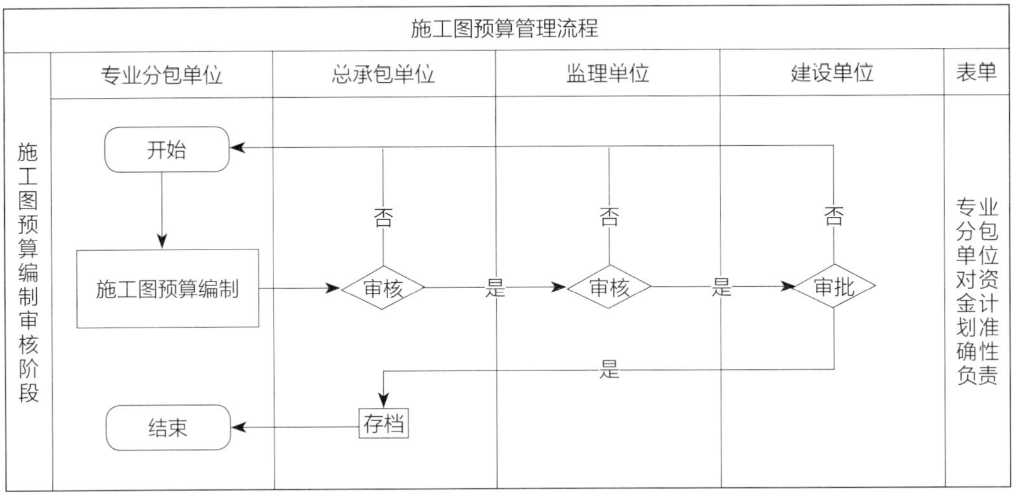

图23-1　施工图预算管理流程

2. 资金计划管理流程

资金计划管理流程如图23-2所示。

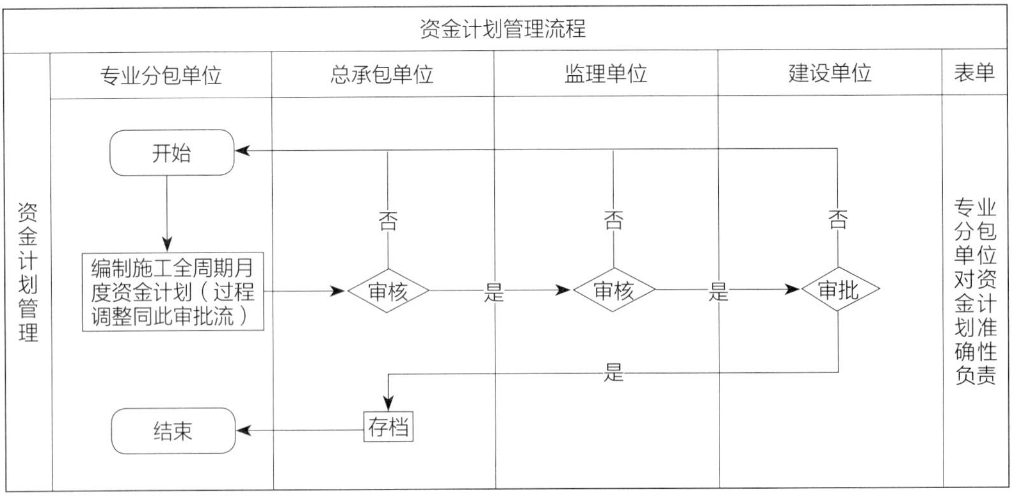

图23-2　资金计划管理流程

3. 变更预算、签证管理流程

变更预算、签证管理流程如图23-3所示。

4. 工程款申请及资金支付管理流程

工程款申请及资金支付管理流程如图23-4所示。

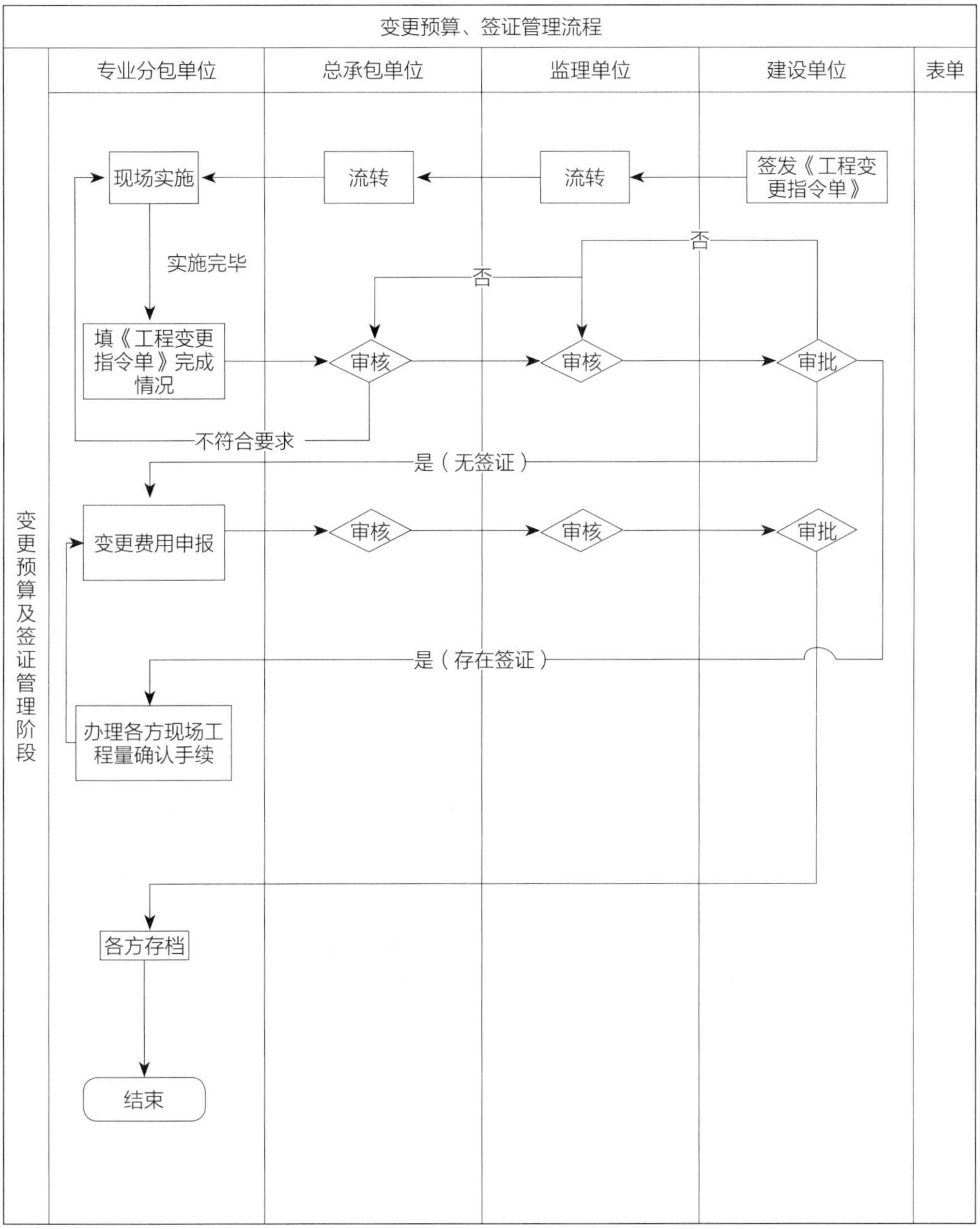

图23-3　变更预算、签证管理流程

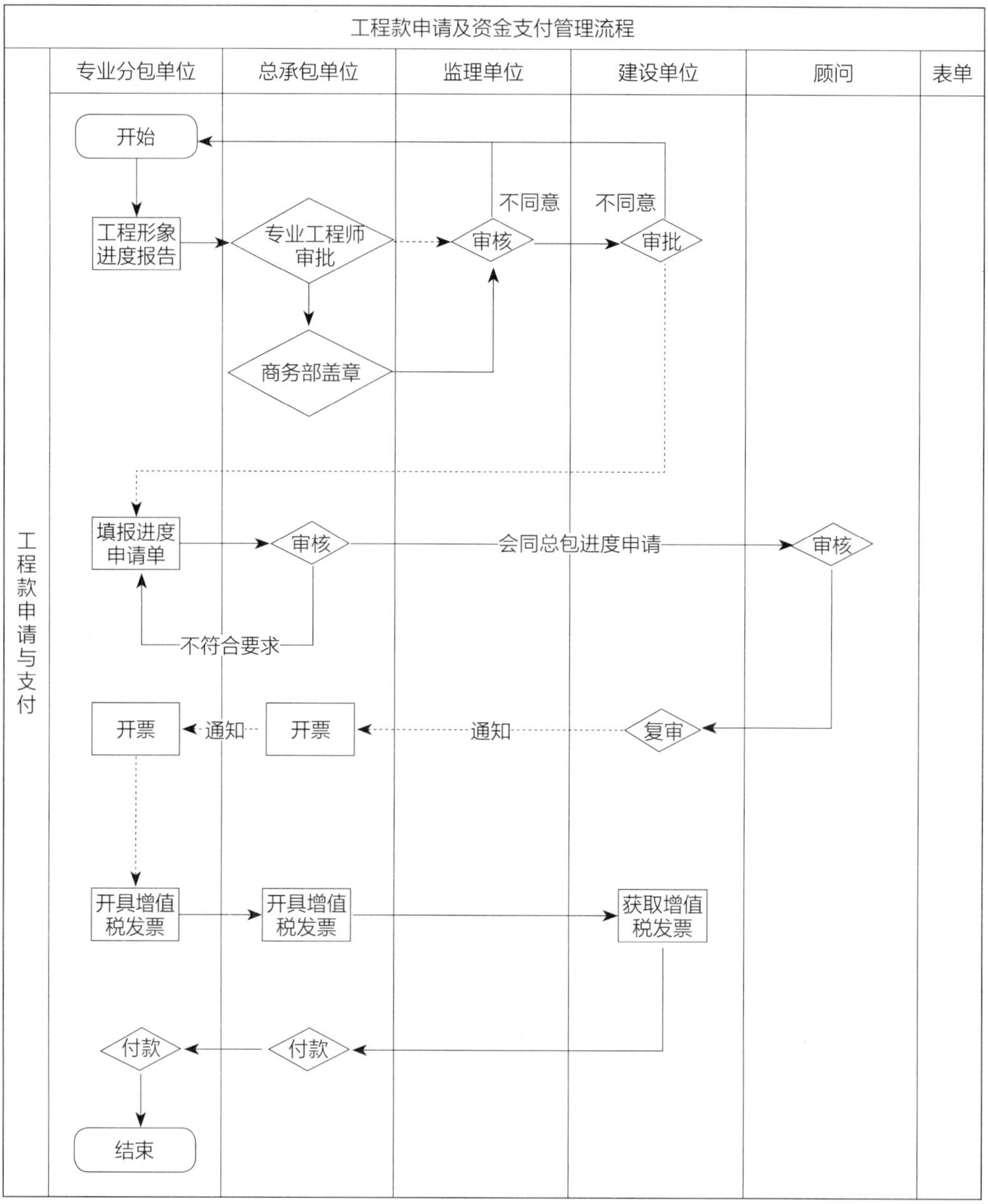

图23-4　工程款申请及资金支付管理流程

23.3　商务及资金管理要求

1. 施工图预算管理要求

施工图预算管理要求见表23-1。

施工图预算管理要求　　表23-1

序号	关键活动	管理要求	时间要求	主责部门	相关部门	工作文件
1	专业分包预算编制	收到全部施工图纸30天内并提交总承包单位审核	30天内	专业分包单位	专业分包单位	预算书
2	预算审核	收到专业分包单位预算书30天内完成初审	30天内	总承包单位	专业分包单位	初审成果文件
3	预算建设单位审批	收到总包初审稿后60天内完成审核	60天内	建设单位	专业分包单位/总承包单位	审定书

2. 资金计划管理

资金计划管理要求见表23-2。

资金计划管理要求　　表23-2

序号	关键活动	管理要求	时间要求	主责部门	相关部门	工作文件
1	专业分包资金使用计划编制	专业分包根据已审核施工图预算紧密结合总包进度计划编制施工全周期月底资金使用计划，准确率不低于90%	施工图预算审定后7天内	专业分包单位	总承包单位、监理单位、建设单位	《资金计划表》
2	专业分包资金使用计划调整	如出现图纸重大变更，在收到变更图纸后及时调整资金计划	收到变更后7天内	专业分包单位	总承包单位、监理单位、建设单位	《资金计划表（调整版）》

3. 变更预算、签证管理要求

变更预算、签证管理要求见表23-3。

变更预算、签证管理要求　　表23-3

序号	关键活动	管理要求	时间要求	主责部门	相关部门	工作文件
1	专业分包《工程变更指令单》完成情况报批	现场变更指令实施完毕后及时报总承包单、监理单位、建设单位相关部门验收，验收合格后审批	72日内	专业分包单位	总承包单位、监理单位、建设单位	《工程变更指令单》

续表

序号	关键活动	管理要求	时间要求	主责部门	相关部门	工作文件
2	变更费用申报、审批	《工程变更指令单》审批完成后及时申报费用总承包单、监理单位、建设单位相关部门进行审批，申报报表后须附工程量计算表达，单价相关依据	收到变更后7天内	专业分包单位	总承包单位、监理单位、建设单位	《工程变更造价申报表》《现场签证确认单》《现场签证预算明细表》

4. 结算管理要求

结算管理要求见表23-4。

结算管理要求　　表 23-4

序号	关键活动	管理要求	时间要求	主责部门	相关部门	工作文件
1	专业专业分包结算编制	各专业分包须竣工验收前三个月完成	验收前3个月	专业分包单位	总承包单位、监理单位、建设单位	《结算书》
2	结算初审	总承包单位收到规定递交的竣工结算文件后的 28 天内予以核实，并向专业分包单位提出完整的核实意见（包括进一步补充资料和修改结算文件），同时抄报发包人。分专业分包单位在收到核实意见后的 28 天内按照总承包提出的合理要求补充资料，修改竣工结算文件，并再次递交给总承包单位	28天内	总承包单位	总承包单位、监理单位、建设单位	《结算书》

第6篇

总承包综合管理

第二十四章　会议管理

24.1　会议管理内容

24.1.1　总包固定例会

会议是项目管理的重要形式，总承包管理项目会议按会议性质可分为综合性会议和专业性会议，按时间形式上可分为定期会议和不定期会议。总承包项目部可根据项目部需要，业主、监理的相关要求，组织召开各种会议。总承包项目部定期召开的会议见表24-1。

定期召开的会议一览表　　表 24-1

序号	会议名称	主持单位/主持人	会议时间	参会人员
1	工程监理例会	监理单位/总监	周二10：00	总包项目班子、专业分包项目班子
2	质量周会	监理单位/总监	周三10：00	质量总监、质量工程师
3	安全周会	监理单位/总监	周一16：00	安全总监、专业分包负责人及安全负责人
4	总包安全周例会	总包单位/安全总监	周五17：00	安全部、机电部、专业分包安全负责人
5	钢结构协调例会	总包单位/专业工程师	周二16：00	总包钢结构工程师、专业分包
6	幕墙协调例会	总包单位/专业工程师	周三15：00	总包幕墙工程师、专业分包
7	机电协调例会	总包单位/专业工程师	周一11：00	总包机电工程师、专业分包
8	BIM技术例会	总包单位/项目总工	周四15：00	总包技术工程师、专业分包
9	计划协调例会	总包单位/计划协调部经理	周一15：00	总包计划工程师、专业分包

24.1.2　总承包项目部及部门例会

总承包项目部内部会议是推进施工生产，解决施工中存在的各种问题的重要手段，分为项目综合会议和部门会议，见表24-2。

总承包项目部及部门例会一览表　　表 24-2

序号	会议名称	主持单位/主持人	会议时间	参会人员
1	总包项目例会	项目经理	周二20：30	总包项目全体人员
2	商务例会	项目商务经理	每月25号	总包项目主管以上
3	生产例会	项目副经理/项目生产经理	周二19：30	土建项目部

续表

序号	会议名称	主持单位/主持人	会议时间	参会人员
4	工程部例会	项目副经理/项目生产经理	周一11：00	工程部、物资部、机电部全体人员、劳务管理工程师
5	计划协调部例会	计划协调部经理	周一9：00	计划部全体人员
6	工程技术部例会	项目总工	周一10：00	工程技术部全体人员
7	商务部例会	项目商务经理	周一19：00	商务部全体人员
8	安全部例会	项目安全总监	周五16：00	安全部、机电部全体人员
9	办公室例会	项目办公室主任	周三10：00	办公室人员

24.1.3　专业会议

专业会议为根据项目需要专门召开的会议，见表24-3。

各类专业会议一览表　　表 24-3

序号	会议名称	主持单位/主持人	会议时间	参会人员
1	专家评审会	项目经理	按需	总包项目班子及相关部门
2	A、B类方案 B、项目评审会	项目总工	按需	相关部门及人员
3	C、D类方案 D、项目评审会	技术部经理	按需	相关部门及人员
4	生产协调会	项目副经理	按需	相关部门及人员
5	安全技术交底会	工程师	按需	相关部门及人员
6	技术研讨会	工程技术部	按需	相关部门及人员
7	商务研讨会	商务经理	按需	相关部门及人员
8	各种临时会议	发起人	按需	相关部门及人员

24.2　会议管理程序

24.2.1　会议组织程序

会议组织者应向总包办公室申请报备，避免会议室冲突。相关组织流程如图24-1所示。

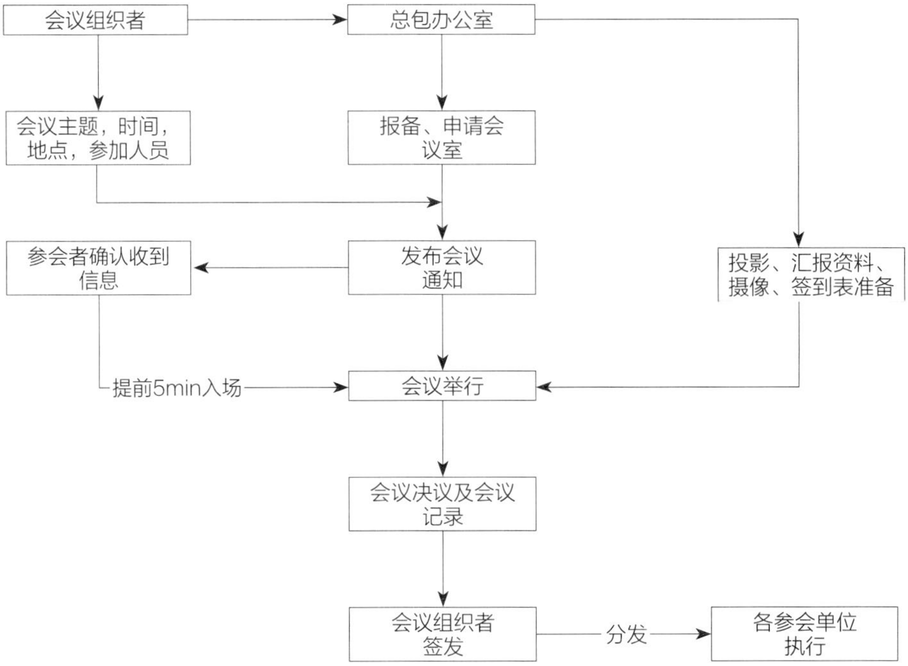

图24-1　会议组织管理流程

24.2.2　会议主持程序

1. 工程监理例会会议流程

工程监理例会由工程总监主持，先由各专业项目部（含土建项目部）负责人汇报上周完成情况、存在的问题及下周工作计划，然后由总承包单位各职能部门和项目经理通报各专业项目部管理情况及总体工作安排、要求，监理单位通报项目管理情况，最后由业主回答相关问题的解决措施及提出管理要求。会议流程如图24-2所示。

2. 总包组织会议主持程序

由总承包单位组织的各项专业会议，会议流程如图24-3所示。

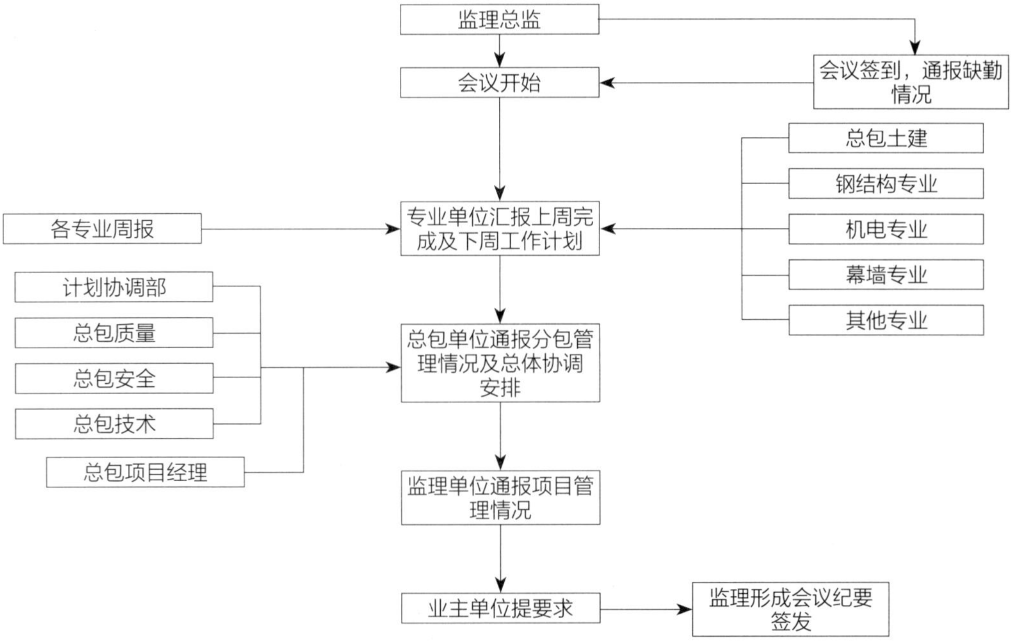

图24-2　工程监理例会会议流程

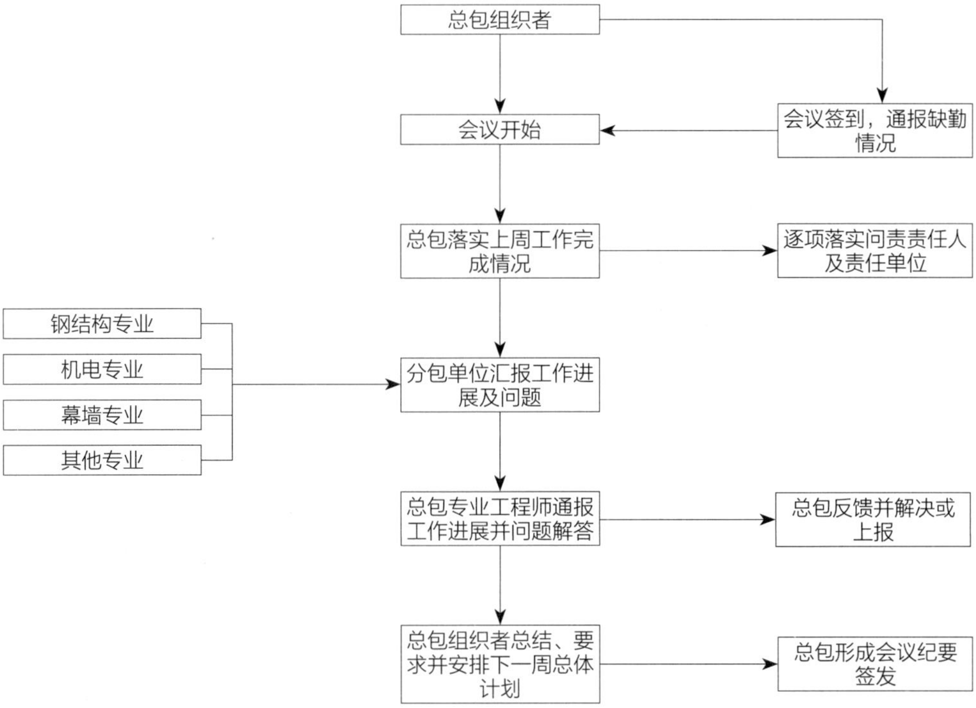

图24-3　总包单位组织专业会议流程

24.3 会议管理要求

24.3.1 监理组织固定例会要求

1. 由监理总监组织的监理例会参加人员包括：

（1）业主工程总监、工程部副经理、土建工程师、机电工程师、幕墙工程师、钢结构工程师、安全工程师；

（2）监理总监、机电总监、安全监理、土建专监、机电专监、钢构专监、幕墙专监；

（3）总包项目经理、项目副经理、项目总工、安全总监、质量总监、土建副总工、机电副总工、计划协调部经理、资料员；

（4）专业分包单位项目经理、项目总工、生产经理、安全负责人。

2. 因事不能参加监理例会人员必须按照合同规定向业主工程总监请假，同意后报备监理总监，并安排不低于同等能力或级别人员替代参会。

3. 监理例会结束后，监理例会纪要整理定稿时间不能超过6h，并当天签发到各参会单位。

4. 质量周会参加人员包括：

（1）业主土建、机电、钢结构、幕墙专业工程师等；

（2）监理总监、机电总监、土建专监、机电专监、钢结构专监、幕墙专监等；

（3）总包质量总监、项目副经理、专业工程师、质量员；

（4）分包单位质量总监、生产经理、专业工程师、质量员。

5. 安全周会参加人员包括：

（1）业主专业工程师、安全工程师；

（2）监理总监、安全专监；

（3）总包安全总监、项目副经理、安全员；

（4）分包单位项目经理、安全总监、安全员。

24.3.2 总包组织固定例会要求

1. 钢结构协调例会参加人员包括：

（1）业主钢结构专业工程师；

（2）监理总监或者总监代表、钢结构专监；

（3）总包钢结构负责人、钢结构专业工程师；

（4）钢结构分包项目经理、项目总工、专业工程师。

2. 幕墙协调例会参加人员包括：

（1）业主幕墙结构专业工程师；

（2）监理总监或者总监代表、幕墙工程专监；

（3）总包幕墙负责人、幕墙顾问、幕墙专业工程师；

（4）幕墙分包项目经理、项目总工、专业工程师。

3. 机电协调例会参加人员包括：

（1）业主机电副经理、机电专业工程师；

（2）监理机电总监、机电专监；

（3）总包机电副总工、机电专业工程师；

（4）机电分包项目经理、生产经理、项目总工。

4. BIM协调例会：

（1）工程部副经理、专业工程师；

（2）总监代表、各专业专监；

（3）项目总工、副总工、各部门负责人、BIM工程师、平台支持顾问；

（4）专业分包项目总工、BIM专业工程师。

5. 计划协调会

（1）业主工程部副经理、专业工程师；

（2）监理总监或总监代表、各专业专监；

（3）总包项目副经理、计划协调部经理、副总工、专业工程师；

（4）专业分包项目副经理（生产经理）、技术负责人、专业工程师。

6. 总包组织的固定例会，如有事，各专业项目经理必须向总包项目经理请假并取得同意后报备会议发起人，专业分包项目经理以下人员必须向会议发起人请假并取得同意，否则按旷会处理。

7. 总包组织的固定例会由发起人指定专业工程师负责会议记录，记录整理确认时间不得超过会后6h，总包签发后各专业分包和参会单位严格执行。

24.3.3　总体会议要求

1. 会议发起人必须提前1天向办公室报备会议并申请使用会议室，临时会议不得占用固定会议时间，总包单位及各专业分包单位合理安排时间，不得无故缺会或迟到。总包办公室负责落实固定会的会场，其他占用固定例会会场的会议须经总包项目经理同意。

2. 会议发起人在会议开始前15min到会场，检查会务落实情况，做好会前准备。其他所有参会人员要求提前5min到会场，否则按迟到处理。

3. 所有参加会议的人员在会议规定召开时间后未到的，计为迟到；凡参加会议人员，如未经主持人同意在会议召开结束前提前离开会场的，计为早退；凡必须参加会议人员未经请假，擅自不参加会议或请假未经批准而不参加会议的，计为缺席。

4. 会议要求参加人员准备会议资料的（如会议议题、汇报材料等），参会人员应提前准备好，如有幻灯片需要提前统一汇总到会议发起人指定电脑，统一播放。

5. 会议出勤情况统计表由会议发起人或指定人员，在会前到综合办取签到表时一并领取，会后统计结果。统计人员将统计结果上交综合办存档，综合办定期公布会议出勤情况。

6. 参会人员遵守会场纪律，禁止出现交头接耳、玩手机情况，进入会场手机须调静音或振动，必须要接听电话时须经会议主持人允许后，出到会场外接听，禁止在会议室内吸烟。

第二十五章　信息化管理

25.1　信息化管理内容

施工现场信息化管理的主要内容见表25-1。

施工现场信息化管理的主要内容　　表 25-1

序号	信息化管理内容	备注	序号	信息化管理内容	备注
一 信息编码管理			7	安全APP管理	
1	信息编码管理		四 施工现场信息管理		
二 信息交流管理			8	远程监控管理	
2	信息传递及微信管理		9	门禁管理	
3	BIM技术管理		10	塔吊安全监控管理	
4	二维码管理		11	塔吊防碰撞系统	
5	图片及视频管理		12	扬尘及气象监控系统	
三 安全质量APP管理			13	围墙围界管理	
6	质量APP管理				

25.2　信息化管理程序

25.2.1　信息编码管理程序

项目部各单位信息编号分级如图25-1所示。

25.2.2　信息交流管理程序

项目部信息交流管理流程如图25-2所示。

25.2.3　安全、质量APP管理程序

项目部安全、质量APP管理流程如图25-3所示。

25.2.4　施工现场信息管理程序

施工现场信息管理包括远程监控管理、门禁管理、塔吊安全监控管理、塔吊防

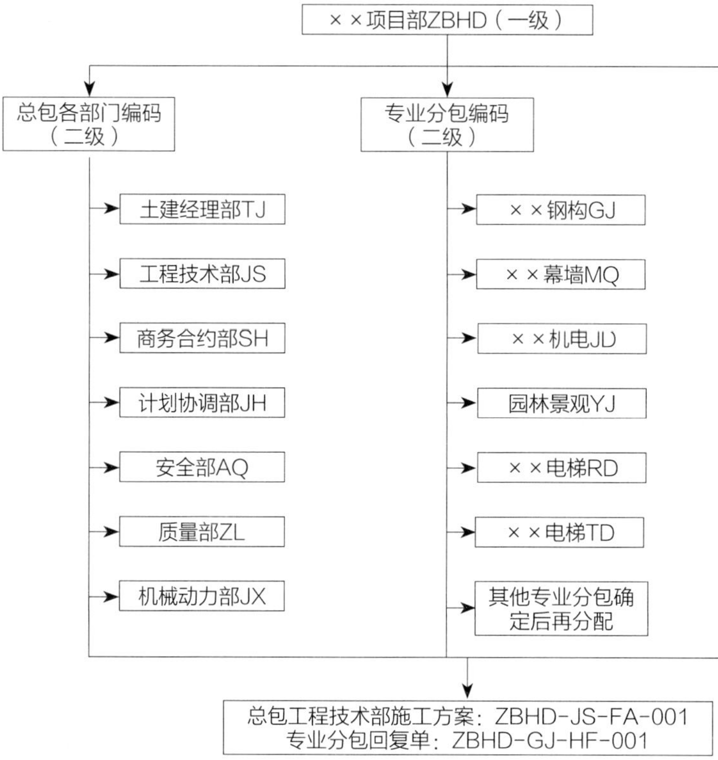

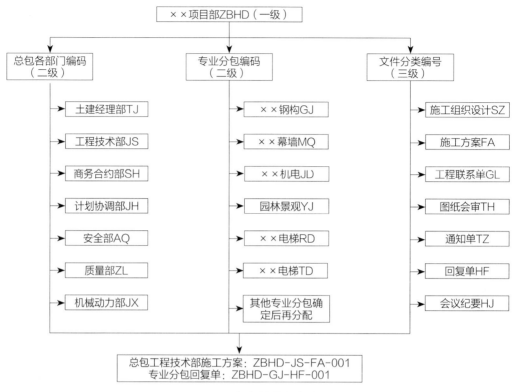

图25-1　项目部各单位信息编码分级

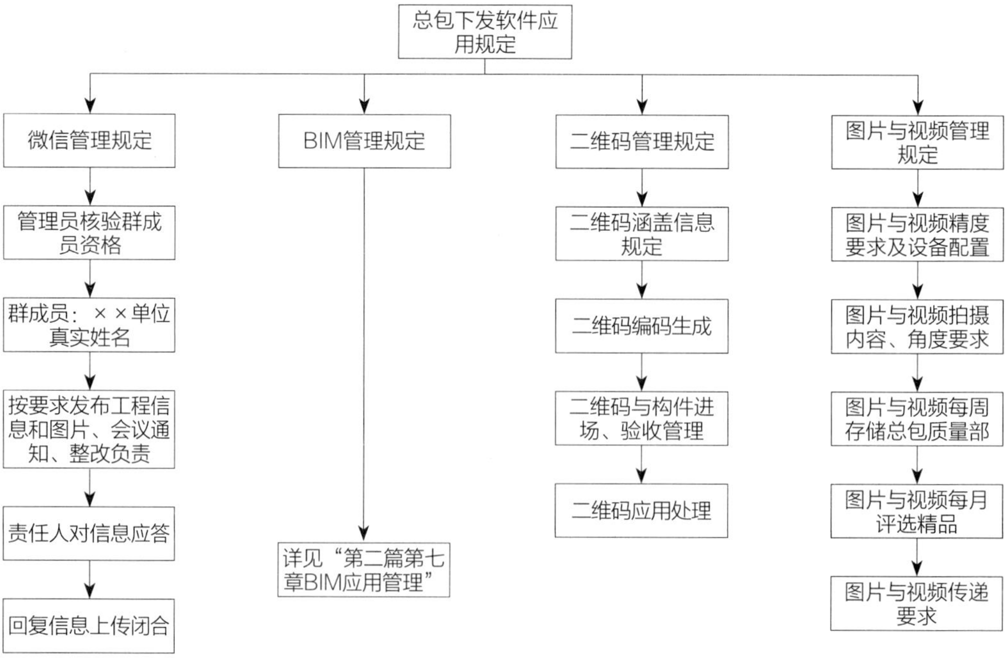

图25-2　信息交流管理流程

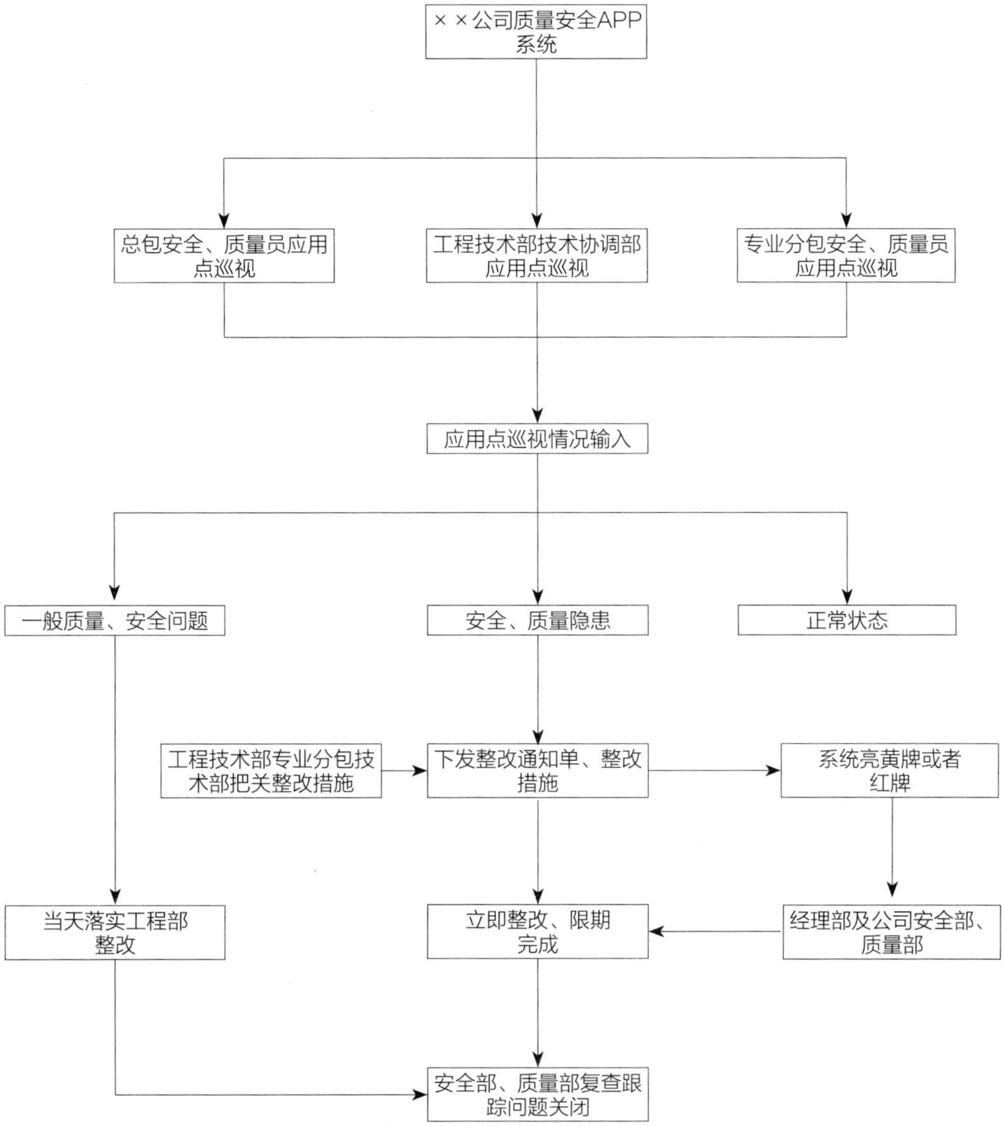

图25-3　安全、质量APP管理流程

碰撞管理、扬尘及气象监控管理，为现场管理工作人员提供直观翔实的视频信息、语音信息以及数字信息，各系统独立或者相互协同工作，一旦发生意外事件及时上报以总包安全部为核心的指挥中心，并自动记录详细信息。其管理流程如图25-4所示。

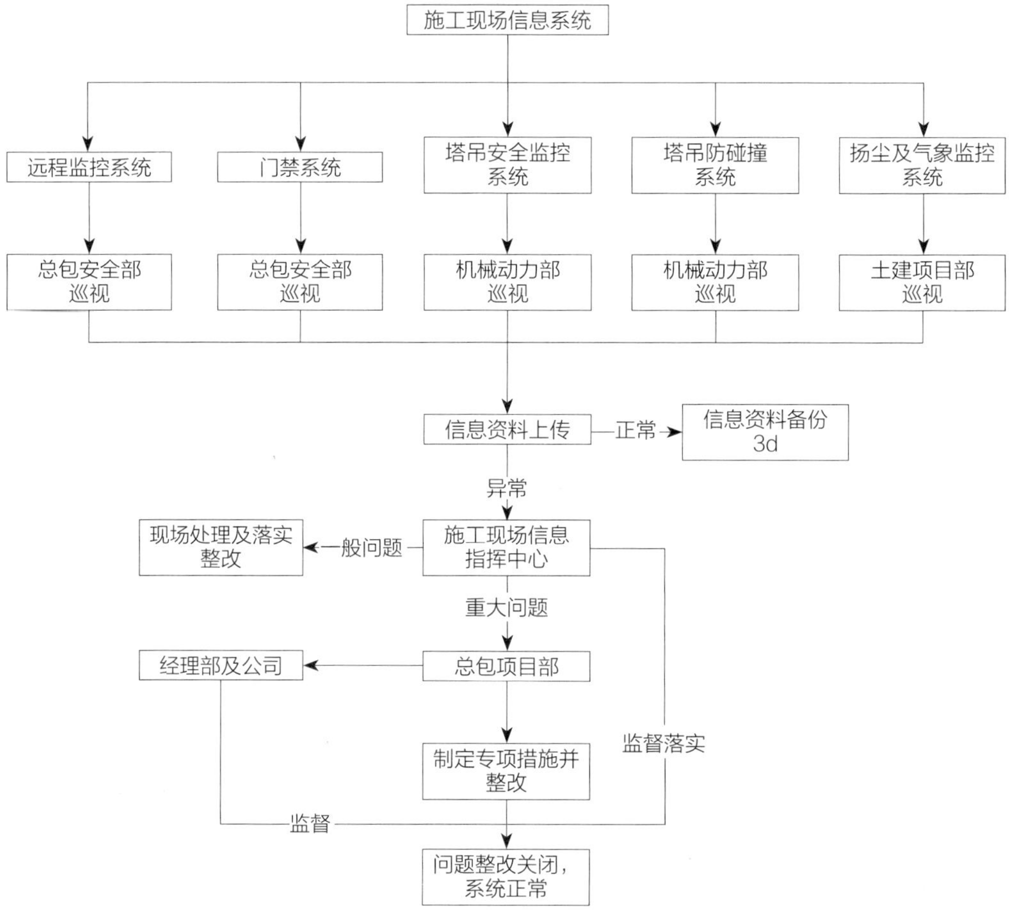

图25-4　施工现场信息管理流程

25.3　信息化管理要求

1. 信息编码程序内的编码为项目部的唯一编码，共四级，总包单位各部门及各专业分包单位应严格按照编码进行管理资料的分类。在第三级编码中，根据工程10大分部可以进行说明，如结构图纸会审记录编码为ZBHD-JS-TH(JG)-XX。

2. 信息交流管理的微信管理规定、BIM管理规定、二维码管理规定和图片与视频管理规定由总包工程技术部进行细化，另行以总包管理规定行文下发，作为本手册补充。

3. 微信管理中群主根据各专业分包的投标人员承诺及进场见面会上报的项目管理人员名单严格核对身份，严禁出现与项目无关加入项目管理群，造成项目信息泄漏。

4. 微信群内可以发布工程进度、现场问题、问题跟踪落实情况、材料组织情况、人员组织情况、需要配合及协调问题等，严禁发布与工程无关信息，不允许在群内讨论及谩骂、语言攻击等现象。

5. 二维码由总包单位统一规定格式，整合内容包含各专业分包工程构件信息，生成的二维码由总包质量部和工程技术部进行巡视，用于构件进场验收、现场标识和过程验收。

6. 图片和视频管理由总包质量部统一管理，工程技术部配合把关。图片和视频的精度、拍摄地点、角度等在质量创优策划中明确要求，务必符合鲁班奖评审条件。每周各专业分包单位汇总到总包质量部指定专人处。

7. 安全、质量APP系统是与公司安全部、质量部联网，由总包安全部、总包质量部牵头，各专业分包单位根据危险源因素辨识和巡视点要求，按规定在现场随手拍、定期巡视、落实问题整改、及时关闭问题。

8. 施工现场管理系统以总包相应部门为主责部门，各部门应细化巡视时间和内容，认真巡视，形成每日巡视记录。

9. 总包安全部、机械动力部、计划协调部应根据各系统的特点、流程和造成的后果编制信息异常应急预案，工程技术部配合完成。由总包安全部为主，组织总包相应部门对施工现场管理系统进行信息异常情况进行应急演练，形成项目信息应急机制。

第二十六章　工程来访及观摩管理

26.1　接待工作内容

项目部公共接待包括各级政府、建设主管部门、行业协会、建设单位、建立单位上级部门、社会同行、企业内部及其他相关单位等，接待内容主要包括检查、视察、观摩交流等活动。具体见表26-1。

公共接待管理内容　　表26-1

序号	单位	内容	是否项目审核
1	各级政府、建设主管部门	现场检查视察	否
2	行业协会(建筑协会)	检查指导	否
3	建设单位、监理单位上级领导	检查指导	否
4	社会同行	观摩交流活动	是
5	企业内部	观摩交流学习	是
6	分包单位	交流学习	是

26.2　接待工作流程

对于专业分包单位、企业总包内兄弟单位及社会同行其他单位的交流观摩，应报总部或分公司审批报备，施工现场观摩接待申请表见附表26-1。其他政府主管部门、行业协会等临时检查、视察由专人负责陪同。接待流程如图26-1、图26-2所示。

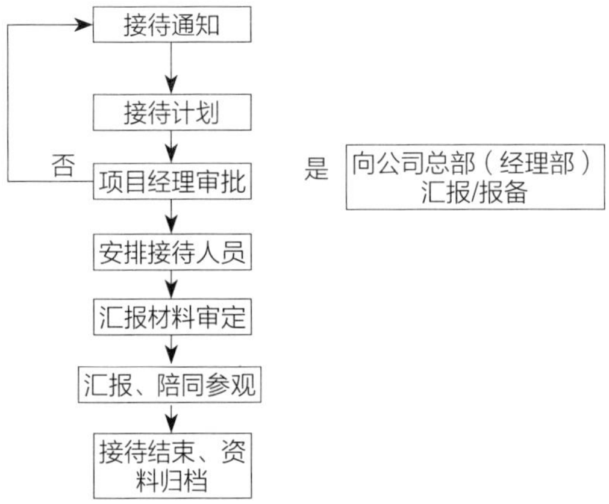

图26-1　需要审批接待工作流程

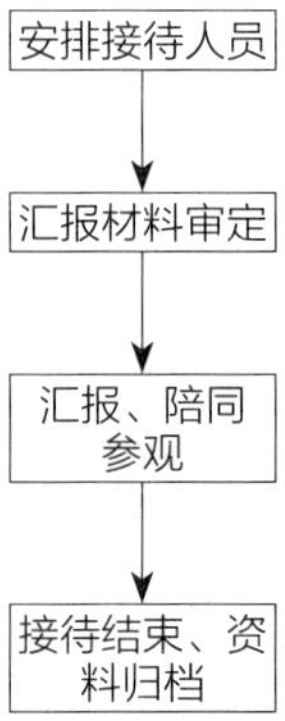

图26-2　不需审批接待工作流程

26.3 接待工作要求

接待工作应该做到有序、有礼、安全。相关要求见表26-2。

接待工作要求　　表 26-2

接待要求类别	接待要求内容	备注
来访接待要求	1. 来访人员到达项目部，项目办公室首先引导其到会议室或者接待室等候，并确认其是否有提前预约安排。	
	2.来访人员有预约的直接安排其到相关领导办公室详谈，若没有预约的通知相关领导，根据领导安排确定是否接待。	
	3.确认接待后，如需要使用会议汇报，与项目领导确定汇报人员后综合办公室通知汇报人，作好会场准备，通知项目参加会议人员	
观摩接待要求	1.项目办公室接到观摩通知后，及时拟定接待管理责任分工表，报项目领导班子审批。	
	2.项目办公室准备会议室、矿泉水、贵宾卡（红带/黄带/蓝带）；通知门卫处备好相应嘉宾安全帽、嘉宾反光背心。	
	3.由项目领导班子安排现场引导人员，引导人员与综合办公室做好领取嘉宾卡、嘉宾安全帽、嘉宾反光背心交接工作，根据既定线路对现场进行观摩；项目领导根据观摩规格及对象，安排相应的讲解。	
	4.摄影小组人员负责观摩全过程的影像资料收集。	
	5.引导人员负责进入现场观摩考察人员的人身安全。	
	6.观摩完毕，综合办公室负责跟踪贵宾卡、安全帽及反光背心的回收管理工作。	
	7.引导人员完成施工现场参观后，应在当日下班前将嘉宾卡，安全帽及反光背心，与综合办公室办理交回手续，未及时交回的，给予引导人员100元/次的罚款	

施工现场观摩接待申请表　　附表 26-1

××项目日期：

申请部门		申请人	
事由			
来访单位		带队领导	
参观类型			
参观时间		参观人数	
项目书记意见			
项目经理审批			

第二十七章　公共关系协调

总承包方应积极配合并确保做好政府主管、交警、公安、派出所、环保、建设主管部门、通信网络、外部参观、观摩学习、检查指导、创优评优等各项工作。主要协同的内容及措施见表27-1。

与公共关系工作的协调内容及措施　表27-1

序号	需要协调的部门或机构	协调的主要内容	主要措施
1	住建厅 质监总站 市建委	工程过程质量检查、建筑市场管理	施工过程中做好日常的各项管理工作，完善各项管理资料，保持现场质量、安全文明施工等可控，随时保持达到检查标准
2	市质安 监督站	工程过程安全检查、事故处理、质量检查、竣工验收、备案等	利用好现有与建委、建管站的良好、和谐沟通平台，随时保持沟通状态，施工过程中做好日常的各项管理工作，完善各项管理资料，保持现场质量、安全文明施工等可控，随时保持达到检查标准
3	工会、 团市委	慰问和关爱员工、农民工、开展劳动竞赛、精神文明建设工作等	积极主动与街道办、城区、区和市工会和团委保持密切联系，为项目建设营造和谐氛围，服务好职工和农民工工作，争创职工之家和创青年文明号工作
4	新闻媒体	协调好电视台、报社等媒体，为打造项目做宣传工作。	积极主动与电视台、各报社保持密切联系，确保宣传工作及时有效
5	园林绿化	配合市区园林绿化规划，做好项目周边绿化工作，提供能进行施工的园林场地，用水电交接，施工期间不受破坏	加强与园林局沟通，做好维护工作
6	城管、环保	夜间及重大节日施工、工地周边的环保、绿化迁移	主动与城管、环保局对接，主动申请夜间施工许可等必要手续
7	公安、交警	施工现场内外、生活区的治安、路口、占道审批	主动对接、利用现有良好沟通平台完善各项审批手续
8	消防局	施工防火、临时消防系统审批、消防验收	按规范文件要求做好现场临时消防系统，并主动邀请相关单位进行验收，积极对接
9	劳动保障局	施工现场所有人员的劳动保障、劳动合同纠纷	主动与劳动局对接，完善各项相关手续，主动接受其监督
10	街道办、居委会	施工现场周边关系（扰民、扬尘、夜间施工等）、执法处理	主动对接、利用现有良好沟通平台完善各项审批手续，并平时做好除尘降噪措施，把影响降到最低
11	水务局	工程施工临时给水排水的申请及计量、水土保持、管线迁移	积极配合自来水公司的计量工作并及时上交水费等
12	供电局	工程临时用电的申请及计量、管线迁移	积极配合供电局做好交配电柜的保护工作，及时上交电费，确保现场的正常运转
13	城建档案馆	工程竣工资料的移交、备案	主动邀请档案馆工作人员到现场对资料工作进行指导，在过程中完善资料的收集整理工作

附录

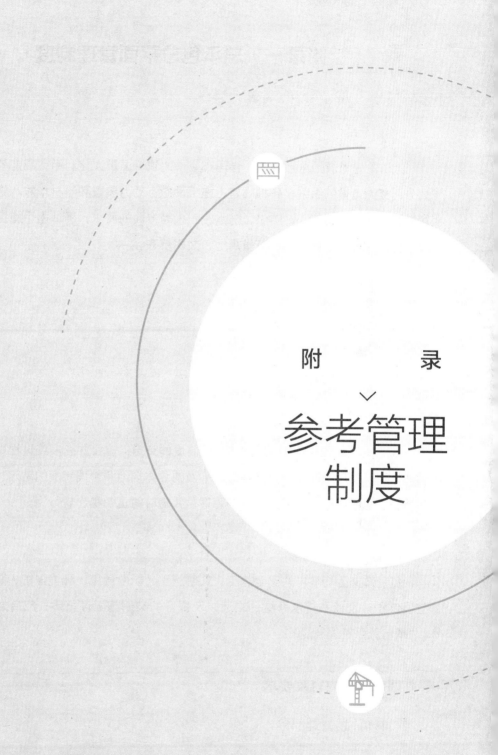

参考管理制度

附录一　总承包总平面管理制度

一、序言

为了更好地规划总平场地，合理布置，达到资源最大化利用，规定了施工场地的划分、交通运输的组织、各种临建、施工设施、动力装置和器材堆放及施工场地的布置并满足安全文明施工、防洪、防水、防火等方面的要求；确保整个施工场地布置紧凑、符合流程、方便施工、节省用地、文明整齐。

二、范围

适用于XX项目总平面管理。

三、管理职责

3.1　总包项目管理部

负责施工总平面的总体规划和管理制度的审定，监督并在实施过程中不断进行完善和修正、交底、签发；负责施工总平面的总体规划和管理制度的制定，对施工单位执行施工总平面管理制度情况进行管理，并随时纠正各种违规行为。

3.2　分包单位

负责本施工场地内的安全施工、文明施工、职业健康、环境保护、防火、道路保洁及维护、交通和排水系统的畅通以及良好的文明施工等负责；应自觉地严格执行《总承包总平管理制度》。

四、管理内容及要求

4.1　计划管理部分

1. 各分包单位需在每周日前提交下一周材料进场计划（材料进场计划有则发，无则免），计划内容需包括以下部分；

（1）机具、材料进场时间；

（2）机具、材料进场量及现场堆放使用面积、时间；

（3）现场需要配合机械类型及需使用时间。

2. 各分包单位需在每次材料进场前一天的17点前提交进场申请表，办理完审批流程后，在门卫处申请材料进场时需向门卫提供由总包单位审批完成的《机械设备、材料进场申请表》，《物资进场验收记录表》，方可向门卫申请材料进场。

3. 各分包单位在需占用非本区域内的场地时需提前一天的17点前提交场地使用申请，经总包单位计划协调部同意后，方可执行。

4.2　场地使用管理部分

1. 总体要求

各分包在总包各阶段签发的总平图为导则，划分区域内的规划材料堆码不仅保证区域内的布置紧凑、符合流程、方便施工、节省用地、文明整齐，并且区域内要形成环行通道。

2. 一般要求

（1）建筑材料的堆放应当根据用量大小、使用时间长短、供应与运输情况确定，用量大、使用时间长、供应运输方便的，应当分期分批进场，以减少堆场和仓库面积；

（2）施工现场各种工具、构件、材料的堆放必须按照总平面图规定的位置放置；

（3）位置应选择适当，便于运输和装卸，应减少二次搬运；

（4）地势较高、坚实、平坦、回填土应分层夯实，要有排水措施，符合安全、防火的要求；

（5）应当按照品种、规格堆放，并设明显标牌，标明名称、规格和产地等；

（6）各种材料物品必须堆放整齐。

3. 主要材料半成品的堆放要求

（1）大型工具，应当一头见齐；

（2）钢筋应当堆放整齐，用方木垫起，不宜放在潮湿和暴露在外受雨水冲淋；

（3）砖应丁码成方垛，不准超高并距沟槽坑边不小于0.5m，防止坍塌；

（4）砂应堆成方，石子应当按不同粒径规格分别堆放成方；

（5）各种模板应当按规格分类堆放整齐，地面应平整坚实，叠放高度一般不宜超高1.5m；大模板存放应放在经专门设计的存架上，应当采用两块大模板面对面存放，当存放在施工楼层上时，应当满足自稳角度并有可靠的防倾倒措施；

（6）混凝土构件堆放场地应坚实、平整，按规格、型号堆放，垫木位置要正确，多层构件的垫木要上下对齐，垛位不准超高；混凝土墙板宜设插放架，插放架要焊接或绑扎牢固，防止倒塌。

4. 场地清理

作业区及建筑物楼层内，要做到工完场地清，拆模时应当随拆随清理运走，不能马上运走的应码放整齐。各场地内清理的垃圾应当及时运走，施工现场的垃圾也应分类集中堆放。

5. 场地要求

增加总包移交后办理移交单，各区域专业分包做场地标化要求：挂场地标识牌（场地责任单位、责任人、号码、使用类型、材料堆放标准等）并且根据各分包工程特点不同，制定相对应的材料堆放，文明施工标准。

五、检查制度

1. 计划调部负责管理施工总平面依据各阶段总平布置，每日上午9点组织检查（与监理日常巡检结合，检查制度按照会议制度进行考勤），参加人员各分包项目管理人员（分包指定）及相关管理区域专业工程师，检查内容包括：分包单位对相应的使用场地的计划申请情况、场地材料堆码、场地文明施工的保持情况，及场地内的场容场貌、材料及半成品的保护措施情况等并形成整改签字文件。

2. 对没有按照总平场地管理制度执行的分包单位及相应的区域的专业工程师应在当天形成的整改期限内安排人员整改完成。

3. 对没有按照总平场地管理制度执行的分包单位，将按《安全文明施工考核办法》执行且在下次该分包单位申请场地使用时将不优先考虑，并由整改责任人安排总包保洁员整改，产生费用按照两倍扣除责任主体，由总包整改责任人落实相关的手续。

4. 对没有按照总平场地管理制度执行的相应区域的专业工程师且在2天内未积极督促分包单位整改且也没有及时反应原因的，将按《安全文明施工考核办法》执行并在项目管理考核中备注相应情况；

5. 每周的检查情况和整改情况在每周例会上通报，并且开处罚情况通报及在文明施工墙壁板上粘贴责任单位、整改责任人每周检查情况及处理意见通报。

六、考核制度

对因违反本制度考核的责任主体和责任人，按《安全、环境、文明施工管理制度及奖罚规定》执行。

附录二　总承包计划考核制度

一、序言

为了加强项目工程施工进度的管理工作，提高工程进度计划管理水平，规范工程进度的计划管理行为，实现工程既定的总计划、节点计划目标，确保履约及规范、科学的管理，特制定本制度。

二、范围

适用于XX项目计划管理。

三、管理职责

3.1　总包项目计划协调管理部

负责一级总进度计划节点编制、监督分包单位编制二级进度计划及辅助计划对照总计划对二级进度计划（年度计划）审核、对各分包的辅助计划（月进度计划、周进度计划）跟踪及情况反馈、计划的考核、各分包的年进度计划及总进度计划跟踪预警，召开月进度计划总结会制定纠偏措施，召开二级计划考核以及纠偏协调会，及时启动奖罚、红黄牌约谈机制。

3.2　分包单位

负责本专业在总包一级进度计划的节点要求下编排本专业详细一级进度计划、二级进度计划及辅助计划（周进度计划、月进度计划等）、衍生计划的编制，针对周、月度计划的考核偏差制定纠偏措施，配合总包单位对计划的调控做出调整，接受总包单位对计划考核结果的实施，为实现计划目标，应自觉地严格执行《总承包计划考核红黄牌制度》。

四、管理内容及要求

4.1　分包计划管理部分

4.1.1　每周一上午12点前上报上周计划完成情况及下周计划，同时对上周计划偏差，制定纠偏措施（细化到工序纠偏工期具体时间、劳动力安排、机械、材料）。

4.1.2　每月23日上报月度计划完成情况及下个月度计划，同时对本月计划偏差，制定纠偏措施（细化到关键工期缩短时间及非关键线路工期的自由时间差）。

4.1.3　每年1月20日前上报年度计划完成情况及本年度计划，同时对上年度计划偏差，制定纠偏措施（细化到关键节点工期缩短时间及非关键节点工期的自由时间差）。

4.1.4　因外部环境等原因有可能造成的工期延误，必须及时上报总包专业工程师和计划协调工程师，做好预警措施。

4.2　总包计划管理部分

4.2.1　总包单位专业工程师负责对照周进度计划跟踪分包进度、劳动力安排、机械设备、作每日情况汇报并行成周情况汇总表在周协调会通报，并对分包制定的纠偏措施合理性审核。

4.2.2　总包单位计划协调工程师在周协调会上通报周计划节点完成偏差情况，并对分包单位下达预警。

4.2.3　总包单位计划协调工程师在每月25日的月度协调会上通报月计划节点完成偏差情况，并会同专业工程师对分包单位纠偏措施可行性审核，同时对上月计划实施情况作总结。

4.2.4　总包单位计划协调在每年1月25日的年度协调会上通报年计划节点完成偏差情况，并会总包项目领导对分包单位纠偏措施可行性审核，同时对上年度计划实施情况作总结。

4.2.5　总包单位计划协调工程师在分包节点完成偏差情况下，及时下达红黄牌，并及时组织分包单位和项目领导约谈。

五、考核制度

5.1　计划考核

5.1.1　分包周计划未按规定时间内提交，每次处罚500~1000元；月度计划未按规定时间内提交，每次处罚1000~3000元；年度计划未按规定时间内提交，每次处罚3000~5000元。

5.1.2　分包周计划拒不提交而影响周计划考核，每次处罚2000元；月度计划拒不提交影响月计划考核，每次处罚5000元；年度计划拒不提交影响年度计划考核，每次处罚8000元。

5.1.3　分包提交计划经总包审核不符合月、年、总计划要求时，应按总包修改要求进行修改，周计划12h完成修改，经专业工程师签字确认并提交到总包计划协部；月度计划1d内完成修改，经专业工程师签字确认并提交到总包计划协部；月度计划2d内完成修改，经专业工程师签字确认并提交到总包计划协部，如逾期未提交的按5.1.1处罚，如拒不提交的按5.1.2处罚。

5.2　工期考核

5.2.1　对关键线路工作因材料进场滞后、劳动力不足、设备故障等内部原因导致周进度滞后，分包单位周计划工期延误达1d，总包将发出黄牌通知书并罚500~2000元，如在下周内通过纠偏措施完成周计划，罚款取消；周计划工期延误达5d，由总包生产经理约谈分包现场负责人，形成纠偏措施，并在不影响下周计划的前提下必须弥补完成，否则总包将发出红牌通知书并罚2000~5000元，且约谈分包负责人。

5.2.2　分包单位月度计划工期延误达5d，总包将发出黄牌通知书并罚5000~10000元，如在下月规定时间内通过纠偏措施完成，罚款取消；月度计划工期延误达8d，由总包项目经理约谈分包现场负责人，形成纠偏措施，并在不影响下月计划的前提下必须弥补完成，否则总包将发出红牌通知书并罚10000~15000元，依据工期延误情况追究分包单位工期责任，且约谈分包负责人。

5.2.3　在每年11月底考核分包单位年度计划执行情况，如工期延误达15d的，总包将发出黄牌通知书并罚15000~20000元，如在当年剩余时间内或规定时间内通过纠偏措施完成年计划，罚款取消；年度计划工期延误达25d，由总包项目经理约谈分包现场负责人，行成纠偏措施，并在不影响下年度计划的前提下必须弥补完成，否则总包将发出红牌通知书并罚20000~50000元，且约谈分包法定代表人。

5.2.4　对某些重要的施工内容总包认为有必要编制专项施工计划的，总包组织编制合理的专项施工计划，分包单位应按要求进行会签，并按要求落实。如无正当理由而拒绝会签，处罚500~1000元，同时总包也按相应的专项计划进行考核，出现滞后的处罚2000~5000元；如果是关键工序持续滞后超过3d，则每滞后1d处罚2000~5000元。

参考文献

[1] 张晓梅.总承包工程项目管理要点分析[J].企业技术开发，2015，10：109-110.

[2] 王瑞华.浅谈工程项目EPC总承包模式下建筑经济管理与发展[J]. 城市建筑，2014(2):152.

[3] 余泳，周志军.集成思想在建筑项目管理信息化中的应用[J].项目管理技术，2011，01：63-67.

[4] 成虎，陈群.工程项目管理[M].北京：中国建筑工业出版社，2009.

[5] 崔阳，陈勇强，徐冰冰.工程项目风险管理研究现状与前景展望[J].工程管理学报，2015，02：76-80.

[6] 韩江涛. 我国建筑工程项目风险管理现状及展望[J]. 中外建筑, 2012(5):131-132.

[7] 林知炎.建设工程总承包实务[M].北京：中国建筑工业出版社，2004.

[8] 朱宏亮.成虎工程合同管理[M].北京：中国建筑工业出版社，2005.

[9] 丁士昭.工程项目管理[M].北京：中国建筑工业出版社，2006.

[10] 赛云秀. 项目三大目标管理分析[J]. 项目管理技术, 2015, 13(5):28-31.

[11] 张登峰. 现阶段工程总承包管理模式优化分析研究[J].中外建筑，2011，8.

[12] 张国栋. 浅谈工程总承包模式发展中的问题及策略[J].安徽建筑，2011，6.

[13] 赖一飞，夏滨，张清. 工程项目管理学[M].武汉：武汉大学出版社,2006.

[14] 刘钦丽. 建筑工程总承包企业对施工分包的风险管理研究[D].重庆：重庆交通大学，2013.

[15] Joseph H. L. Chan, Daniel W. M. Chan, Albert P. C. Chan, et al. Developing a fuzzy risk assessment model for guaranteed maximum price and target cost contracts in construction[J]. Journal of Facilities Management.2011, 9(1).

[16] Tan, HC, Anumba, C. Web-Based Construction Claims Management System: A Conceptual Framework[C]. Proceedings Of 2010 International Conference On Construction And Real Estate Management. 2010.

[17] Shi H . Application of Principal Component Analysis to General Contracting Risk Assessment[C]// Isecs International Colloquium on Computing, Communication, Control, & Management. IEEE, 2009.

[18] Patanakul P , Shenhar A J , Milosevic D Z . How project strategy is used in project management: Cases of new product development and software development projects[J]. Journal of Engineering and Technology Management, 2012, 29(3):391-414.

[19] Picha J, Tomek A, Lowitt H, et al. Application of EPC Contracts in International Power Projects[J]. Procedia Engineering, 2015: 397-404.